国家卫生健康委员会"十四五"规划教材

全国高等职业教育专科教材

U0618823

供临床医学专业用

细胞生物学和医学遗传学

第7版

主 编　阎希青　尚喜雨

副主编　祝继英　张春斌　李荣耀

编 者（以姓氏笔画为序）

朱友双　济宁医学院

李荣耀　沧州医学高等专科学校

李睿坤　山东医学高等专科学校

李震魁　海南卫生健康职业学院

张云仙　乌兰察布医学高等专科学校

张春斌　漳州卫生职业学院

尚喜雨　南阳医学高等专科学校

钟　焱　长沙卫生职业学院

祝继英　雅安职业技术学院

唐鹏程　永州职业技术学院

阎希青　山东医学高等专科学校

谢林峰　四川护理职业学院

新形态教材

人民卫生出版社

·北 京·

图书在版编目（CIP）数据

细胞生物学和医学遗传学 / 阎希青，尚喜雨主编.
7 版 . -- 北京 ： 人民卫生出版社，2024. 11（2025. 5重印）.
（高等职业教育专科临床医学专业教材）. -- ISBN 978-7-
117-36709-7

Ⅰ. Q2；R394

中国国家版本馆 CIP 数据核字第 20243DR086 号

人卫智网	www.ipmph.com	医学教育、学术、考试、健康， 购书智慧智能综合服务平台
人卫官网	www.pmph.com	人卫官方资讯发布平台

细胞生物学和医学遗传学
Xibao Shengwuxue he Yixue Yichuanxue
第 7 版

主　　编：阎希青　　尚喜雨
出版发行：人民卫生出版社（中继线 010-59780011）
地　　址：北京市朝阳区潘家园南里 19 号
邮　　编：100021
E - mail：pmph @ pmph.com
购书热线：010-59787592　010-59787584　010-65264830
印　　刷：北京顶佳世纪印刷有限公司
经　　销：新华书店
开　　本：850×1168　1/16　　印张：16
字　　数：452 千字
版　　次：1994 年 4 月第 1 版　　2024 年 11 月第 7 版
印　　次：2025 年 5 月第 2 次印刷
标准书号：ISBN 978-7-117-36709-7
定　　价：56.00 元
打击盗版举报电话：010-59787491　E-mail：WQ @ pmph.com
质量问题联系电话：010-59787234　E-mail：zhiliang @ pmph.com
数字融合服务电话：4001118166　E-mail：zengzhi @ pmph.com

以习近平新时代中国特色社会主义思想为指导,全面贯彻党的二十大精神,落实《国务院办公厅关于加快医学教育创新发展的指导意见》等文件要求,更好地发挥教材对临床医学专业高素质实用型专门人才培养的支撑作用,进一步提升助理全科医师的培养水平,人民卫生出版社在教育部、国家卫生健康委员会领导和支持下,由全国卫生健康职业教育教学指导委员会指导,依据最新版《高等职业学校临床医学专业教学标准》,经过充分的调研论证,启动了全国高等职业教育专科临床医学专业第九轮规划教材修订工作。经第七届全国高等职业教育专科临床医学专业规划教材建设评审委员会深入论证,确定了教材修订的整体规划,明确了修订基本原则:

1. 落实立德树人根本任务 坚持将马克思主义立场、观点、方法贯穿教材编写始终。坚持"为党育人、为国育才",全面落实立德树人根本任务,深入挖掘课程教学内容中的思想政治教育元素,加工凝练后有机融入教材编写,发挥教材"培根铸魂、启智增慧"作用,培养具有"敬佑生命、救死扶伤、甘于奉献、大爱无疆"医学职业精神的时代新人。

2. 对接岗位工作需要、符合专业教学标准 教材建设突出职教类型特点,紧紧围绕"三教"改革,以专业教学标准为依据,以助理全科医师岗位胜任力培养为主线,体现临床新技术、新工艺、新规范、新标准,反映卫生健康人才培养模式改革方向,将知识、能力、素质培养有机结合。适应教学模式改革与教学方法创新需要,满足项目、案例、模块化教学等不同学习方式要求,在教材的内容、形式、媒介等多方面创新改进,有效激发学生学习兴趣和创造潜能。按照教学标准,将《中医学》改名为《中医学基础与适宜技术》,新增《基本公共卫生服务实务》。

3. 全面强化质量管理 履行"尺寸教材、国之大者"职责,成立第七届全国高等职业教育专科临床医学专业规划教材建设评审委员会,严格编委选用审核把关,主编人会、编写会、定稿会强化编委培训、突出责任,全流程落实"凡编必审"要求,打造精品教材。

4. 推动新形态教材建设 突出精品意识,聚焦形态创新,进一步切实提升教材适用性,打造兼具经典性、立体化、数字化、融合化的新形态教材。根据课程特点和专业技能教学需要,《临床医学实践技能》本轮采用活页式教材出版。

第九轮教材共 29 种,均为国家卫生健康委员会"十四五"规划教材。

阎希青

教授

山东医学高等专科学校副校长,兼任人民卫生电子音像出版社卫生职业教育数字化专家评审委员会执行委员会副主任。

从事生物学、医学遗传学基础、细胞生物学和医学遗传学教学工作35年,主编、参编《医学遗传学》《细胞生物学和医学遗传学》等4部教材。

医者肩负探索生命奥秘、守护人民健康之重任,希望细胞生物学和医学遗传学能成为你学医和从医路上不竭的动力源泉。希望同学们不断探索,笃实求真,守正创新,不负韶华,不辱使命,践行新时代医务工作者职业精神,为建设健康中国贡献自己的力量。

尚喜雨

教授

南阳医学高等专科学校教师,中国生物化学及分子生物学会会员,省级学术技术带头人。

从事细胞生物学和医学遗传学、生物化学等课程的教学工作30年,多次被评为优秀教师及优秀教研室主任;主持市级以上科研、教研项目8项;获省级教学优秀成果一等奖3项;于核心期刊发表学术论文5篇;主编及参编教材12部。

希望同学们:畅游医海,坚持守正创新求精进;服务人民,不忘初心使命养大德。踔厉奋发,成就辉煌。

细胞生物学和医学遗传学是一门医学基础课程,同时也是医学科学领域十分活跃的前沿学科,它揭示了细胞结构和功能与人体健康的关系,以及在疾病发生、发展、诊断及转归中的作用,阐明了细胞生物学和遗传学与医学的内在联系。

《细胞生物学和医学遗传学》第6版出版至今,生命科学的发展日新月异,知识更新快。特别是在推进健康中国建设新任务的背景下,为贯彻落实《国务院办公厅关于加快医学教育创新发展的指导意见》文件精神,发挥教材对高素质临床医学专业技术技能人才培养的支撑作用,进一步提升助理全科医师、乡村医生的培养水平,有必要对教材进行及时修订。

为贯彻落实党的二十大精神进教材的要求,本次教材修订坚持以中国化时代化的马克思主义为指导,紧紧围绕立德树人根本任务,坚持正确价值观导向,体现医学教育和临床医学专业特色,坚持"三基"(基本理论、基本知识、基本技能)、"五性"(思想性、科学性、先进性、启发性、适用性)、"三特定"(特定对象、特定目标、特定限制),注重教材的整体优化,并推进教材形态创新和信息化。本教材从实际需要出发,在第6版教材的基础上进行了适当调整,内容由上版教材的20章调整为18章;将上版教材中的细胞生物学概述、医学遗传学概述合并为绪论;删去了药物与遗传、优生章节;对本教材部分章节的标题和内容结构也做了修改;增加了实验指导。本次教材修订对学习目标进行了调整,将上版教材中的案例讨论模块统一修订为情境导入,将知识拓展模块统一修订为知识链接;根据社会和专业学科发展的新成果对相关知识和数据进行了更新。本教材的数字内容新增了思维导图和部分微课,更新了教学课件和章后练习题。新修订的教材专业性更强,也更加统一、规范、实用。

本教材的编写团队由来自全国十余所医学院校的编者组成,他们都是常年辛勤耕耘在教学一线的教师,有着丰富的教学实践经验,熟悉国家的人才培养政策要求和国内外学科的发展动态,了解学生的知识水平和职业发展需求,所以本教材的编写更有针对性,适用性强。在教材编写过程中,编者尽心竭力,精诚合作,同时得到了各编者所在单位领导和同事们的大力支持与帮助,在此一并表示衷心的感谢!

本教材供全国高职专科临床医学专业学生使用,也可作为医学检验技术、医学生物技术等相关专业工作者的参考用书。

由于编者水平所限,时间紧,书中难免有错误和不妥之处,真诚期待广大师生和读者提出宝贵意见,以便修正。

阎希青 尚喜雨

2024 年 11 月

第一章 | 绪 论

ER 1-1 教学课件

ER 1-2 思维导图

学习目标

1. 掌握细胞生物学和医学遗传学的概念及其研究对象,遗传病的特征与分类。
2. 熟悉细胞生物学和医学遗传学的研究目的及研究任务。
3. 了解细胞生物学和医学遗传学的发展简史。
4. 学会用历史的眼光系统性、全局性地看问题,把握事物的本质和规律。
5. 具有时代责任感和职业自豪感,立志投身我国现代医学和人民健康事业。

情境导入

从细胞的发现、细胞学说的建立、遗传学三大定律的发现、DNA 双螺旋结构模型的建立和遗传密码的破译,到人类基因组计划的完成,人们对生命奥秘探索的脚步从来没有停止过。21 世纪是生命科学的世纪,众多新发现将细胞学及基因组学提升至新的高度。作为生命科学重要组成部分的细胞生物学和医学遗传学将为人类健康事业发挥更大的作用。

请思考:

1. 生命的本质是什么? 打开生命奥秘的"钥匙"在哪里?
2. 细胞生物学和医学遗传学在生命规律和人类健康密码探索的历史中发挥了什么作用? 如何展望这两门学科在 21 世纪的发展?
3. 作为新时代的医学生,你对当下和将来作何打算?

细胞生物学和医学遗传学隶属于生命科学,都是在细胞学的基础上发展而来,其发展有共同的历史脉络,也有各自相对明确的起点和方向,研究的内容、方法具有明显的区别,但又相互交融、相互印证、共同发展,随着分子生物学、基因组学的产生以及各领域科学技术的发展,二者又在新的层面共同开启了生命科学和现代医学的新时代。

第一节 细胞生物学概述

生物体是由细胞组成的,细胞是生物体结构和功能的基本单位,是生物繁殖、遗传变异、生长和发育的基础。研究细胞有助于我们理解生物体的生命活动规律。

一、细胞生物学的概念

细胞学(cytology)是在显微水平上研究细胞的化学组成、形态结构与功能的学科,其研究内容包括细胞的化学成分、形态结构及功能,细胞周期,细胞的分裂与分化、遗传与变异、衰老与病变,以及各类细胞器及信息传递路径等。

细胞生物学（cell biology）是研究细胞基本生命活动规律的科学，它以"完整细胞的生命活动"为着眼点，以形态与功能相结合、整体与动态相结合的观点，把细胞的显微水平、亚显微水平和分子水平三个层次有机结合起来，探讨和研究细胞的化学组成、形态结构与功能、增殖与分化、衰老与凋亡等内容。

医学细胞生物学（medical cell biology）是细胞生物学与医学的交叉学科，主要阐明与医学有关的细胞生物学问题，是探讨人体细胞的形态结构与功能等生命活动规律和人类疾病发生、发展及其防治的学科。

二、细胞生物学的研究内容

细胞生物学以细胞为研究对象，研究内容主要包括细胞的化学成分、形态结构与功能、遗传与变异、周期、增殖与分化、生长发育、衰老与死亡、信号转导、基因表达与调控，以及细胞的起源与进化等基本生物学现象。细胞识别、细胞免疫、细胞社会学、细胞工程、细胞信号转导与基因调控、细胞周期调控、细胞的分化、细胞的衰老与死亡和肿瘤细胞生物学是细胞生物学的新领域。细胞生物学已经不再是孤立地研究单个细胞、细胞器或生物大分子，而是研究它们的变化发展过程、细胞与细胞之间的相互关系、细胞与环境之间的相互关系，研究细胞各种组分的结构、功能及其相互关系，研究细胞总体的、动态的功能活动及其相互关系和功能活动的分子基础。现代细胞生物学更多地深入到分子层次进行研究，越来越多地与分子生物学相结合，分子细胞生物学是当前细胞生物学发展的主要方向。

细胞生物学的主要分支学科包括细胞形态学、细胞生理学、细胞遗传学、细胞化学、细胞社会学、分子细胞学、细胞生态学、细胞工程学、细胞动力学、癌细胞生物学、生殖细胞生物学、神经细胞生物学等。

三、细胞生物学的发展简史

细胞生物学的发展可大致分为四个阶段。

（一）细胞的发现和细胞学说的创立

1665年，胡克（Hooke）用自制的显微镜观察栎树皮，发现其中有许多蜂窝状的小孔隙，并将这些小孔隙命名为"cell"，这是人类第一次发现细胞并为之命名。其实胡克发现的只是死的细胞壁，真正观察到活细胞的是列文虎克（Leeuwenhoek），他在1677年用自制的高倍放大镜观察池塘水中的原生动物、鲑鱼血液的红细胞核等，看到的是有生命的活细胞。随着显微镜分辨率的提高，人们对细胞有了更深入的认识。1831年，布朗（Brown）从兰科植物的叶片表皮细胞中发现了细胞核。1835年，迪雅尔丹（Dujardin）在低等动物根足虫和多孔虫的细胞中发现细胞的内含物——细胞质。1836年，瓦朗丁（Valentin）在结缔组织细胞核内发现了核仁。细胞的基本结构和形态逐渐为人所知。

植物学家施莱登（Schleiden）和动物学家施旺（Schwann）分别于1838年和1839年根据各自的研究总结提出了细胞学说，明确指出"一切生物从单细胞生物到高等动、植物都是由细胞组成的；细胞是生物形态结构和功能活动的基本单位"。1858年，细胞病理学家魏尔肖（Virchow）明确提出"细胞来自细胞"，也就是说细胞只能来源于细胞，而不能从无生命的物质自然发生。这是细胞学说的一个重要发展，也是对生命的自然发生学说的否定。1880年，魏斯曼（Weissmann）更进一步指出，所有现在的细胞都可以追溯到远古时代的一个共同祖先，即细胞是连续的、历史性的，是进化而来的。细胞学说自此而产生。

细胞学说的主要内容有以下几点：①细胞是多细胞生物的最小结构单位，对单细胞来说，一个细胞即是一个个体。②新细胞只能由原来的细胞分裂而来。③所有细胞在结构和化学组成上基本相同。④生物体通过细胞活动反映其功能。

细胞学说的提出对生命科学的发展具有重大意义,恩格斯(Engels)把细胞学说誉为19世纪自然科学上的三大发现之一。

(二) 经典细胞学发展阶段

细胞学说的创立,有力地推动了人们对细胞的深入研究,并逐渐形成了一门新的学科——细胞学。从19世纪30年代到20世纪初期是细胞研究的第二阶段,1893年动物学家赫特维希(Hertwig)的专著《细胞与组织》的出版,标志着细胞学的诞生,开辟了细胞学的研究领域。应用细胞固定和染色技术在光学显微下观察细胞的形态结构与分裂活动是这一时期的主要特点。随着显微镜分辨率的提高,石蜡切片等方法的应用,科学家们相继发现了细胞的无丝分裂、有丝分裂、减数分裂现象和受精过程,发现了中心体、染色体、高尔基体、线粒体等各种细胞器,生物遗传的分离定律、自由组合定律和连锁互换定律先后被发现和证实,人们对细胞结构、功能及其增殖与遗传规律的认识达到了新的水平。

(三) 实验细胞学发展阶段

20世纪30年代至70年代,电子显微镜技术的出现把细胞学带入了第三大发展时期,这短短40年间人们不仅发现了细胞的各类超微结构,而且也认识了细胞膜、线粒体、叶绿体等细胞器的结构和功能,细胞学发展为细胞生物学。同时分子生物学方面也取得了一大批重要成果。1941年,比德尔(Beadle)和塔特姆(Tatum)提出一个基因一个酶的概念。1944年,艾弗里(Avery)等人通过肺炎链球菌转化试验证明DNA是遗传物质。1956年,美籍华人蒋有兴证实了人的染色体为46条。1958年,克里克(Crick)创立了遗传信息流向的"中心法则",这个法则是近代生物科学中最重要的基本理论。1964年,尼伦伯格(Nirenberg)破译了DNA遗传密码,从分子水平上证实了生物界的发展联系。1968年,亚伯(Arber)从细菌中发现DNA限制性内切酶。这些研究极大丰富了细胞学内容,也为细胞分子水平的研究奠定了基础。

(四) 分子生物学发展阶段

20世纪上半叶,分子生物学在生物化学、遗传学、实验细胞学的基础上诞生并迅速发展起来。1953年,沃森(Watson)和克里克(Crick)提出了DNA双螺旋结构模型,实质性地启动了分子生物学时代。1955年,桑格(Sanger)准确测定出了胰岛素分子中全部氨基酸的顺序。1958年,中国科学院人工合成胰岛素课题正式启动,1965年我国科研团队在世界上第一次人工合成了与天然牛胰岛素分子化学结构相同并具有完整生物活性的蛋白质。20世纪70年代,核酸酶切技术的发展、外源性基因被导入质粒并在大肠杆菌中表达,揭开了细胞工程的序幕;DNA测序方法的改进、病毒DNA完整的基因组序列被测定,成为了基因组学建立和发展的基石。20世纪90年代以来基因靶向技术的广泛应用及DNA测序技术与生物芯片技术的快速发展,都大大促进了人们在分子水平上对细胞基本生命活动规律的探索。

1990年,人类基因组计划(human genome project,HGP)正式启动,由包括我国在内的6国参与该计划,于2003年完成基因组测序。我国圆满地完成了其中1%的基因测序任务之后,又承担了国际人类基因组单体型图计划10%的绘制任务,同时还独立完成了水稻、家蚕、鸡、血吸虫等重要物种的全基因组测序工作。从参与到同步,再到部分领域实现自主可控,我国在基因组学领域的研究在短时间内实现了跨越式发展,已跻身世界先进行列,并形成了自己的优势和特色。2007年,第一个完整的中国人基因组图谱(又称"炎黄一号")由我国科学家在深圳独立绘制完成。2017年"中国十万人基因组计划"启动,开启了生命科学的大数据时代。

细胞工程在医学上的应用

细胞工程是研究通过不同种细胞的基因或基因组的转移或者重组来实现人工创制新的遗传型细胞,是细胞生物学和遗传学的交叉领域。细胞工程广泛应用于农业繁育优良品种、环境保护、医学临床实践、医药产品的研发与生产等,产生出了巨大的社会效益和经济效益。例如,目前已经利用细胞工程生产出胰岛素、生长素、干扰素、促细胞生长素、免疫球蛋白、病毒疫苗等,并广泛用于临床实践;利用细胞融合或细胞杂交技术产生某种单克隆抗体或细胞因子,用于相关疾病的早期诊断和治疗。

四、细胞生物学在现代医学中的地位

传统的西方医学是经验医学、循证医学,在不断地试错中缓慢发展和完善,长期以来缺少生命理论的指导。细胞学的建立、细胞生物学的发展、分子生物学的进步以及各分支学科的深入研究,全面揭示了生命活动的奥秘,找到了疾病发生的根源、发病机制和影响因素,为疾病的预防治疗和人类健康保障提供了有效的理论支撑和技术支持。细胞生物学的新理论、新技术需要实验和医学实践的验证,历史上长期困扰人类健康的遗传性疾病、肿瘤等医学问题最终要靠细胞生物学的最新研究成果来解决。

(一)细胞生物学是现代医学的重要理论基础

人体是由多细胞构成的有机体。从一个受精卵开始,经历快速的增殖与分化,经过胚胎期、婴幼儿期、童年期和青年期的快速成长发育,一个成年个体有 40 万亿~60 万亿个细胞。庞大的细胞集合精密而有序,执行相同功能的细胞构成组织,不同种类的组织有机结合构成执行特定功能的器官,功能相关的器官进一步形成系统,各大系统有机组合、相互联系、协调联动形成整体统一的有机体。

基础医学领域内的各门学科,如解剖学、组织胚胎学、生理学、免疫学、病理解剖学和病理生理学等,都是以细胞为研究基础,以细胞生物学为理论指导的。随着科学技术的迅速发展,各学科之间相互渗透、相互促进,细胞生物学的有关研究内容与成果必然渗透到医学基础学科中去,成为这些学科的重要组成部分。因此对于医学生来说,学好细胞生物学的基本理论,掌握细胞生物学的基本技能,能为基础医学知识的学习和未来职业发展打下坚实的基础。

细胞生物学的研究理论与成果,已被临床医学领域广泛应用,在疾病的病因分析、诊断与治疗中起到了很大作用。例如,对生物膜结构和功能的深入研究已表明,生物膜是进行物质转运、能量转换、信息传递的重要场所,并在整个细胞生命活动中起着极为重要的作用。再如,膜受体数量的增减和结构的缺陷以及与配体特异性结合的异常,都会引起疾病(称为受体病),家族性高胆固醇血症就是因为患者的细胞膜上某些低密度脂蛋白(LDL)受体缺乏所致。又如,缺血性心脏病和脑血管病可能是由于动脉内皮细胞的变化而引起的动脉粥样硬化所致。对这些疾病的认识必须从细胞生物学入手,深入探索其病因、发病机制、病理变化,找出诊断、治疗和预防的方法。

(二)细胞生物学的发展推动医学重要课题的研究

恶性肿瘤是危害人类健康的三大疾病之一,对恶性肿瘤(癌)发病机制及防治的研究,是现代医学特别是临床医学中极为重要的课题。癌细胞是机体内一类非正常增殖的细胞,它失去了细胞增殖的接触抑制机制,无限制地分裂,恶性生长,形成恶性肿瘤,转移、扩散并浸润周围组织。只有应用细胞生物学的理论与方法明确正常细胞和癌细胞的生长、分化及基因调控的本质,才有可能控制癌细胞的生长,达到防癌治癌的目的。

遗传病是困扰医学的历史性问题,对人类健康危害极大,随着生命科学技术的发展,发现的遗传性疾病种类越来越多,对遗传病发病机制的认识、诊断、治疗等都需要依赖细胞生物学的深入发展,人类基因组测序、基因图谱绘制的完成为遗传病的防治带来了新的希望。

细胞生物学技术应用于医学研究与实践已成为现实。细胞生物学在过去看来是"纯理论"的研究,但在今天已经展现出巨大的应用价值和良好的发展前景。目前,我国医学上最具标志性的应用之一为无创 DNA 产前检测,该检测通过孕妇的外周血即可检出胎儿的染色体异常。

细胞信号转导是指细胞外的刺激信号通过一定机制转换成细胞应答反应的过程。近年来人们对信号分子受体、跨膜信号转导系统及细胞内信号转导途径等方面有了深入的认识,并认为细胞内存在多种信号转导方式和途径,各种方式和途径间又有多个层次的交叉调控,是一个十分复杂的网络系统。上述研究结果将成为疾病发病机制研究(如肿瘤、药物中毒)、药物筛选及毒副作用研究的基础。

细胞生长的分子生物学基础是蛋白质和核酸的生物合成。科学家发现了一种名为"RRN3"的蛋白质,它在控制细胞生长速度方面起着关键的作用。这种调节分子本身可作为一种独特的药靶,破坏它就可以终止癌细胞的生长,还可以作为开发高灵敏度抗癌方法的生物标志物。然而这种蛋白质在引导细胞生长的信号转导途径中的真正机制还需进一步探讨。

细胞生物学与医学的关系非常密切,它是现代医学的重要理论基础,它的理论与实践将大力促进基础医学和临床医学的深入发展。因此作为一名医学生必须掌握细胞生物学的基础理论、基本知识和基本技能,为从事医学工作奠定基础。

第二节　医学遗传学概述

一、医学遗传学的概念

人类遗传学(human genetics)是研究人类正常性状与病理性状的遗传现象及其物质基础的科学。医学遗传学(medical genetics)是医学与遗传学相结合的一门学科,是人类遗传学的一个组成部分。医学遗传学研究的是人类疾病与遗传的关系,主要研究疾病发生的遗传基础及传递方式,为遗传性疾病的诊断、预防、治疗及预后提供科学依据,从而达到降低遗传病在家庭、群体中的再发风险和改善人类健康水平、提高人口素质的目的。

随着科学的发展和各个学科的相互渗透,医学遗传学与生物化学、生理学、神经科学、免疫学、病理学、药理学和社会医学等学科的关系越来越紧密,并形成了侧重研究各种遗传病的临床诊断,产前诊断、治疗、预防,以及遗传咨询的临床遗传学。

二、医学遗传学的分支学科

1. 细胞遗传学　细胞遗传学是研究人类染色体数目与结构异常的发生机制、频率及其与疾病发生的关系。迄今人们已认识了 100 多种染色体异常综合征和涉及近 20 条染色体的异常核型。

2. 生化遗传学　生化遗传学是用生物化学的方法研究遗传病患者蛋白质(或酶)的变化,以及核酸的相应改变。通过生化遗传学研究,人们对分子病和先天性代谢缺陷的发病机制及其对人类健康的危害有了深刻认识。

3. 分子遗传学　分子遗传学是用分子生物学的方法,从基因的结构、表达及调控等方面研究控制遗传病的 DNA 分子的改变,为遗传病的基因诊断和基因治疗等提供新的策略和手段。

4. 群体遗传学　群体遗传学是研究人群的遗传结构及其随着时间和空间变化的基本规律。医学群体遗传学(或称为遗传流行病学)注重研究人群中遗传病的发病率、致病基因频率、基因型频率、携带者频率及影响群体遗传结构变化的因素,诸如突变、选择、迁移、隔离等,从而控制遗传病在人群中的流行。

5. 遗传毒理学 遗传毒理学是研究环境因素如诱变剂、致癌剂和致畸剂等对遗传物质损伤的机制及其对后代的影响。它具体包括致突变、致癌及致畸的"三致"效应及检测和评价这类效应的手段。

6. 药物遗传学 药物遗传学是研究遗传因素对药物代谢的影响,特别是由于遗传因素引起的异常药物反应,从而指导临床医生针对不同个体的遗传差异用药,为药物的开发提供科学依据。

7. 免疫遗传学 免疫遗传学是研究免疫现象的遗传基础,从细胞和分子水平阐明免疫现象的遗传、变异规律,以及与遗传有关的免疫性疾病的遗传背景,如编码组织相容性抗原的基因复合体及其多态性,抗体生物合成的基因调控和抗体多样性的遗传机制,免疫应答过程的基因调控等。免疫遗传学还可为输血、器官移植、亲子鉴定等提供理论依据。

8. 肿瘤遗传学 肿瘤遗传学是研究肿瘤发生、发展的遗传基础,对阐明肿瘤的发生机制、诊断、治疗和预防具有重要意义。

9. 体细胞遗传学 体细胞遗传学是应用细胞体外培养的方法建立细胞系,对离体培养的体细胞进行遗传学研究,为研究基因突变、基因表达、基因定位、细胞分化、个体发育、肿瘤的发生及基因治疗提供重要的研究手段。

10. 发育遗传学 发育遗传学是研究胚胎发育过程中,双亲基因组的作用、基因表达的时序及作用机制等,对阐明发育过程的遗传控制有重要作用。

11. 行为遗传学 行为遗传学是研究人类行为的遗传控制,包括人类正常及异常的社会行为、个性、智力、精神性疾病发生的遗传基础,为预防异常行为的发生、智力低下儿童的出生提供有效的方法。

12. 辐射遗传学 辐射遗传学是研究电离辐射对人类的遗传效应以及电离辐射的防护措施等。

三、医学遗传学的发展简史

1865 年,孟德尔(Mendel)基于豌豆杂交试验的结果发表了《植物杂交试验》论文,这被认作遗传学建立的开端。1910 年,摩尔根(Morgan)及其学生发现了果蝇的连锁遗传,将遗传学研究与细胞学研究相结合,创立了"染色体遗传学说"。医学遗传学早期受孟德尔、摩尔根经典遗传学的指引,对遗传病的来源和传递方式作了朴实的描述。此后,得益于染色体制备技术和观察方法的建立,以及生物化学理论和实验手段的发展,人类细胞遗传学和生化遗传学迅速成长,医学遗传学有了迅猛的发展。

(一) 细胞遗传学的建立和发展

1926 年,摩尔根发表了"基因论",成为了细胞遗传学的开端。1952 年,徐道觉建立的低渗制片技术为确定人体染色体数目以及其他哺乳动物染色体数目奠定了基础。1956 年,蒋有兴发现人类体细胞染色体数目是 46 条。在人体染色体数目得到正确鉴定之后,染色体分析技术即被迅速应用于临床。1959 年,勒琼(Lejeune)第一个证明了唐氏综合征患者的 21 号染色体为三体;福特(Ford)发现先天性卵巢发育不全患者细胞中仅有一条 X 染色体;雅各布斯(Jacobs)和斯特朗(Strong)发现先天性睾丸发育不全男性患者的性染色体是 XXY 型,于是出现了"染色体病"这一术语。20 世纪 60 年代末至 80 年代,同位素标记、荧光标记的 DNA 探针和原位杂交技术相继应用,使染色体的相关研究在细胞和分子水平衔接起来。2009 年,布莱克本(Blackburn)、格雷德(Greider)和绍斯塔克(Szostak)三位科学家因发现染色体的端粒和端粒酶对染色体的保护作用而获得诺贝尔生理学或医学奖。

(二) 生化遗传学的建立和发展

1902—1908 年,伽罗德(Garrod)以家族性尿黑酸尿症为例深入研究,首次提出了先天性代谢缺陷的概念,并认为此疾病按孟德尔定律隐性方式遗传,将生物化学与遗传学联系起来,由此产生了一个新的研究领域——人类生化遗传学。1947年,杰维斯(Jervis)对苯丙氨酸酮尿症患者进行苯丙氨酸负荷实验,揭示患者发病的生化基础是肝脏苯丙氨酸代谢障碍;1953年,比克尔(Bickel)等提出控制新生儿的苯丙氨酸摄入量可有效地防止苯丙酮尿症的发展。苯丙酮尿症的治疗是遗传病治疗方面的重大进展,该项工作对开展早期检出遗传病的研究以及寻找防治和控制先天性代谢缺陷的有效方法均起到了推动作用。在此基础上建立和发展了生化遗传学,即应用生化的方法研究遗传病的蛋白、酶的变化以及核酸相应改变的学科。1949年,鲍林(Pauling)等在研究镰状细胞贫血时发现患者有一种异常血红蛋白分子——血红蛋白S(HbS),其电泳性质不同于正常的血红蛋白A(HbA),从而提出了分子病的概念;1956年,英格拉姆(Ingram)联合使用电泳和纸层析技术发现镰状细胞贫血患者的血红蛋白β链第六位氨基酸不是谷氨酸,而是缬氨酸,科学家们由此展开了对血红蛋白分子病的研究。

(三) 分子遗传学的建立和发展

1944年,艾弗里(Avery)等在肺炎链球菌上进行的转化因子研究表明,遗传物质是DNA而非蛋白质,自此奠定了分子遗传学的基础。1953年,沃森(Watson)和克里克(Crick)构建的DNA双螺旋结构模型是分子遗传学建立的标志。20世纪70年代前后,随着限制性内切酶的发现及DNA分子杂交技术的建立,分子遗传学进入了基因工程阶段,并为解决临床问题提供了新的手段。1968年,亚伯(Arber)、史密斯(Smith)和内森斯(Nathans)发现并使用了DNA重组的重要工具酶——限制性核酸内切酶。1974年,简悦威(Yuet Wai Kan)首先应用DNA检测技术测定了α地中海贫血患者的珠蛋白链杂交程度以确定α-地中海贫患者的α-基因缺失情况,发现镰状细胞贫血限制性内切酶片段长度多态性(RFLP),并将该术应用于基因诊断与产前诊断。1977年,桑格(Sanger)建立了双脱氧链终止法用以对DNA测序。1985年,穆利斯(Mullis)发明了聚合酶链反应(PCR)技术。1989年,奥里塔(Orita)等创建了聚合酶链反应-单链构象多态性(PCR-SSCP)技术,用以分析个体的遗传学特征和基因突变。这些技术推动了医学分子遗传学的发展。20世纪90年代初,基因治疗开始进入临床试验阶段。

1990年启动、2003年完成基因组测序的人类基因组计划,推动现代医学进入精准医学时代。一大批单基因遗传病、多基因遗传病、肿瘤等遗传病致病基因被发现,为这些疾病的基因诊断和基因治疗研究奠定了基础。目前,我国在基因组、蛋白组、表型组等领域的精准医学已走在国际前沿。

四、医学遗传学的研究方法

(一) 系谱分析法

系谱分析(pedigree analysis)是利用系谱对家族某遗传病或遗传性状的遗传方式进行分析、评估再发风险并为家庭成员提供遗传咨询和预防建议的方法。

(二) 群体筛查法

群体筛查(population screening)是采用一种或者几种高效、简便且较为准确的方法对一般人群进行某种遗传病或性状的筛查,主要用于下列目的:①了解某种遗传病在群体中的发病率及其基因频率。②筛查遗传病的预防和治疗对象。③筛查某种遗传病,尤其是隐性遗传病杂合体携带者。④与家系调查相结合探讨某种疾病是否与遗传因素有关。

(三) 双生子法

双生子法(twin method)是医学遗传学研究中的重要方法之一。双生子分两种:一种是单卵双生(MZ)——受精卵在第一次卵裂后,两个子细胞各自发育成一个胚胎,因此单卵双生子的性别、遗传组成及其表型都是相同的;另一种是双卵双生(DZ)——两个卵细胞分别受精后发育成两个胚胎,故其性别可能不同,遗传组成和表型仅有某些相似,与普通的同胞一样。两种双生子可以从外貌特征、皮肤纹理、血型、同工酶谱、人类白细胞抗原（HLA）分型、DNA 多态性等加以鉴定。可以通过比较单卵双生与双卵双生者某一疾病的发生一致率，估计疾病在发生过程中遗传因素所起作用的大小。发病一致率是指双生子中一个患某种疾病，另一个也发生同样疾病的概率。公式为：发病一致率（%）=同病双生子对数/总双生子（单卵或双卵）对数×100%。如果某一疾病在两种双生子中的发病一致率差异不显著，说明该病主要受环境因素的影响；相反，如果差异显著，说明该病的发生与遗传因素有关。表 1-1 列举了双生子法研究的几种与遗传因素有关的疾病。

表 1-1　几种疾病单卵双生子与双卵双生子发病一致率的比较

疾病名称	单卵双生子发病一致率/%	双卵双生子发病一致率/%
21-三体综合征	89	7
精神分裂症	80	13
结核病	74	28
糖尿病	84	37
十二指肠溃疡	50	14
麻疹	95	87

从表中可以看出，精神分裂症单卵双生子与双卵双生子发病一致率差异较大，表明其与遗传因素关系比较密切；而麻疹的发病一致率差异较小，表明麻疹与遗传因素的关系相对较小。

（四）动物模型法

直接研究人类疾病性状的遗传控制受到许多限制，诸如人类每世代的时间很长、不可能进行杂交实验等，但可以利用动物中存在的自发遗传病或人为建立的遗传病动物模型（animal model）作为研究人类遗传病的辅助手段。尤其是转基因动物技术的应用，大大丰富了人类遗传病研究的方法。应该注意的是，动物模型研究结论在应用于人类时应十分慎重。

（五）染色体分析法

全染色体分析（comprehensive chromosome screening，CCS）是采用比较基因组杂交、单核苷酸多态性芯片或新一代测序等技术，对全部染色体进行整倍性检测的技术。多发性畸形、体格或智力发育不全的患者或者是孕早期反复流产的妇女，经过染色体检查、核型分析可以确定是否有染色体异常。

（六）基因诊断法

基因诊断（gene diagnosis）是通过对基因或基因组进行直接分析而诊断疾病的手段。基因诊断特别是产前基因诊断是预防遗传病的重要手段。

（七）关联分析法

关联分析（association analysis）是指对基因的多态性与性状表型的关联性进行的统计分析。通过分析遗传标记与某些疾病的关联，为这些疾病的病因及遗传方式分析提供线索，对这类疾病进行防治。如果其中某一性状决定于某个基因座的等位基因，就可以作为遗传标记来检测另一种性状与之是否关联，如果确定有关联，则表明后一性状也有遗传基础。

除上述方法外，还有种族差异比较、疾病组分分析、伴随性状研究等方法。

五、遗传病概述

（一）遗传病的概念与特征

遗传病（genetic disease）是遗传性疾病的简称，指由遗传物质的异常所引起的疾病。遗传物质主要存在于细胞核中，细胞质中的线粒体内也存在少量遗传物质即线粒体 DNA（mtDNA）。不管是生殖细胞、受精卵还是体细胞,这两类遗传物质的结构和功能的改变均可引起遗传病。

遗传病的基本特征是遗传物质发生改变,它区别于其他疾病的特点如下:

1. 遗传性 大多数遗传病具有垂直传递的特征,表现为由亲代传向子代的特点。但这一特点并非在所有病例中都可以见到,有些基因突变或染色体畸变是致死性的或明显降低生殖力,以致这种缺陷不能传递;有时突变发生在配子形成时期,患者的家族史中没有这类缺陷,这类患者是家族中的首发突变者,可能成为后代子孙患病的祖先。除此之外,少数遗传病由体细胞内遗传物质改变所致,又称为体细胞遗传病,这类疾病通常不传给后代。

2. 终身性 多数遗传病是终身性的。虽然有效的防治手段可以在一定程度上改善症状和减缓疾病进程,但因为不能改变遗传的物质基础,还是会造成患者一生的不幸和家庭沉重的负担,并且致病基因会按照一定的遗传方式向下一代传递。

3. 先天性 遗传病具有先天性的特征。先天性疾病(congenital disease)是指个体出生时就表现的疾病,如果出生时表现为机体或某些器官系统的结构异常则称为先天畸形。这类疾病或畸形有的是遗传病,有的则是胚胎发育过程中环境因素引起的,不是遗传病。例如,孕妇怀孕期间感染风疹病毒可导致胎儿先天性心脏病;孕妇服用沙利度胺缓解妊娠反应,可导致胎儿畸形。这些不属于遗传病。而白化病、血友病等是遗传因素所致,属于遗传病。遗传病也不一定出生时就表现出症状,有的遗传病到一定年龄才发病,例如,血友病 A 一般在儿童期发病,亨廷顿病一般在 25~45 岁发病,痛风好发于 30~35 岁,家族性结肠息肉一般在青壮年期发病,成年型多囊肾在中年后发病。特别是部分多基因遗传病,受遗传因素和环境因素的共同影响,常表现为较晚发病,但仍是遗传病。

4. 家族性 遗传性疾病常表现为家族性。家族性疾病(familial disease)是指某种表现出家族聚集现象的疾病,一个家族中有多个成员患同一疾病。把家族性疾病都认为是遗传病是一种误解。首先,一些常染色体隐性遗传病通常不表现家族聚集性而是散发的;一些罕见的常染色体显性遗传病或 X 连锁遗传病可能是由于基因突变所致,所看到的往往也是散发病例。其次,一些环境因素所致的疾病,由于同一家族成员生活环境相同,也会表现出发病的家族聚集性。例如,缺碘导致的甲状腺肿,在某一地区或某一家族中聚集,但是缺碘引起的甲状腺肿不是遗传病;夜盲症也常有家族性,但并非遗传病,而是由于维生素 A 缺乏所致。因此家族性疾病不一定都是遗传病,遗传病有时也看不到家族聚集现象(图 1-1)。

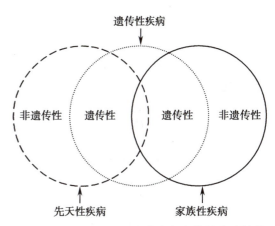

图 1-1 遗传病与先天性疾病和家族性疾病的关系示意图

(二)遗传病的分类

遗传病可分为以下五类:

1. 单基因遗传病 单基因遗传病是由单个致病基因引起、受一对等位基因控制的疾病,简称单基因病。根据致病基因所在的染色体不同以及显性和隐性的区别,可将单基因病分为常染色体显性遗传病、常染色体隐性遗传病、X 连锁显性遗传病、X 连锁隐性遗传病和 Y 连锁遗传病。

2. 多基因遗传病 多基因遗传病是指具有多个致病基因作为遗传基础,与环境因素共同作用所导致的疾病,简称多基因病。

3. 染色体病 染色体病是指人类染色体数目或结构畸变导致的疾病。由于生殖细胞或受精卵早期卵裂过程中发生了染色体畸变,导致胚胎细胞的染色体数目或结构异常,造成胚胎发育异常,产生一系列临床症状。染色体病根据染色体异常的类型又可分为常染色体病和性染色体病。

4. 线粒体遗传病 线粒体遗传病是指线粒体 DNA 缺陷引起的疾病。线粒体基因组独立于细胞核基因组,具有半自主性,且受精卵中的线粒体完全来自卵细胞的细胞质,所以线粒体基因突变随同线粒体传递,属于细胞质遗传,又称为母系遗传。

5. 体细胞遗传病 体细胞遗传病是指体细胞中遗传物质改变所导致的疾病。由于是体细胞中遗传物质的改变,所以一般不向后代传递。各种肿瘤的发生都涉及特定组织细胞中染色体、癌基因及抑癌基因的改变,属体细胞遗传病。一些先天性畸形是由于发育过程中某些体细胞的遗传物质发生改变所致,也属于体细胞遗传病。

表 1-2 列举了一些常见遗传病的遗传方式和发病率。

表 1-2　常见遗传病的遗传方式及发病率

遗传病种类	遗传病	遗传方式	发病率
单基因遗传病	α1-抗胰蛋白酶缺乏症	AR	1/3 000~1/20 000
	囊性纤维变性	AR	1/2 000;亚洲人极罕见
	苯丙酮尿症	AR	1/5 000
	镰状细胞贫血	AR	部分种族 1/400
	地中海贫血	AR	常见
	泰-萨克斯病	AR	1/3 000
	家族性高胆固醇血症	AD	1/500
	亨廷顿病	AD	4/100 000~8/100 000
	强直性肌营养不良症	AD	1/10 000
	成骨不全	AD	1/15 000
	视网膜母细胞瘤	AD	1/14 000
	肾母细胞瘤	AD	1/10 000
	进行性假肥大性肌营养不良	XR	男性 1/3 000~1/3 500
	血友病 A	XR	男性 1/10 000
	脆性 X 染色体综合征	XL	男性 1/500;女性 1/2 000~1/3 000
多基因遗传病	唇裂	基因传递遵守遗传规律,微效基因作用累加,受环境因素影响	1/250~1/600
	先天性心脏病		1/125~1/250
	神经管缺陷		1/100~1/500
	糖尿病		成人 1/10~1/20
	冠状动脉粥样硬化		特定人群 1/15
染色体病	21-三体综合征	染色体数目畸变	1/800
	18-三体综合征		1/8 000
	13-三体综合征		1/25 000
	先天性睾丸发育不全		男性 1/1 000
	先天性卵巢发育不全		女性 1/5 000
	超 X 综合征		女性 1/1 000
	超 Y 综合征		男性 1/1 000
	普拉德-威利综合征	染色体结构畸变	1/10 000~1/25 000
	5p 部分单体综合征		1/50 000
线粒体遗传病	莱伯遗传性视神经病变	细胞质遗传	少见
体细胞遗传病	肿瘤		总 1/3

注:AR 为常染色体隐性遗传,AD 为常染色体显性遗传,XR 为 X 连锁隐性遗传,XL 为 X 连锁遗传。

(三) 疾病发生中的遗传因素与环境因素

从机体与环境统一的观点来看,疾病是机体与环境因素相互作用而形成的一种特殊的生命过程,伴有组织器官形态和代谢功能的改变,个体的遗传组成是构成内因的主要因素。因此可以认为任何疾病的发生都是遗传因素和环境因素相互作用的结果。某一疾病在发生过程中,遗传因素和

环境因素的相对重要性(图 1-2),要根据具体情况具体分析,一般来说可以分为下列几种情况:

1. 遗传因素起主导作用 有致病基因就会发病,如血友病 A、红绿色盲等。

2. 基本上由遗传因素决定,但需要环境中的诱因 遗传因素提供了疾病发生的必要遗传背景,一定的环境因素促使疾病表现出相应的症状,如苯丙酮尿症、葡萄糖-6-磷酸脱氢酶缺乏症等。

3. 遗传因素和环境因素共同起作用 这类疾病的遗传度各不相同,如唇裂、腭裂、先天性幽门狭窄的遗传度约为 75%,先天性心脏病、消化性溃疡等的遗传度约为 40%。

4. 取决于环境因素 完全由外界致病因素引起,如霍乱、急性呼吸系统综合征、烧伤等与遗传因素无关,但其损伤的修复与个体遗传基础有关。

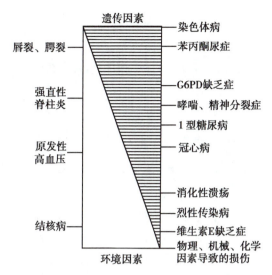

图 1-2 遗传因素与环境因素在疾病发生中的相互作用示意图

(四)遗传病的危害

1. 对患者身心健康的直接损害 遗传病直接导致患者身体出现各种终生性异常,包括但不限于智力低下、发育迟缓、肢体残疾、发育畸形及精神异常等。目前,除为数不多的遗传病可通过对症治疗加以控制外,还没有根治的方法。遗传病不仅给患者直接造成身体损害和精神痛苦,也给家庭带来沉重的负担。存活时间短、死亡率高是遗传病患者面临的最大威胁。

2. 往往具有家族聚集性危害 携带致病基因的个体在其后代中再现某种遗传病的概率增加,尤其是不完全显性遗传病、不规则显性遗传病、延迟显性遗传病、X 连锁隐性遗传病等会造成在一个家族中有多个成员可能携带相同的致病基因,导致遗传病在该家族后代中频繁出现。

3. 患者面临巨大的生育风险 许多遗传病,尤其是染色体遗传病患者会面临不孕不育、流产、死胎、早产的风险。染色体病在自发性流产、死胎和早产率中占比高达 50% 以上。

4. 对人类健康构成潜在威胁 以罕见病为例,世界卫生组织将患病人数占总人口 0.065%~0.1% 的疾病定义为罕见病。据统计全球有罕见病 7 000 种以上,其中约 80% 的罕见病是由于遗传缺陷引起的,约 50% 的罕见病在出生时或者儿童期即可发病;约 30% 的病人于 5 岁前死亡;常累及人体多器官、多系统,呈慢性、进行性发展,多为终身疾患,严重者可危及生命。平均每个正常人携带 2.8 个致病变异基因。就某种罕见病而言发病率低,但由于罕见病种类数量和人口数量庞大,致使罕见病患者并不罕见,给人类健康和社会发展带来极大挑战。

(张春斌)

思考题

1. 细胞生物学的研究内容和范围有哪些?
2. 简述细胞生物学和医学遗传学的发展史。
3. 简述细胞生物学和医学遗传学在现代医学中的地位和作用。
4. 试述遗传病、家族性疾病、先天性疾病之间的区别。
5. 遗传病有哪些特征?分为哪几类?

ER 1-3

练习题

第二章 | 细胞概述

教学课件

思维导图

学习目标

1. 掌握细胞的概念、化学组成和分类。
2. 熟悉细胞内生物大分子的结构,原核细胞与真核细胞的异同。
3. 了解细胞内各种化合物的功能,原核细胞和真核细胞遗传物质的存在形式。
4. 学会在显微镜下辨别各类原核细胞和真核细胞。
5. 认识生命的进化规律和辩证统一性,具有整体生命观和大爱情怀。

情境导入

"鹰击长空,鱼翔浅底,万类霜天竞自由。"大千世界万物争奇斗艳,由古及今生生不息。小到单细胞生物,大到各种植物、动物,再到自然界最高级的生物——人,所有生命都在活着各自的精彩。但在生物世界,生命形式从低级到高级也存在着食物链的循环,共同享受着来自自然界和其他生物提供的营养物质,又最终都成为食物链上的一环。

请思考:

1. 生命所需的营养物质有哪些? 它们是怎样构成生命结构的?
2. 生物的基本构成和活动的基本单位是什么?
3. 怎样认识生命的统一性和多样性?

细胞(cell)是生物体形态结构和功能的基本单位。除病毒外,所有生物体都是由细胞构成的,虽然组成不同组织和器官的细胞大小、形态和功能彼此不同,但是各类细胞的基本结构是相似的。细胞是代谢与功能的基本单位,任何生物体的新陈代谢都是以细胞为单位进行的;细胞是生物体生长发育的基本单位,多细胞生物从受精卵开始通过细胞分裂使细胞数量增多,通过生长使细胞体积增大,通过细胞分化使细胞种类增加,最终发育成为一个完整的个体;细胞是遗传的基本单位,具有遗传的全能性,遗传全能性是指生物体中的每一个体细胞都包含有本物种全套的遗传信息,都有分化为各类细胞或发育为完整个体的潜能。因此细胞是生命活动的基本单位。根据构成生物体细胞数目的不同把生物分为单细胞生物和多细胞生物两大类。

第一节 细胞的化学组成与生物大分子

一、细胞的化学组成

构成细胞的生命物质称为原生质(protoplasm)。组成原生质的化学物质大致可分为无机化合物和有机化合物。无机化合物包括水和无机盐,有机化合物包括有机小分子和生物大分子。

组成细胞的化学元素有 50 多种,主要有 C、H、O、N 4 种元素,约占细胞原生质总量的 90%,其次有 S、P、Cl、K、Na、Ca、Mg、Fe 等元素,两者合计达到原生质总量的 99.9%,统称为常量元素或宏量元素。此外细胞中还有 Cu、Zn、Mn、Mo、Co、Cr、Si、F、Br、I、Li、Ba 等元素,含量极少称为微量元素。微量元素虽然含量少,但在生命活动中却起着重要的作用,缺一不可,如缺碘会引起甲状腺代偿性增生,使人患甲状腺肿大。细胞内的化学元素绝大多数都是以各种化合物的形式存在着。

水在原生质中含量最多,一般约占原生质总量的 70%。细胞内的水有两种存在形式:一是游离水,约占 95%,游离水是细胞内良好的溶剂,细胞内各种代谢反应都是在水溶液中进行的;二是结合水,以氢键或其他化学键与蛋白质结合,参与细胞的构成。不同机体、不同种类的细胞中含水量差别很大,如人体各部分含水量骨骼为 22%、肌肉为 76%、血液为 83%,而眼球的玻璃体中含水量达到 99%。

细胞内的无机盐含量较少,约占原生质总量的 1%,都是以离子状态存在的。含量较多的阳离子有 K^+、Na^+、Ca^{2+}、Mg^{2+}、Fe^{2+} 等,阴离子有 Cl^-、SO_4^{2-}、PO_4^{3-}、HCO_3^- 等。这些无机离子有的直接参与生物大分子的形成,组成有一定功能的结合蛋白或类脂,如 PO_4^{3-} 是合成磷脂、核苷酸所必需的,Fe^{2+} 是细胞色素、血红蛋白的成分,Mg^{2+} 参与构成 DNA 聚合酶;有的游离于水中,维持细胞内外液的渗透压、酸碱性和膜电位,以保障细胞的正常生理活动。

细胞的有机小分子包括小分子单糖、氨基酸、核苷酸和脂质等。

组成细胞的生物大分子(biological macromolecule)是指分子量巨大、结构复杂、具有生物活性或蕴藏生命信息、决定生物体形态结构和生理功能的大分子有机物,其中重要的生物大分子有蛋白质、核酸、糖类、脂类等。

二、生物大分子

(一)蛋白质

蛋白质(protein)是构成细胞的主要成分,它不仅决定了细胞的形状和结构,而且还承担着许多重要的生理功能。自然界中的蛋白质通常由 20 种氨基酸组成,但这 20 种氨基酸通过组成种类、数量、排列顺序的不同,可以构成多达几十万种甚至上百万种不同的蛋白质,而且每种蛋白质还有空间构象的变化,这样就决定了蛋白质结构和功能的多样性,从而表现出生命的千差万别和丰富多彩。

1. 蛋白质的化学组成

(1)氨基酸:蛋白质的基本组成单位为氨基酸(amino acid),每一个氨基酸都含有一个碱性的氨基(—NH_2)、一个酸性的羧基(—COOH)和一个结构不同的侧链(—R)(图 2-1)。氨基酸为两性电解质,依侧链—R 的带电性和极性不同,可分为带负电荷的酸性氨基酸、带正电荷的碱性氨基酸、不带电荷的中性极性氨基酸和不带电荷的中性非极性氨基酸四类。

(2)多肽:由一个氨基酸分子的氨基(—NH_2)与另一个氨基酸分子的羧基(—COOH)之间脱水缩合形成的化学键叫肽键,2 个氨基酸由肽键相连形成二肽,3 个氨基酸结合形成三肽,依此类推,多个氨基酸按一定顺序由肽键相连接形成多肽,多肽为链状结构,故称为多肽链(peptide chain)(图 2-1)。有些蛋白质包含 1 条多肽链,有些蛋白质则由 2 条或 2 条以上的多肽链构成。

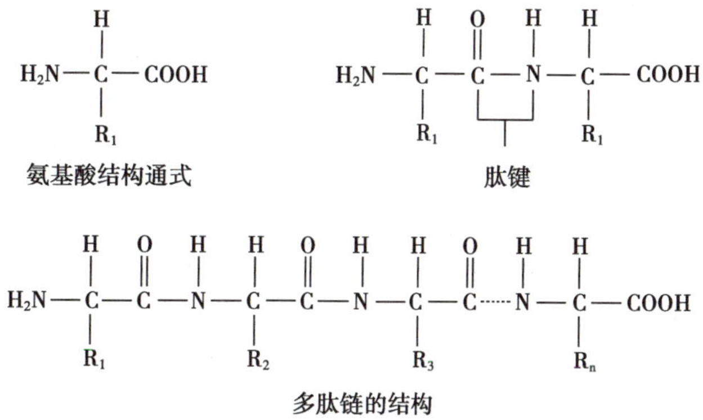

氨基酸结构通式　　　　肽键

多肽链的结构

图 2-1　氨基酸结构通式、肽键、多肽链示意图

2. 蛋白质的分子结构　蛋白质的分子结构分为一级、二级、三级和四级结构。

(1)**蛋白质的一级结构**:包括组成蛋白质的多肽链数目、多肽链的氨基酸顺序以及多肽链内、多肽链间的二硫键数目和位置。其中最重要的是多肽链的氨基酸顺序,氨基酸顺序的改变,不仅影响蛋白质的高级结构,而且直接影响其生物学功能。

(2)**蛋白质的二级结构**:是指肽链的主链在空间的排列,它只涉及肽链主链的构象及链内或链间形成的氢键,常见的有 α-螺旋和 β-折叠两种形式。α-螺旋是一条多肽链中相邻近的氨基酸残基之间形成氢键;β-折叠是多肽链的两部分并行排列形成氢键,或者是多条多肽链并行排列形成氢键。维持蛋白质二级结构的化学键主要是氢键。

(3)**蛋白质的三级结构**:多肽链在各种二级结构的基础上再进一步盘曲或折叠形成具有一定规律的三维空间结构。蛋白质三级结构的稳定主要靠次级键,包括氢键、离子键、疏水键以及范德华力等。这些次级键可存在于一级结构序号相隔很远的氨基酸残基的 R 基团之间,因此蛋白质的三级结构主要指氨基酸残基的侧链间的结合。次级键都是非共价键,易受环境中 pH、温度、离子强度等的影响,有变动的可能性。

(4)**蛋白质的四级结构**:具有两条或两条以上独立三级结构的多肽链组成的蛋白质,其多肽链间通过次级键相互组合而形成的空间结构称为蛋白质的四级结构。其中每条具有独立三级结构的多肽链称为亚基(subunit)或亚单位。一种蛋白质中多个亚基的结构可以相同,也可以不同。大多数由多个亚基组成的蛋白质形成四级结构时才具有生物活性。如烟草斑纹病毒的外壳蛋白是由 2 200 个相同的亚基形成多聚体;正常人血红蛋白 A 是 2 个 α 亚基与 2 个 β 亚基形成的四聚体。

3. 蛋白质折叠的分子机制　蛋白质的折叠并不是发生在翻译之后,而是与核糖体上蛋白质的合成同步进行的,即边合成边折叠。新生肽链在合成过程中结构不断地进行调整,如肽链的延伸、折叠、构象调整,直至最后三维立体结构形成,这是一个连续进行的动态过程。在蛋白质折叠的过程中往往需要一些其他蛋白质的协助,这些蛋白被称为分子伴侣。

4. 蛋白质在生命活动中的作用　生物界蛋白质的种类估计在 10^{10}~10^{12} 数量级,造成种类众多的原因主要是参与蛋白质组成的 20 种氨基酸在肽链中的排列顺序不同引起的。蛋白质是生物功能的载体,每种细胞活性都依赖于一种或几种特定的蛋白质,蛋白质的生物学功能主要有以下几个方面:

(1)**蛋白质是生物体的主要组成成分**:蛋白质是构成细胞的主要成分,也是生物体形态结构的主要成分。

(2)**物质运输和信息传递作用**:细胞膜上存在很多载体蛋白和受体蛋白,载体蛋白能为细胞运输营养物质,受体蛋白可接受细胞外信号使细胞发生相应的反应,红细胞中的血红蛋白则有运输氧和二氧化碳的作用。

(3)**生物催化作用**:细胞内的各种代谢反应都是在酶的催化作用下完成的,酶的化学本质是蛋白质,是蛋白质中最大的一类。蛋白质参与细胞内的各种代谢活动。

(4)**免疫防御作用**:高等动物和人体细胞防御病原微生物入侵的抗体就是免疫球蛋白。

(5)**运动功能**:有些蛋白质赋予细胞运动的能力,如肌肉细胞中的肌动蛋白和肌球蛋白相互滑动,导致肌肉的收缩。

(6)**调节代谢作用**:细胞内起调节作用的某些肽类激素也是蛋白质,它们具有调节生长发育和代谢的作用。

5. 蛋白质的结构和功能的关系　在生物体细胞内,蛋白质的多肽链一旦被合成,自身即可根据其一级结构的特点自然折叠和盘曲,形成一定的空间构象。空间构象是蛋白质功能活性的基础,空间构象发生变化,其功能活性也随之改变。蛋白质变性时,由于其空间构象被破坏,故引起其功能活性丧失。变性的蛋白质在复性后空间构象复原,功能活性也能再恢复。

(二)核酸

核酸(nucleic acid)是重要的生物大分子,核酸最初是从细胞核中分离出来的,具有酸性,故称为核酸。但后来的研究表明,核酸不仅存在于细胞核中,也存在于细胞质中。自然界几乎所有的生物体内都有核酸存在,即使病毒(朊病毒除外)也同样含有核酸。核酸是生物遗传和变异的物质基础;它是生命遗传信息的携带者和传递者,对生命的延续、生物物种遗传特性的保持、生长发育、细胞分化等起着重要的作用,同时也是现代分子生物学的重要研究领域,是基因工程操作的核心内容。另外,核酸及其衍生物还可以用于保护人类健康,目前已发现有不少核酸类或核酸衍生物类药物,可以用来治疗难以对付的病毒性疾病以及恶性肿瘤等。

1. 核酸的种类和分布 核酸分为脱氧核糖核酸(deoxyribonucleic acid,DNA)和核糖核酸(ribonucleic acid,RNA)两大类。其中 DNA 携带遗传信息,RNA 则与遗传信息的表达有关。在生物界除病毒外,所有生物的细胞中均含有 DNA 和 RNA,这些生物以 DNA 为主要遗传物质。病毒含有 DNA 和 RNA 中的一种,根据病毒核心内核酸的类型可以把病毒分为 DNA 病毒和 RNA 病毒。在真核细胞中,DNA 主要存在于细胞核内,少量存在于细胞质中,如动物细胞中的线粒体、植物细胞的叶绿体都含有少量的 DNA。RNA 主要存在于细胞质中,少量存在于细胞核中。

2. 核酸的化学组成 核酸亦称为多聚核苷酸,核苷酸(nucleotide)是构成核酸分子的基本结构单位。核苷酸是核苷的磷酸酯,核苷又由核糖(或脱氧核糖)与碱基组成,因此核苷酸分子由磷酸、戊糖和含氮碱基三部分组成。碱基有两大类,即嘌呤和嘧啶。嘌呤包括腺嘌呤(A)和鸟嘌呤(G),嘧啶包括胞嘧啶(C)、胸腺嘧啶(T)和尿嘧啶(U)。戊糖有核糖和脱氧核糖。1 分子戊糖与 1 分子碱基缩合而形成的化合物称为核苷,核苷与磷酸结合所形成的化合物即为单核苷酸(图 2-2)。

DNA 中的戊糖为脱氧核糖,碱基为 A、G、C、T,组成 DNA 的脱氧核苷酸有 4 种——腺嘌呤脱氧核苷酸(dAMP)、鸟嘌呤脱氧核苷酸(dGMP)、胞嘧啶脱氧核苷酸(dCMP)和胸腺嘧啶脱氧核苷酸(dTMP);RNA 中的戊糖为核糖,碱基为 A、G、C、U,组成 RNA 的核苷酸也有 4 种——腺嘌呤核苷酸(AMP)、鸟嘌呤核苷酸(GMP)、胞嘧啶核苷酸(CMP)和尿嘧啶核苷酸(UMP)。多个核苷酸连接起来就是多核苷酸链,它是核酸的一级结构,是由核苷酸(或脱氧核苷酸)的种类、数量及排列顺序决定的线形结构。核糖核酸(RNA)为一条多聚核苷酸链,而脱氧核糖核酸(DNA)含两条多聚脱氧核苷酸链。DNA 与 RNA 的区别见表 2-1。

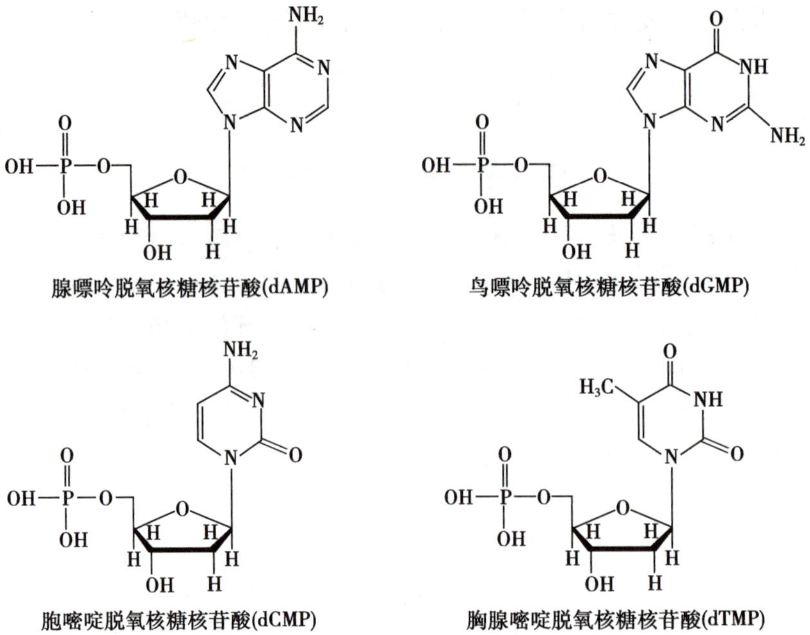

腺嘌呤脱氧核糖核苷酸(dAMP)　　鸟嘌呤脱氧核糖核苷酸(dGMP)

胞嘧啶脱氧核糖核苷酸(dCMP)　　胸腺嘧啶脱氧核糖核苷酸(dTMP)

图 2-2　构建 DNA 分子的单核苷酸

表 2-1　RNA 与 DNA 的主要区别

类别	DNA	RNA
核苷酸组成	磷酸 脱氧核糖 碱基（A、G、C、T）	磷酸 核糖 碱基（A、G、C、U）
核苷酸种类	腺嘌呤脱氧核苷酸（dAMP） 鸟嘌呤脱氧核苷酸（dGMP） 胞嘧啶脱氧核苷酸（dCMP） 胸腺嘧啶脱氧核苷酸（dTMP）	腺嘌呤核苷酸（AMP） 鸟嘌呤核苷酸（GMP） 胞嘧啶核苷酸（CMP） 尿嘧啶核苷酸（UMP）
结构	双螺旋	单链
分布	主要存在于细胞核中	主要存在于细胞质中
功能	储存、表达和传递遗传信息	参与遗传信息的表达

3. DNA 的结构和功能　DNA 的结构特点决定了其具有重要的生物学功能。

（1）DNA 的结构：一个 DNA 分子由两条链组成，每条链都是由许多脱氧核苷酸聚合而成，相邻的脱氧核苷酸之间是通过磷酸二酯键连接在一起的，即前一个脱氧核苷酸中脱氧核糖第 3 位碳上的羟基与后一个脱氧核苷酸中脱氧核糖第 5 位碳上的磷酸之间通过 3′,5′磷酸二酯键连接起来（图 2-3）。这样连接形成的多核苷酸链有两个末端：一个是脱氧核糖的 5′末端，在此末端往往有磷酸相连，因而称为 5′磷酸末端；另一个是核糖的 3′末端，因其往往是游离羟基，所以也叫 3′羟基末端。核苷酸分子结构的特点决定了多聚核苷酸的延长只能沿着链的 5′→3′进行添加，即新的脱氧核苷酸只能添加到核苷酸链 3′羟基末端。脱氧核苷酸在 DNA 分子中的排列顺序构成了 DAN 的一级结构。DNA 一级结构的测定在过去是很困难的工作，但是随着特异的限制性内切酶的发现及可分辨一个核苷酸分子差别的聚丙烯酰胺凝胶电泳技术的发展，核苷酸序列的检测已经成为分子生物学的常规检测方法。

1953 年，沃森（Watson）和克里克（Crick）提出了著名的 DNA 双螺旋结构模型（图 2-4），这个模型不仅解释了当时所知道的 DNA 的一切理化性质，而且将分子结构与其功能联系起来，极大推动

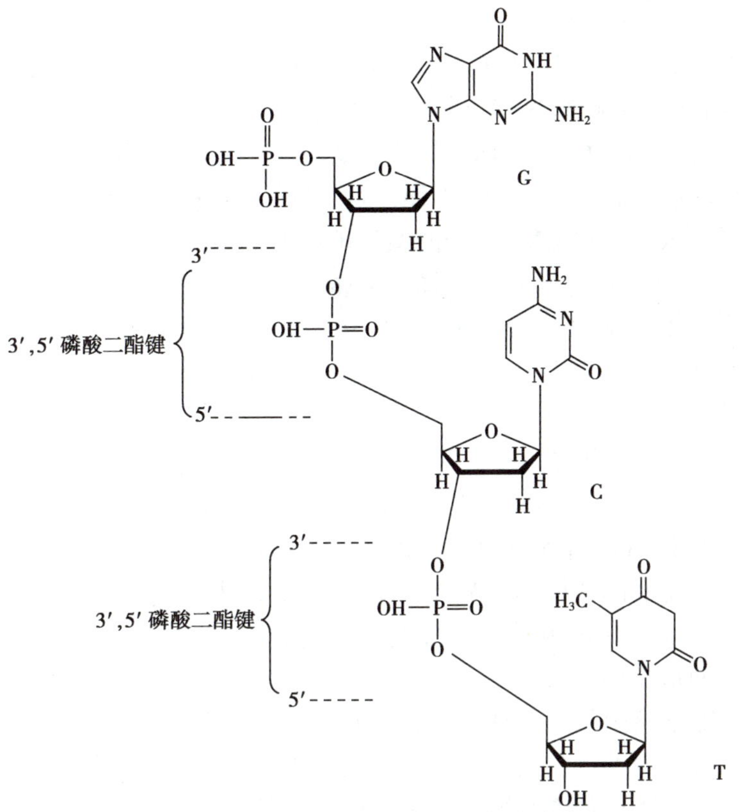

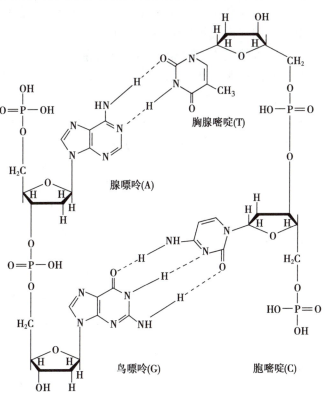

图 2-3　多聚核苷酸链中的磷酸二酯键示意图

了分子生物学的发展。该模型的内容要点有：①DNA 分子由两条方向相反的多聚脱氧核苷酸链构成，一条链为 5′→3′ 方向，另一条链为 3′→5′ 方向。②两条多聚脱氧核苷酸链之间以氢键相连，氢键的形成严格遵守碱基配对原则，腺嘌呤 A 与胸腺嘧啶 T 之间形成 2 个氢键（A=T），胞嘧啶 C 与鸟嘌呤 G 之间形成 3 个氢键（C≡G），因此两条多聚脱氧核苷酸链成为互补链。③脱氧核糖和磷酸排列在两条链的外侧，构成 DNA 分子的基本骨架，为所有 DNA 分子共有，不携带任何遗传信息；碱基位于两条链的内侧，四种碱基的排列顺序在不同的 DNA 中各不相同，储存着物种与个体差异的遗传信息。④两条多聚脱氧核苷酸链相互平行，围绕同一中心轴以右手方向盘绕成双螺旋结构。⑤DNA 双螺旋的直径为 2.0nm，螺距为 3.4nm，相邻碱基对之间距离为 0.34nm。

（2）DNA 的功能：DNA 是生物的遗传物质，它的主要功能是储存遗传信息，并以自身为模板合成 RNA 从而指导蛋白质合成，同时 DNA 还通过自我复制把亲代的遗传信息传给子代，使子代保持与亲代相似

图 2-4　DNA 双螺旋结构模型

的生物学性状。

1）储存和表达遗传信息：遗传信息（genetic information）的本质是 DNA 分子中特定的碱基排列顺序。虽然组成 DNA 分子的碱基只有 4 种，但是由于 DNA 分子较大，所含的脱氧核苷酸数目多，并且排列顺序是随机的，这就决定了 DNA 分子的复杂性和多样性。如果一个 DNA 分子是由 n 对核苷酸组成的，其碱基对的排列方式就有 4^n 种，即可以形成 4^n 种不同类型的 DNA 分子。遗传信息以基因和遗传密码的形式储存在 DNA 分子的碱基排列顺序中。

遗传信息的表达是基因通过转录和翻译合成蛋白质的过程。基因通过转录将遗传信息转录到 mRNA 上，再以 mRNA 为模板指导合成蛋白质，从而决定生物性状。在 RNA 转录完成后，DNA 重新恢复成双螺旋结构。

2）传递遗传信息：遗传信息的传递是以 DNA 分子的自我复制和传递实现的。DNA 分子以自身的两条链为模板，在 DNA 解旋酶的作用下互补合成子代 DNA 的过程称为 DNA 的复制（replication）。DNA 复制发生在细胞周期的 S 期（DNA 合成期）。基本过程为：①亲代 DNA 在解旋酶的作用下，从多个复制起始点解旋，双链之间的氢键断开，成为两股单链。②以每股单链为模板，按照碱基配对原则，以游离于细胞核内的脱氧核苷酸为原料，在 DNA 聚合酶和连接酶的作用下，沿着 5′→3′ 的方向合成互补的 DNA 新链。③每条新合成的 DNA 单链与对应的模板链盘旋成稳定的双螺旋结构，各形成一条携带完整遗传信息的子代 DNA（图 2-5）。这样，原有的一个 DNA 分子就复制成两个完全一样的子代 DNA，原来 DNA 分子中的遗传信息也因此完全复制到子代 DNA 分子中，经过细胞分裂将完全相同的遗传信息传递给子细胞，通过有性生殖将遗传信息传递给子代。研究证实，复制是十分精确的，确保了遗传物质的结构在世代相传中的稳定性。

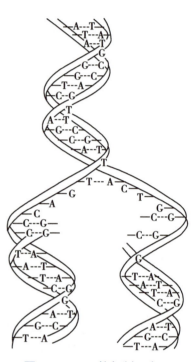

图 2-5　DNA 的复制示意图

4. RNA 的结构和功能　RNA 种类很多，相对分子质量较小，组成 RNA 的四种碱基为 A、G、C、U。碱基配对的原则是 A 与 U 配对、G 与 C 配对。RNA 分子由多个核糖核苷酸排列组成一条多聚核苷酸长链，基本上是以单链形式存在，但有的 RNA 分子的单链也可自身回折形成局部双链。根据功能的不同，可将 RNA 分为三种类型：信使 RNA（mRNA）、转运 RNA（tRNA）、核糖体 RNA（rRNA）。近年还新发现了多种特殊类型的 RNA（snRNA、snoRNA、miRNA 等）。

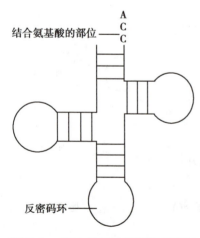

结合氨基酸的部位

A
C
C

反密码环

图 2-6　tRNA 的三叶草结构示意图

（1）mRNA：mRNA 由一条多核苷酸链构成，多数为线形结构，局部可形成发卡式结构，含量占细胞内 RNA 总量的 1%~5%。其功能是从细胞核内的 DNA 分子上转录出遗传信息进入细胞质中与核糖体结合，并作为模板指导蛋白质的合成，因此称为信使 RNA。mRNA 中每 3 个相邻的碱基构成 1 个密码子，由密码子决定多肽链中氨基酸的排列顺序。

（2）tRNA：tRNA 是单链结构，部分节段扭曲螺旋成假双链，整个分子为三叶草形的结构（图 2-6）。靠近柄部的一端有 3 个碱基"-CCA"，为活化氨基酸的连接位置；与之相对应的另一端呈球形，称为反密码子环，在环上有 3 个碱基，称为反密码子，这是与 mRNA 上密码子识别并互补结合的位置。tRNA 的含量占细胞内 RNA 总量的 5%~10%。tRNA 的功能是在蛋白质生物合成过程中专门运输活化的特定氨基酸到核糖体的特定位置去缩合成肽链,故称为转运 RNA。

(3) rRNA:rRNA 为单链结构,某些节段也常呈现双螺旋。rRNA 的含量占细胞内 RNA 总含量的 80%~90%。rRNA 是构成核糖体的重要成分,占核糖体总量的 60%(其余 40% 为蛋白质)。核糖体是细胞内蛋白质合成的场所,即氨基酸缩合成肽链的"装配机"。

(三)糖类

糖类(saccharide)是细胞的主要组成成分之一,是生物体维持生命活动所需能量的主要来源,也是生物体合成其他化合物的基本原料,即生物体的基本结构物质之一,糖类主要由 C、H、O 三种元素组成,故又称为碳水化合物。细胞中的糖除了作为能源的葡萄糖及其他一些单糖、寡糖和多糖外,还有通过共价键与非糖物质结合的复合糖,如糖蛋白、蛋白聚糖、糖脂和脂多糖等。复合糖类主要存在于细胞膜表面和细胞间质中。复合糖中糖链结构的复杂性提供了大量的信息,这些糖结合物与细胞的生长和分化、细胞识别、细胞与环境之间的相互作用、细胞免疫、某些代谢性遗传疾病的发生以及药物的作用机制等方面均有着十分密切的关系。

第二节　细胞的形态结构

一、细胞的形态

真核细胞的形态多种多样,常与细胞所处的环境、部位及功能密切相关。游离于体液中的细胞多呈类圆形、椭圆形和球形,如红细胞和卵细胞;组织中的细胞一般呈椭圆形、立方形、扁平形、梭形和多角形,如上皮细胞多为扁平形或立方形;具有收缩功能的肌肉细胞多为梭形;具有接受和传导各种刺激的神经细胞常呈多角形,并呈现星状突起;另外还有的细胞形状是可变的,如白细胞。

二、细胞的大小

细胞的大小差别很大,不同种类的细胞大小各不相同。细胞的大小一般要用光学显微镜的测微尺进行测量,其计量单位一般用微米(μm)表示。已知最小的细胞是支原体,直径只有 0.1~0.3μm,需要借助于电子显微镜方可观察到;最大的细胞是鸵鸟的卵细胞,直径可达 12~15cm。

人体内最大的细胞是卵细胞,直径约为 100μm;最小的细胞是精子,其头部直径只有 5μm;成熟的红细胞直径为 7~8μm;肝细胞的直径为 18~20μm;口腔黏膜上皮细胞的直径约为 75μm;而个别神经细胞的直径有 100μm,其突起可长达 1m。

细胞的大小与它的功能是相适应的。鸟卵较大,主要是因为其细胞质内含有大量的营养物质,以保证其胚胎的发育;哺乳动物的卵较小,因为哺乳动物是胎生的,胚胎在母体内发育,可直接从母体吸收营养。神经细胞的突起之所以可长达 1m,是与神经传导功能相一致。

分析动植物细胞的大小可以发现一个规律:不同种属同类组织或器官的细胞大小通常在一个恒定的范围内,生物体的机体大小和器官大小与细胞的大小无关,只与细胞的数量相关,此为细胞的体积守恒定律。

三、细胞的数目

单细胞生物仅由一个细胞构成。多细胞生物根据生物种类和个体大小不同,构成个体的细胞数量差异很大。一些极低等的多细胞生物体,仅由几个或几十个分化基本相同的细胞组成,高等动植物机体却由大量功能与形态结构不同的细胞构成,一般数以万亿计,如一个成年人含有 40 万亿~60 万亿个细胞。

四、细胞的种类和基本结构

根据细胞的进化程度,可将细胞分为原核细胞与真核细胞两大类,这两类细胞差别巨大。

(一)原核细胞

原核细胞(prokaryotic cell)进化程度低,较为原始,体积较小,大多直径在 1~10μm,结构简单。细胞的外部由细胞膜包绕,多数原核细胞在细胞膜的外面还有一层坚韧的细胞壁起保护作用,细胞壁的主要成分是肽聚糖和糖脂。原核细胞没有真正意义的细胞核,只在细胞质内有一个比较集中的区域称为拟核,无核膜、核仁,拟核内只有一个卷曲折叠的环状 DNA 分子,DNA 分子不与蛋白质结合,裸露于细胞质中。细胞质中没有内质网、高尔基复合体、溶酶体、线粒体等膜性结构的细胞器,只含有核糖体、中间体和一些内含物,如糖原颗粒、脂肪颗粒等。由原核细胞组成的生物叫原核生物,原核生物是单细胞生物。常见的原核细胞有支原体、细菌、放线菌和蓝绿藻等。

细菌(bacteria)是典型的原核生物。细菌的外表面为一层由肽聚糖构成的细胞壁,有时在细胞壁之外还有一层由多肽和多糖组成的荚膜,荚膜具有保护作用,保护细菌在真核细胞内寄生。细菌的细胞壁内为细胞膜,膜上含有与某些代谢反应有关的酶类,如呼吸链酶类(图 2-7)。

细菌的拟核中含有一个环状 DNA 分子,其很少有重复序列,基因的编码序列排列在一起,无内含子。另外,细菌的细胞质内还有质粒,质粒是拟核 DNA 以外的遗传物质,它们能够自我复制;细菌的细胞质内有丰富的核糖体,它们大部分游离于细胞质中,只有一小部分附着在细胞膜的内表面,是细胞合成蛋白质的场所。

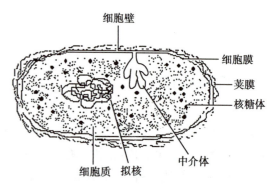

图 2-7　原核细胞结构示意图

(二)真核细胞

真核细胞(eukaryotic cell)与原核细胞相比,进化程度高,细胞结构更为复杂。自然界中由真核细胞组成的生物称为真核生物,包括单细胞生物(如酵母)、原生生物、动物、植物及人类等。真核细胞区别于原核细胞的最主要特征是具有核膜包围的细胞核。

在光学显微镜下看到的细胞结构称为显微结构,在电子显微镜下才能看到的细胞结构称为亚显微结构或超微结构。真核细胞的显微结构为细胞膜、细胞质和细胞核三部分结构,在细胞核中可看到核仁。亚显微结构可分为膜相结构和非膜相结构:膜相结构包括细胞膜、内质网、高尔基复合体、线粒体、核膜、溶酶体和过氧化物酶体;非膜相结构包括中心体、核糖体、染色质、核仁、细胞骨架、细胞基质和核基质(图 2-8)。

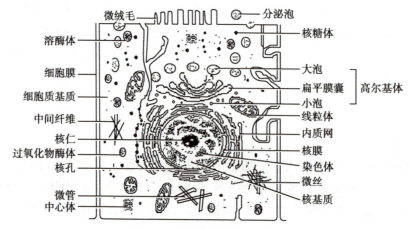

图 2-8　真核细胞结构示意图

从功能角度划分,真核细胞亚显微结构可分为三大功能体系:以磷脂和蛋白质为主要成分的生物膜体系,包括各种膜性结构;以核酸和蛋白质为主要成分的遗传信息表述结构体系,包括染色质、核仁和核糖体;以蛋白质为主要成分的细胞骨架体系,包括微管、微丝和中间纤维等。

知识链接

中核细胞

中核细胞为介于原核细胞和真核细胞之间的一类细胞,这种细胞比原核细胞结构复杂,细胞核有核膜包被,遗传物质DNA也与组蛋白结合形成染色体,很接近真核细胞,但它与真核细胞相比较又有区别,染色体始终处于凝聚状态,细胞核膜在分裂过程中不消失,细胞分裂是有丝分裂,有纺锤体,但没有染色体纺锤丝,分裂中期核仁开始拉长,至后期分开为两个子核仁,后期整个细胞核开始拉长,子染色体分开移动到两极,末期拉长的细胞核断开形成两个子细胞核。这种细胞结构的生物很少,如裸藻门、甲藻门和夜光虫。

(三)原核细胞与真核细胞的异同

原核细胞与真核细胞的基本特征相同之处是:①都具有脂质双分子组成的细胞膜,使其与周围环境分开,同时通过膜与周围环境进行物质交换。②都具有 DNA 和 RNA,储存和传递遗传信息,指导蛋白质的合成。③都具有蛋白质的合成场所——核糖体。④细胞增殖方式基本是一分为二的增殖方式。

原核细胞与真核细胞在形态结构和功能方面,又存在明显差异,主要表现为:①原核细胞没有典型的核结构,遗传物质是没有蛋白质结合的裸露的环状 DNA 分子,没有核仁;真核细胞的细胞核有双层核膜包被,遗传物质是双链 DNA 分子,与组蛋白结合形成染色体,有核仁。②原核细胞没有各种膜性结构细胞器;真核细胞内有内膜系统和丰富的膜性结构细胞器。③原核细胞的 mRNA 转录与蛋白质翻译同时同地点进行;真核细胞 mRNA 转录是在细胞核中进行的,蛋白质翻译是在细胞质中进行的。④原核细胞为无丝分裂;真核细胞主要为有丝分裂,具有明显的周期性。

(四)非细胞形态的生命体

病毒(virus)是非细胞形态的生命体,由一种核酸分子(DNA 或 RNA)与蛋白质衣壳组成。病毒个体小,结构简单,所含遗传物质少,专营细胞内寄生生活,病毒只有侵入寄主细胞才表现出生命特征。病毒的生活周期分为两个阶段:一个阶段是细胞外阶段,以病毒颗粒形式存在,没有任何生命特征;另一个阶段是细胞内繁殖阶段,在这个阶段病毒完成自己的生命过程,在病毒遗传物质的指导控制下,利用寄主细胞内游离的核苷酸和氨基酸来合成自己的子代核酸分子和蛋白质衣壳,再将子代核酸分子和蛋白质衣壳组装成子代病毒颗粒。

(朱友双)

思考题

1. 简述细胞的化学组成及其主要功能。
2. 简述蛋白质的化学结构和主要功能。
3. 简述 DNA 双螺旋结构模型特征及其功能。
4. 原核细胞和真核细胞的主要区别有哪些?

ER 2-3

练习题

第三章 | 细 胞 膜

教学课件

思维导图

学习目标

1.掌握细胞膜相关基本概念,细胞膜的化学组成、结构和特性,细胞膜物质运输的主要方式和特点。

2.熟悉细胞膜抗原与免疫作用、受体与信号转导。

3.了解细胞表面与细胞连接、细胞膜与疾病。

4.学会在细胞膜层面阐明疾病发生的分子机制。

5.具有家国情怀和护佑人民生命健康的职业责任感。

情境导入

患者,男,35岁,在建筑工地工作时,不慎将小腿皮肤擦伤,未及时处理,擦伤部位有液体渗出、红肿、化脓,于是到医院就医。

请思考:

1.从细胞层面分析,该患者伤口有液体渗出、红肿、化脓的原因是什么?

2.如果是严重的烧伤或者烫伤,患者烧伤或烫伤部位的细胞会有什么变化?

细胞膜(cell membrane)又称为质膜(plasma membrane),是包围在细胞外周的由生物大分子构成、具有复杂生物学功能的一层半透性薄膜。在生命的进化过程中,细胞膜的出现具有极其重要的意义,标志着细胞生命形态的出现。作为细胞外层的一道界膜,它的基本功能首先是将细胞与外界环境分隔、维持细胞内环境的相对稳定和保护作用;同时,它还是细胞与外界环境交流的门户,与外界环境不断地进行物质交换、能量转换、信号识别和信息传递。

除细胞膜外,在真核细胞内很多细胞器也具有膜性结构,如内质网、高尔基复合体、溶酶体、过氧物酶体、线粒体、细胞核等。细胞膜以内的膜性结构称为细胞内膜。细胞膜和细胞内膜统称为生物膜(biomembrane)。各种生物细胞膜结构及其功能各异,但在化学组成、结构和功能上仍具有共性。

第一节 细胞膜的化学组成

构成细胞膜的生物大分子主要有脂类、蛋白质和糖类三种成分。脂类和蛋白质构成膜的主体,糖类是以糖脂和糖蛋白的复合多糖形式存在。此外,细胞膜还含有水、无机盐和少量的金属离子等。不同种类细胞膜的各种成分比例不同,细胞膜的功能越复杂,其蛋白质的含量就越高,如人红细胞膜中蛋白质的含量为50%,而只起绝缘作用的神经髓鞘细胞膜中蛋白质的含量仅为19%。

一、膜脂

构成生物膜的脂类统称为膜脂(membrane lipid),主要包括磷脂、胆固醇和糖脂,其中磷脂含量最多。所有的膜脂分子都具有双亲性(amphipathic),即它们都是由一个亲水的极性头部和一个疏水的非极性尾部组成。

(一) 磷脂

磷脂(phospholipid)是膜脂的基本成分,约占膜脂总量的50%以上,分为甘油磷脂和鞘磷脂。甘油磷脂是由磷脂酰碱基、甘油和脂肪酸结合而成,磷脂酰碱基、甘油组成亲水的头部,两条长短不一的脂肪酸链组成疏水的尾部(图3-1)。甘油磷脂又可分为磷脂酰胆碱(卵磷脂)、磷脂酰乙醇胺(脑磷脂)、磷脂酰丝氨酸和磷脂酰肌醇等。鞘磷脂主要存在于神经轴突鞘,为神经鞘磷脂,是以鞘氨醇为骨架组成的。脂肪酸链的长度和不饱和程度可影响膜的流动性。

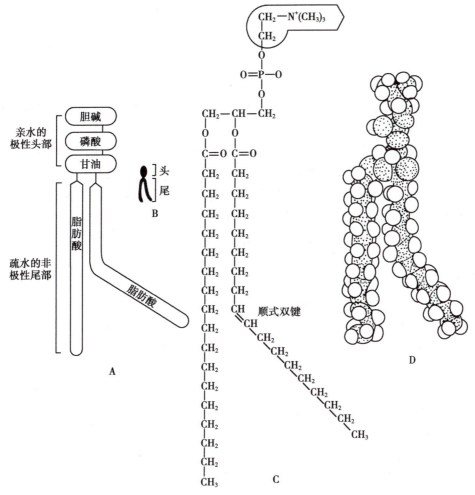

图 3-1 磷脂酰胆碱的分子结构示意图
A.分子结构示意图;B.空间结构符号;C.结构式;D.空间结构模型。

(二) 胆固醇

胆固醇(cholesterol)是真核细胞膜上的一种重要组分,在动物细胞膜中含量较高。胆固醇分子由三部分构成:极性的羟基头部、非极性的类固醇环结构和一个非极性的碳氢链尾部。在细胞膜中胆固醇分子散布在磷脂分子之间,其亲水的头部紧靠磷脂分子的极性头部,类固醇环结构固定在靠近磷脂分子头部的碳氢链上,其余部分游离(图3-2)。胆固醇在调节膜的流动性、增加膜的稳定性

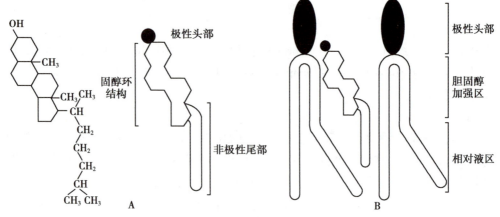

图 3-2　胆固醇分子结构模型及其在细胞膜中的位置示意图
A. 分子结构式和示意图；B. 位置关系。

和降低水溶性物质的通透性等方面起着重要作用。

（三）糖脂

糖脂（glycolipid）为含有一个或几个糖基的脂类，分布在所有细胞膜上。在动物细胞膜中糖脂主要为鞘氨醇的衍生物。最简单的糖脂是脑苷脂，只含 1 个糖残基；最复杂的糖脂是神经节苷脂，含有几个糖基，其中至少包括 1 个 N-乙酰基神经氨酸（唾液酸）。

由于具有双亲性的特点，膜脂分子在水相中能自动靠拢、聚集，极性头部伸向水中，而非极性的疏水尾部则避开水相，由此可以形成两种排列形式：球形的分子团（lipid micell）或脂双分子层（lipid bilayer）。为了避免脂双分子层侧面疏水尾部与水接触，脂质分子在水中形成双分子层后，其尾部往往有自动闭合的趋势，形成一种自我封闭的球形脂质体。脂质体常被用于膜生物学性质的研究。连续封闭整齐排列的脂双分子层组成细胞膜的基本骨架。

二、膜蛋白

膜蛋白（membrane protein）指生物膜中所含有的蛋白质，是生物膜功能的主要承担者。不同细胞的膜蛋白种类和含量差别很大，大多数真核细胞膜蛋白含量约为 50%。根据蛋白质在膜中的位置及其与膜脂分子的结合方式，可将膜蛋白分为外在蛋白、内在蛋白和脂锚定蛋白三种类型。

（一）外在蛋白

外在蛋白（extrinsic protein）又称为外周蛋白（peripheral protein）或附着蛋白（attachment protein），占膜蛋白总量的 20%~30%，附着在膜的内、外表面，主要在内表面，为水溶性蛋白。外在蛋白通过离子键、氢键与膜表面的膜脂或膜蛋白结合，结合力较弱，因而只要改变溶液的离子强度甚至温度就可以将其从膜上分离下来，而膜结构不会被破坏。

（二）内在蛋白

内在蛋白（intrinsic protein）又称为镶嵌蛋白（mosaic protein）或整合蛋白（integral protein），是细胞膜功能的主要承担者，占膜蛋白总量的 70%~80%。它们以不同的形式嵌入脂质双分子层内部或贯穿脂质双分子层，后者又称为跨膜蛋白（transmembrane protein）。内在蛋白主要通过非极性氨基酸部分与膜脂双分子层的疏水区相互作用而嵌入膜内，结合很紧密，只有用去垢剂使膜崩解后，才能将它们分离出来。

（三）脂锚定蛋白

脂锚定蛋白（lipid anchored protein）通过共价键与膜脂分子结合，或通过糖分子间接与膜脂分子结合。这类膜蛋白位于膜的两侧，形同外在蛋白，但与膜结合较为紧密，不易分离。

细胞膜的功能主要由膜蛋白决定。膜蛋白除有机械支持作用外,在物质运输、信息传递、受体、抗原和酶等方面都起着重要作用。

三、膜糖类

真核细胞膜外表面都覆盖有糖类,称为膜糖类(membrane carbohydrate)。膜糖类占膜重量的 2%~10%,主要以低聚糖的形式与膜蛋白或膜脂相结合形成糖蛋白或糖脂,所有膜糖类均分布于细胞膜的非胞质面一侧。动物细胞膜上组成低聚糖的单糖主要有葡萄糖、半乳糖、甘露糖、岩藻糖、半乳糖胺、葡萄糖胺和唾液酸等。这些单糖连接组成寡糖链,由于组成寡糖链的单糖的种类、数量、排列顺序、结合方式以及有无分支的不同,就形成了千变万化的组合形式,储存了大量信息,成为细胞相互黏着、识别、通信、免疫应答、接触抑制等活动的分子基础,在细胞与外界环境相互作用的过程中担负着许多重要功能。同时糖基化层易吸水变黏,起到细胞润滑与保护作用。

> **知识链接**
>
> ### 细胞膜组分和结构的早期研究
>
> 19 世纪末,科学家们相继发现,不同物质进出细胞的速度不同,认为这种速率差是由于细胞膜通透限制所致。1895 年,欧文顿(Overton)在植物根毛实验中发现,物质进出细胞膜的速度与其在脂质中的溶解度有关,认为细胞膜由脂质组成。1925 年,戈特(Gorter)等用有机溶剂提取的红细胞膜脂铺展后的面积是红细胞表面积的 2 倍,提出红细胞膜的基本结构是脂双层。随后,人们发现细胞膜的表面张力要比纯油滴小得多。脂滴表面上如果吸附有蛋白质,则有降低表面张力的作用。因此,丹尼利(Danielli)和戴维森(Davson)推想细胞膜中除有脂质外,还可能有蛋白质。他们于 1935 年提出了第一个细胞膜分子结构模型,即片层结构模型。

第二节　细胞膜的分子结构与特性

一、细胞膜的分子结构模型

从细胞膜概念的提出,到证明细胞膜的真实存在,再到生物膜组分与功能关系的研究,科学家们进行了大量的科学实验研究,对细胞膜的结构提出了数十种分子结构模型。这里介绍几种具有代表性的模型。

(一)单位膜模型

单位膜模型(unit membrane model)是 1959 年由罗伯逊(Robertson)在片层结构模型的基础上提出的。他利用超薄切片技术通过电子显微镜观察发现,细胞膜均为类似铁轨的结构,两条暗线被一条明亮的带隔开,清晰地呈现为"暗-明-暗"的三层式结构,即两侧为电子密度高的暗带,中间为电子密度低的亮带,总厚度约为 7.5nm,两侧暗带各厚约 2nm,中间明带厚约 3.5nm,这种结构称为单位膜(图 3-3)。该模型中,磷脂双分子层构成膜的主体,其极性

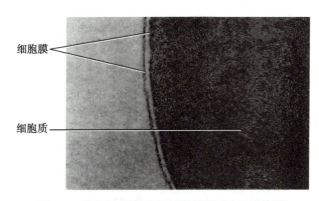

图 3-3　红细胞膜的电子显微镜照片(示单位膜)

头部朝向膜的内外两侧,疏水的尾部埋在膜的中央;单层的β折叠片状蛋白质通过静电作用与磷脂的极性头部结合铺展在膜的内外两侧;电子密度高的暗带相当于磷脂分子的亲水头部和蛋白质分子,而电子密度低的明带相当于磷脂分子的疏水尾部。该模型提出了各种生物膜在形态上的共性,但将膜视为静态的单一结构,无法说明膜结构的动态变化,也难以解释各种生物膜功能的多样性。

(二)流动镶嵌模型

流动镶嵌模型(fluid mosaic model)是由辛格(Singer)和尼科尔森(Nicolson)于1972年提出的,目前被广泛接受。该模型认为流动的脂质双分子层构成膜的连续主体,球形蛋白质分子以各种形式与脂质双分子层结合,不同程度地镶嵌在脂质双分子层中,根据蛋白质在脂质双分子层中的位置以及与脂质分子的作用方式,将其分为内在蛋白、外在蛋白和脂锚定蛋白(图3-4)。该模型主要强调了膜的流动性和不对称性,说明了球形蛋白与脂质双分子层的镶嵌关系,能较好地解释生物膜的功能特点,但忽视了蛋白质对脂质分子流动性的控制作用,也不能说明具有流动性的细胞膜是怎样保持其相对的稳定性和完整性的。

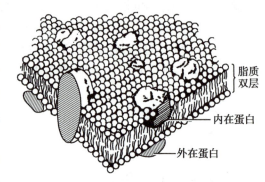

脂质双层
内在蛋白
外在蛋白

图3-4 细胞膜结构的流动镶嵌模型

(三)晶格镶嵌模型

晶格镶嵌模型(crystal mosaic model)是1975年由瓦拉赫(Wallach)提出的。该模型在流动镶嵌模型的基础上,进一步强调膜脂处于无序(液态)和有序(晶态)的相变过程之中,膜蛋白对脂质分子的运动有限制作用,镶嵌蛋白可与其周围的脂质分子共同组成膜中的晶态部分(晶格),致使流动的膜脂仅呈小片状或点状分布,脂质的流动性是局部的。该模型解释了膜既具有流动性,又具有完整性和稳定性,但该模型还是不能代表所有生物膜的结构特点。

(四)板块镶嵌模型

板块镶嵌模型(block mosaic model)也是对流动镶嵌模型的补充,于1977年由杰恩(Jain)和怀特(White)提出。该模型中生物膜是由许多刚性较大、流动程度不同的板块镶嵌而成。即许多大小不同、能独立移动的脂质区(有序结构板块)之间有流动的脂质区(无序结构板块)分布,这两者之间处于一种连续的动态平衡之中,从而使膜各部分的流动性处于不均一状态,并可随着环境条件和生理状态的变化而发生晶态和非晶态的相互转化,赋予膜更复杂的生理功能。

由于生物膜的结构复杂、功能多样,至今仍有许多问题尚未解决,但随着研究的不断深入,研究者对膜的分子结构已经有了较为一致的看法。

知识链接

生物膜液晶

1888年,植物学家莱尼茨尔(Reinitzer)在测定有机物熔点时,发现胆固醇苯甲酸酯有两个熔点:在145.5℃时它熔化成浑浊的液体,继续加热到178.5℃时,它似乎再次熔化,变成清澈透明的液体。后来,物理学家莱曼(Lehmann)发现这种浑浊液体具有与晶体类似的双折射性质,并首次把这种状态的液体命名为液晶。液晶态的物质既有液态物质的流动性,也兼有固态物质的有序性,在某些光学性质方面又与晶体相似。膜脂双层既有固体分子排列的有序性,又有液体的流动性。在正常生理状态下生物膜即呈液晶态,称为生物膜液晶。

二、细胞膜的特性

细胞膜具有两个明显的特性,即膜的流动性和膜的不对称性。

(一) 膜的流动性

膜的流动性(membrane fluidity)是指膜脂和膜蛋白具有流动性,它是保障正常膜功能的必要条件。

1. 膜脂的流动性 在正常生理条件下,膜脂多呈液晶态,当温度下降至某一点时,则变为晶态;若温度上升至某一点时,晶态又可转变为液晶态。这两种状态的相互转化称为相变,引起相变的温度称为相变温度。在相变温度以上,膜脂分子总是处于不断的运动之中,其运动方式有膜脂分子沿膜平面的平移扩散运动、膜脂分子围绕与膜平面垂直轴的旋转运动、脂质分子整体尤其是疏水尾部的左右摆动和脂质分子从一个单层翻转到另一个单层的翻转运动等。其中,平移扩散是膜脂流动的主要方式,翻转运动在大多数膜上很少发生且速度极慢,但在合成脂质活跃的内质网膜上,磷脂分子经常发生翻转。

2. 膜蛋白的流动性 膜蛋白的流动主要有平移和旋转两种方式。与膜脂相比,膜蛋白的运动速度要慢得多,而且并非所有的蛋白质分子在整个膜上都能自由地流动,有些膜蛋白的运动因其与细胞骨架相连,或与相邻细胞膜蛋白相结合而受限制。绝大多数蛋白只是在细胞膜的特定区域运动。

3. 影响膜的流动性的因素 在真核细胞中,影响膜的流动性的主要因素有:

(1) **胆固醇的含量**:在动物细胞中,胆固醇对膜的流动性起着重要的调节作用。一方面,胆固醇分子与磷脂分子相结合限制了磷脂分子的运动,但又将磷脂分子相隔开使其周围的磷脂分子更易流动,最终效应取决于上述两种效应的综合结果。另一方面,在相变温度以上,胆固醇可以减小脂质分子尾部的运动,限制膜的流动性;而在相变温度以下,它可以增强脂质分子尾部的运动,提高膜的流动性,使细胞膜在很大温度范围内保持相对稳定的半流动状态。总体而言,膜胆固醇含量越高,膜的流动性就越趋于稳固。

(2) **脂肪酸链的长度和不饱和程度**:膜脂分子的脂肪酸链越短,其尾部间的相互作用就越小,膜的流动性就会增加;脂肪酸链越长,其尾部的相互作用就越大,膜的流动性就会降低。饱和脂肪酸链直而排列紧密,使分子间的有序性加强,会降低膜的流动性;不饱和脂肪酸链的双键部位有弯曲,使分子间的排列疏松,会增加膜的流动性。

(3) **卵磷脂与鞘磷脂的比值**:卵磷脂的脂肪酸链短,不饱和程度高,相变温度低;而鞘磷脂饱和程度高,相变温度也高。卵磷脂与鞘磷脂的比值越高,膜的流动性就越大。在细胞衰老的过程中,细胞膜中的卵磷脂与鞘磷脂的比值逐渐变小,膜的流动性也随之逐渐下降。

(4) **膜蛋白种类及数量**:内在蛋白以各种方式与脂质分子结合,使其周围的脂质成为界面脂,导致膜脂的微黏度增加、流动性降低。内在蛋白与膜外的配体、抗体及其他大分子相互作用均影响膜蛋白的流动性。另外,内在膜蛋白与膜内细胞骨架相互作用也会限制膜蛋白的运动。因此内在膜蛋白的数量越多,膜的流动性就越小。

温度、pH、离子强度的改变,对膜的流动性也都有不同程度的影响。

(二) 膜的不对称性

各类生物膜脂质双分子层以中间疏水层为界分为胞质面层(内层)和非胞质面层(外层)。质膜组分在内、外两层的分布、种类、含量和功能上都存在很大差异,称为膜的不对称性(membrane asymmetry)。

1. 膜脂分布的不对称性 质膜内、外两层脂质分子在组分、种类、分布和含量上有所不同,形成了膜脂的不对称性分布。如磷脂酰胆碱和鞘磷脂多分布在外层,而磷脂酰乙醇胺、磷脂酰丝氨酸、磷脂酰肌醇多分布在内层,导致内层的负电荷大于外层;胆固醇主要分布在外层。

2. 膜蛋白分布的不对称性 膜蛋白本身的形态结构各异,在脂质双层分布的位置、种类、数量及其与膜脂结合的方式也存在很大差异,是膜不对称性的重要方面。红细胞膜的冰冻蚀刻标本显示,膜的胞质面一侧蛋白质颗粒多,约为 $2\,800/\mu m^2$,而非胞质面一侧蛋白质颗粒少,只有 $1\,400/\mu m^2$;每种蛋白质分子在膜上都有确定的排布方向,如细胞膜上的受体、载体蛋白都是按一定方向传递信号和转运物质,膜上各种酶分子的活性位点往往朝向膜的某一侧;糖蛋白主要分布在膜的非胞质面,并将糖基暴露在膜外;外在蛋白多附着在膜的胞质面。

3. 膜糖类分布的不对称性 无论是与膜脂结合的糖,还是与膜蛋白结合的糖,主要分布在膜的非胞质面。

膜结构的不对称性使膜内外表面具有不同的功能,并决定了膜功能的方向性。

第三节　细胞膜的功能

情境导入

患者,男,36 岁,因心绞痛急性发作就诊。身体检查:患者血浆胆固醇浓度为 12.8mmol/L;有颈动脉斑块、冠状动脉瘤样扩张;掌指关节背侧面、足趾关节、眼角处有黄色瘤,双眼出现角膜弓。询问患者家族病史,其父为高胆固醇血症患者,于 50 岁时死于冠心病。诊断:家族性高胆固醇血症。

请思考:

1. 家族性高胆固醇血症的病因是什么?

2. 该病可以采取哪些预防措施?

细胞膜最基本的功能是维持细胞内环境的相对稳定,对细胞的生命活动起保护作用。同时,细胞膜是细胞与周围环境之间的一道半透膜屏障,一些物质不能随意进出细胞,而是通过细胞膜有选择性地进行物质跨膜运输,调控细胞内外物质及渗透压平衡。细胞膜还是能量转换和信息传递的场所,它与细胞的代谢调控、基因表达、细胞识别与通信、免疫等均有密切关系。

一、细胞膜与物质运输

根据被运输物质的大小和运输机制的差异,细胞膜的物质运输可分为两大类:一类是小分子和离子的穿膜运输;另一类是大分子和颗粒物质的膜泡运输。

(一) 穿膜运输

穿膜运输(transmembrane transport)是指物质从膜的一侧穿膜运到另一侧的运输方式。根据是否消耗能量及是否有膜蛋白参与,穿膜运输可分为被动运输和主动运输两大类。

1. 被动运输 被动运输(passive transport)是指物质从高浓度一侧穿膜向低浓度一侧(顺浓度梯度方向)运输的方式,被动运输不消耗能量,运输的动力来自物质在膜两侧的浓度梯度势能。根据是否需要蛋白质载体协助,被动运输又分为单纯扩散和易化扩散。

(1) 单纯扩散:单纯扩散(simple diffusion)又称为简单扩散,是指一些脂溶性小分子物质顺浓度梯度穿膜自由扩散的运输方式。单纯扩散是一种最简单的物质运输方式,既不消耗能量也不需膜蛋白帮助,只要物质在膜两侧保持一定的浓度梯度即可发生。单纯扩散的速率取决于温度、转运物质的分子大小、对脂类的相对可溶性程度和物质在膜两侧的浓度梯度等诸多因素。一般来说,在正常体温条件下,分子越小、脂溶性越强、在细胞膜两侧的浓度梯度越大,通过脂质双分子层的速率就越快。以单纯扩散形式进出细胞的物质很少,主要有脂溶性物质(如苯、醇、类固醇激素等)、非极性小分子物质(如 O_2、CO_2、N_2 等)和一些不带电荷的极性小分子(如 H_2O、尿素、甘油等)等。

(2)易化扩散:易化扩散(facilitated diffusion)是指在膜蛋白的帮助下,顺浓度梯度穿膜运输物质的方式,又称为协助扩散或帮助扩散。一些非脂溶性物质或亲水性的小分子物质,如 Na^+、K^+、葡萄糖、氨基酸、核苷酸等,不能以单纯扩散的方式穿越脂质双层,而必须借助于细胞膜上专一膜蛋白的帮助才能实现。这种能协助物质转运的跨膜蛋白称为膜转运蛋白(membrane transport protein)。易化扩散与单纯扩散相比具有速度快、高度特异性等特点。根据参与运输的膜转运蛋白的不同,易化扩散又分为载体蛋白介导的易化扩散和通道蛋白介导的易化扩散。

1)载体蛋白介导的易化扩散:某些膜转运蛋白上具有特殊的结合位点,能与某种物质特异性结合,然后通过其构象变化把该物质顺浓度梯度穿膜运入细胞或运出细胞,这种物质运输方式称为载体蛋白介导的易化扩散(图 3-5)。某些小分子亲水性物质如葡萄糖、氨基酸、核苷酸就是依靠这种方式进出细胞的。例如,葡萄糖转运蛋白(glucose transporter,GLUT)是一类调控细胞外葡萄糖进入细胞内的跨膜蛋白超家族,参与糖代谢、炎性反应和免疫应答等过程。目前,葡萄糖转运蛋白(GLUT)已从人红细胞膜中分离出来,并进行了提纯和序列测定,它由 12 个 α 螺旋的跨膜蛋白片段组成,相对分子质量为 55 000,主要含有疏水的氨基酸,也有一些极性氨基酸结合于膜中。载体蛋白的葡萄糖结合位点朝向细胞膜外,与葡萄糖结合后,引起载体蛋白的构象改变,将葡萄糖的结合位点转向细胞膜内,最终将葡萄糖释放到细胞质中,随后载体蛋白构象复原。这种物质转运是顺浓度梯度进行的,不消耗能量,其转运速率主要取决于被转运物质在膜两侧的浓度梯度和转运蛋白的数量。转运速率与浓度梯度成正相关,但因细胞膜上转运蛋白数量有限,当转运速率达到峰值时,会出现饱和现象。

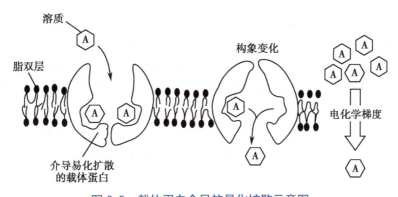

图 3-5　载体蛋白介导的易化扩散示意图

2)通道蛋白介导的易化扩散:通道蛋白是一类贯穿脂质双层、中央带有亲水性孔道的膜蛋白。当膜蛋白孔道开放时,物质可经孔道顺浓度梯度快速穿膜扩散,这种物质运输方式称为通道蛋白介导的易化扩散(图 3-6)。K^+、Na^+、Ca^{2+}、Mg^{2+}、Cl^- 等可通过此方式快速穿膜转运。有的通道蛋白的孔道是持续开放的,如神经细胞膜上存在持续开放的非门控钾漏通道,允许 K^+ 不断外流。有的通道蛋白的孔道是间断开放的,具有"闸门"的作用,称为闸门通道(gated channel)。根据门控机制的不同,闸门通道可分为电压门控离子通道、配体门控离子通道、机械门控离子通道、温度门控离子通道、光门控离子通道等。离子通道的转运效率极高,驱动离子跨膜运输的动力来自跨膜的电化学梯度,即溶质的浓度梯度和跨膜电位差两种力的合力。目前发现的通道蛋白有 50 多种,主要是离子通道,几乎存在于所有细胞膜中,研究了解较多的有神经细胞和肌肉细胞膜上的与神经冲动和肌肉收缩有关的离子通道。

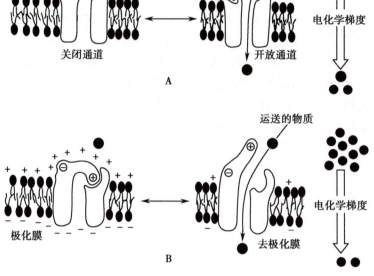

图 3-6 通道蛋白介导的易化扩散示意图

A.配体闸门通道;B.电压闸门通道。

水通道蛋白

1988 年,阿格雷(Agre)在分离纯化红细胞膜上的 Rh 血型抗原时,发现了一个疏水性跨膜蛋白,称为 CHIP28。在进行功能鉴定时,他将体外转录合成的 CHIP28 的 mRNA 注入非洲爪蟾卵中,发现在低渗溶液中卵迅速膨胀,并于 5 分钟内破裂。通过活化能及渗透系数的测定和抑制剂敏感性等研究,确定了细胞膜上存在能够快速转运水分子的特异性通道蛋白,并称 CHIP28 为水通道蛋白(aquaporin,AQP)。目前已知,水通道蛋白大量存在于动物、植物等多种生物细胞膜上,水通道蛋白的通道只允许水分子通过,可以快速、高效地调节细胞内外水分的平衡,在维持细胞渗透压平衡、调节细胞体积和液体平衡等方面发挥重要作用,如肾小球的滤过作用和肾小管的重吸收作用,都与水通道蛋白的结构和功能有直接关系。

2. 主动运输　主动运输(active transport)是指在膜转运蛋白的帮助下,利用细胞代谢能将物质从低浓度一侧穿膜向高浓度一侧(逆浓度梯度方向)转运的方式。主动运输建立了细胞内外某些特定物质的浓度梯度,而相对稳定的浓度梯度是维持细胞生命活动所必需的。根据是否直接消耗代谢能,主动运输可分为原发性主动转运和继发性主动转运。

(1)原发性主动转运:原发性主动转运(primary active transport)是指细胞借助特异性转运蛋白直接利用 ATP 分解产生的能量逆浓度梯度穿膜转运物质的方式。常见的原发性主动转运是离子泵的作用。离子泵普遍存在于哺乳动物细胞膜上,其实质是一种 ATP 酶,既是载体又是酶,它可使 ATP 水解后释放出能量,利用此能量将化学离子逆浓度梯度跨膜转运。离子泵具有专一性,根据所运输离子的不同,可分为钠钾泵、钙泵、质子泵等。

钠钾泵(sodium potassium pump)是细胞膜上能同时逆浓度梯度转运 Na^+ 和 K^+ 的一种酶(Na^+-K^+-ATP 酶)。它由两个亚基组成,大亚基是一个多次跨膜的整合蛋白,具有催化活性,在膜内表面有 3 个 Na⁺ 结合位点和 1 个 ATP 结合位点,在膜外表面有 2 个 K⁺ 结合位点;小亚基是具有组织特异性的糖蛋白,起定位作用。如将大、小亚基分开,酶的活性随即丧失。

钠钾泵的作用过程是通过自身构象变化来完成的。首先,细胞内的 Na⁺ 结合到钠钾泵的 Na⁺ 结合位点上,激活了 ATP 酶的活性使 ATP 分解;ATP 分解产生的高能磷酸根与 ATP 酶结合,使酶发生磷酸化并引起酶的构象改变,Na⁺ 结合位点随即转向膜外侧。此时的酶对 Na⁺ 的亲和力低而对 K⁺ 的亲和力高,于是将 Na⁺ 释放到细胞外,同时与细胞外的 K⁺ 结合,K⁺ 与酶结合后促使 ATP 酶释放磷酸根(去磷酸化),酶的构象又立即恢复原状,同时将 K⁺ 转运到细胞内(图 3-7)。钠钾泵每完成 1 次转运过程,可泵出 3 个 Na⁺、泵入 2 个 K⁺。这种过程可高速反复进行。大多数细胞内 K⁺ 浓度比细胞外高 10~30 倍,而细胞内 Na⁺ 的浓度仅为细胞外的 1/10~1/20,如人红细胞内 K⁺ 浓度为血浆中 K⁺ 浓度的 30 倍,而红细胞内 Na⁺ 的浓度仅为血浆中 Na⁺ 浓度的 1/13。细胞内外稳定的 Na⁺ 和 K⁺ 浓度梯度主要靠钠钾泵来维持,钠钾泵在维持膜电位、调节渗透压、保持细胞容积恒定和葡萄糖与氨基酸的继发性主动转运等方面都起着重要的作用。

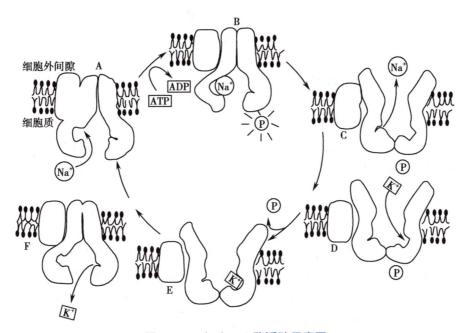

图 3-7　Na⁺-K⁺-ATP 酶活动示意图

A. Na⁺ 结合到膜上;B. 酶磷酸化;C. 酶构象变化,Na⁺ 释放到细胞外;
D. K⁺ 结合到外表面;E. 酶去磷酸化;F. K⁺ 释放到细胞内,酶构象回复原始状态。

与钠钾泵工作原理相同的还有钙泵,又称为 Ca²⁺-ATP 酶,它也是通过磷酸化和去磷酸化调节 ATP 酶的活性。钙泵广泛分布在细胞膜、肌质网或内质网膜上,其中以骨骼肌的肌质网膜上最多,与肌细胞收缩机制密切相关。

(2)继发性主动转运:一种物质逆浓度梯度的穿膜转运依赖于另一种物质顺浓度梯度的同时转运,逆浓度梯度转运所需的能量不是直接由 ATP 提供,而是来自细胞原发性主动运输另一种物质所形成的高浓度梯度势能,这种转运方式称为继发性主动转运(secondary active transport),又称为协同运输(cotransport)或偶联运输。如果两种物质的转运方向相同称为同向转运(symport);如果两种物质的转运方向相反则称为逆向转运(antiport)。例如,小肠上皮细胞对葡萄糖的吸收,需要肠腔内高浓度的 Na⁺ 驱动。由于小肠上皮细胞基底面细胞膜上 Na⁺-K⁺ 泵的主动运输作用,使小肠上皮细胞内维持了低 Na⁺ 的环境,导致肠腔内 Na⁺ 浓度远远高于小肠上皮细胞内 Na⁺ 浓度,Na⁺ 就有顺浓度梯度从肠腔转运到细胞内的趋势。在转运过程中,葡萄糖与 Na⁺ 结合在同一载体蛋白——钠-葡萄糖耦联转运体(sodium-glucose linked transporter,SGLT)的不同位点上,葡萄糖就与 Na⁺ 相伴逆浓度梯度进入细胞。肠腔与细胞内 Na^+ 浓度梯度越大，葡萄糖进入细胞的速度就越快；相反，Na^+ 浓度梯度越小，转运速度就越慢，甚至停止。葡萄糖转运的直接动力是细胞内外 Na^+ 浓度梯度势能，而这种 Na^+ 浓度梯度的维持要靠钠钾泵的原发性主动转运来实现。

Na^+ 顺浓度梯度转运至细胞内的同时伴有葡萄糖的逆浓度梯度的同向转运，属于同向转运。逆向转运如 Na^+-Ca^{2+} 反向转运体，当 Na^+ 离子顺浓度梯度进入细胞时，提供能量使 Ca^{2+} 离子逆浓度梯度排出细胞外，这是细胞向外环境驱出 Ca^{2+} 的一种重要机制。

(二) 膜泡运输

一些大分子和颗粒物质，如蛋白质、多核苷酸、多糖等，穿越细胞膜时首先由膜包裹形成囊泡，通过囊泡的迁移和融合实现跨膜转运，这种物质运输方式称为膜泡运输（vesicular transport）。这个过程需要消耗大量的细胞代谢能。根据物质转运的方向，膜泡运输可分为胞吞作用和胞吐作用。

1. 胞吞作用　胞吞作用（endocytosis）又称为入胞作用，是指细胞膜向内凹陷，将细胞外的大分子或颗粒性物质包裹后形成小泡，进而转运到细胞内的过程。根据摄入物质的性质和膜囊泡形成机制的不同，可将胞吞作用分为吞噬作用、吞饮作用和受体介导的胞吞作用三种方式。

（1）吞噬作用：吞噬作用（phagocytosis）是细胞摄入较大的固体颗粒和大分子复合物的过程，如吞噬细菌、细胞碎片等。原生生物通过吞噬作用获取食物，而哺乳动物的大多数细胞没有吞噬作用，吞噬作用只发生在少数特化细胞中，如巨噬细胞、中性粒细胞、树突状细胞等，是机体自我保护、抵御侵害和清除体内垃圾的重要手段。

吞噬的过程是一个被高度调控的由信号触发的细胞生理活动过程，被吞噬的物质首先吸附在细胞膜表面，即该物质与膜上某些蛋白质有特殊的亲和力，随后吸附点区域的膜在微丝的作用下向内凹陷并逐渐加深，最后凹陷颈部的膜融合形成封闭的囊泡，囊泡脱离细胞膜进入细胞质成为吞噬体（phagosome）或吞噬泡（phagocytic vacuole）。吞噬体或吞噬泡与内体溶酶体融合，将吞入的物质进行消化分解。

（2）吞饮作用：吞饮作用（pinocytosis）又称为胞饮作用，是细胞摄入液体物质和溶质的过程。细胞吞饮时，周围环境中的物质借助静电引力或与表面某些物质的亲和力吸附在细胞表面，该部位细胞膜在网格蛋白的帮助下发生凹陷，包围液体或溶质物质后与细胞膜分离，形成吞饮体（pinosome）或吞饮泡（pinocytotic vesicle）。吞饮体与溶酶体结合，将被吞入的物质降解为小分子的氨基酸、核苷酸、糖等，这些小分子物质有的进入细胞质被利用，有的则储存在细胞质内。所有真核细胞都具有吞饮功能。多数情况下，吞饮作用是一个连续发生的过程，以保证液体等物质不断被摄入细胞中，供细胞生命活动所需。

（3）受体介导的胞吞作用：细胞通过受体与配体结合而引发的胞吞作用称为受体介导的胞吞作用（receptor-mediated endocytosis），是细胞摄入特定的细胞外蛋白或其他化合物的过程。在此过程中，细胞膜上的专一性受体能特异性识别被摄取的大分子物质（配体），并与之结合形成"配体-受体"复合物，然后该处的细胞膜在网格蛋白参与下形成有被小窝（coated pit），有被小窝向内凹陷并与细胞膜脱离后转变为有被小泡（coated vesicle），将细胞外物质摄入细胞内。此后的过程与吞饮体所进行的过程相同，但这种受体介导的胞吞作用是高度特异性的，能使细胞摄入大量特定的配体，而不需要摄入很多细胞外液，大大提高了内吞效率。激素、转换蛋白和低密度脂蛋白等都是通过这种途径进入细胞的。

细胞对胆固醇的摄取是受体介导的胞吞作用的典型代表。血液中的胆固醇多以脂蛋白复合体的形式存在和运输，这种复合体就是低密度脂蛋白（low density lipoprotein，LDL）。它是一种直径为 22nm 的圆形颗粒，核心含有大约 1 500 个由胆固醇分子与脂肪酸结合而成的胆固醇酯，外层包绕着脂质单层，脂质单层中镶嵌有一种特异性表面蛋白（配体）。当细胞进行生物合成需要胆固醇时,细胞内会合成足够的 LDL 受体转运到细胞膜上。LDL 受体与细胞外的 LDL(配体)识别并发生特异性结合,此处细胞膜凹陷形成有被小窝将 LDL 包围,进而形成有被小泡进入细胞内。有被小泡很快脱去衣被转变为无被小泡,胞质中很多这样的无被小泡相互融合,或与细胞质内其他小泡融合形成内体。内体膜上的 H^+ 泵使内体中的 pH 降低,受体与 LDL 分离,并被分选到两个不同的小囊泡中。含有 LDL 受体的小泡返回到细胞膜上以备再利用;而含有 LDL 的小泡则与内体溶酶体融合,并将 LDL 分解为游离的胆固醇和氨基酸,用于合成生物膜及相关激素等。如果细胞内胆固醇的量已过剩,胆固醇将抑制 LDL 受体的合成,细胞停止对胆固醇的摄取(图 3-8)。当 LDL 受体缺陷或功能异常时,会导致细胞摄入 LDL 障碍,引起相应疾病。

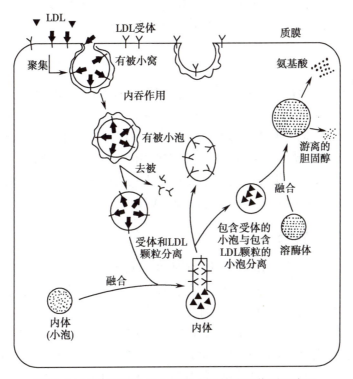

图 3-8 LDL 颗粒及 LDL 受体介导的胞吞作用示意图

2. 胞吐作用 细胞将代谢产物以分泌泡的形式排出细胞膜外的过程称为胞吐作用(exocytosis),又称为外排作用。细胞内合成的分泌物或细胞内的代谢废物由细胞内膜包围形成分泌囊泡,囊泡移行至细胞膜内表面并与细胞膜融合,将内含物排出细胞。根据物质的排出机制,胞吐作用可分为组成型分泌和调节型分泌两种。

(1)**组成型分泌**:在真核细胞内质网上合成的分泌蛋白质,被运送到高尔基复合体进行修饰、浓缩和分类,最后包装成分泌泡即时移动至细胞膜处排出,这种胞吐作用称为组成型分泌(constitutive secretion)。组成型分泌几乎存在于所有的真核细胞中。在分泌泡排出分泌物的过程中,分泌泡的膜与细胞膜融合使细胞膜得以补充和更新,排出的分泌物有的成为细胞膜自身结构的外周蛋白,有的成为胞外基质的组成成分,有的作为信号分子或营养物质扩散到细胞外液中。

(2)**调节型分泌**:某些特化的分泌细胞把在细胞内合成的激素、神经递质等分泌物暂时储存在分泌泡中,只有当细胞接受到信号的刺激时,大量分泌泡才迅速运动到细胞膜处将分泌物集中排出,这种胞吐作用称为调节型分泌(regulated secretion)。

二、细胞膜抗原与免疫作用

凡能刺激机体免疫系统(脾、骨髓、胸腺和淋巴细胞等)产生抗体或效应淋巴细胞,并与之发生特异性结合出现各种生理或病理过程的异物分子统称为抗原（antigen）。细胞膜抗原多为镶嵌在细胞膜上的糖蛋白和糖脂，种类繁多，均具有特异性，在输血、器官移植和肿瘤研究中都有重要的意义。这里介绍两种与医学密切相关的细胞膜抗原。

（一）ABO 血型抗原

ABO 血型抗原（ABO blood-type antigen）是人红细胞膜上的主要血型抗原，化学成分为鞘糖脂，其疏水尾部深入红细胞膜内，极性糖基裸露在细胞膜表面。血型的不同是由鞘糖脂寡糖链的结构决定的。已知构成 ABO 血型的抗原可分为 A 型、B 型和 H 型三种亚型，其寡糖链的结构基本相同，只是糖链末端的糖基有所不同。A 型血的糖链末端为 N-乙酰半乳糖胺（A 抗原），B 型血为半乳糖（B 抗原），AB 型血两种糖基都有（A、B 抗原），O 型血则缺少这两种糖基（为 A 抗原和 B 抗原的前体 H 抗原）。ABO 血型抗原不仅存在于红细胞膜上，还广泛分布在人体组织细胞和体液中。

（二）组织相容性抗原

凡能引起个体间组织器官移植排斥反应的抗原称为组织相容性抗原（histocompatibility antigen），又称为移植抗原（transplantation antigen）。组织相容性抗原广泛存在于各种组织的细胞膜上，现已知道的组织相容性抗原有 140 多种，可组合成各种不同的组织型。当异体组织、器官移植时，若组织型不相容时，则出现免疫排斥反应。其中能引起强烈而迅速的排斥反应者称为主要组织相容性抗原。对人类而言，组织相容性抗原主要存在于白细胞的表面，故又把人的主要组织相容性抗原称为人白细胞抗原（human leukocyte antigen，HLA）。

三、细胞膜受体与信号转导

多细胞生物个体是一个有序的细胞社会，细胞间进行着复杂的信息传递以协调细胞内和细胞间的生命活动。细胞通过分泌化学信号进行细胞间通信。可以传递信息的化学信号物质（包括激素、神经递质、抗原、药物以及其他有生物活性的化学物质）统称为配体（ligand）。配体必须与受体特异性结合，并通过受体介导才能对细胞产生效应。受体（receptor）是一类能够专一识别和结合某种配体的生物大分子，其化学本质绝大多数为糖蛋白，少数为糖脂。位于细胞膜上的受体称为细胞膜受体，位于细胞内其他结构膜上的受体称为细胞内受体。细胞膜受体的主要功能是识别配体，并与之结合，将胞外信号转变成胞内信号，引起胞内效应。

（一）膜受体的结构与特性

一个完整的受体由调节亚单位、催化亚单位和转换亚单位三部分构成。调节亚单位是受体裸露于细胞膜非胞质面的部分，多为糖蛋白上的糖链部分，由于糖链是多种多样的，故它可以识别环境中不同的信息分子并与之结合；催化亚单位是受体在细胞膜胞质面的部分，具有酶的活性，在受体与化学信号结合以后被激活，从而引起一系列酶促反应，产生相应的生物效应；转换亚单位是指调节亚单位与催化亚单位之间的偶联成分，能将受体所接受的信号转换为蛋白质的构象变化，传导给催化亚单位。膜受体的三个部分可以是不同的蛋白质分子，也可以是同一蛋白质的不同亚单位（图 3-9）。膜受体的结构决定了受体与配体结合具有特异性、高亲和性、可饱和性及可逆性等生物学特性。

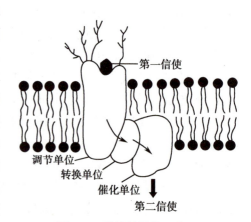

图 3-9　受体的结构示意图

（二）膜受体的类型与信号转导

根据膜受体的结构和信号转导方式的不同，可将细胞膜受体分为三类（图 3-10）。

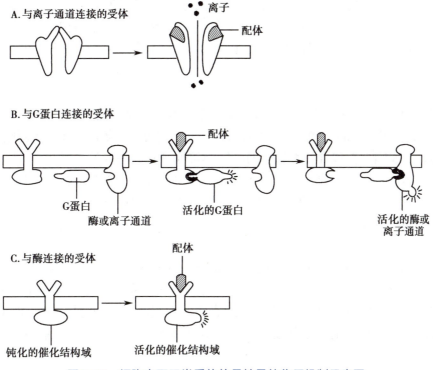

图 3-10　细胞表面三类受体信号转导的作用机制示意图

1.离子通道偶联受体　离子通道偶联受体（ionotropic receptor）主要存在于神经细胞或其他可兴奋细胞（如肌细胞），这类受体都是由几个亚单位组成的多聚体，亚单位上有配体结合部位，中间围成离子通道。离子通道的"开"或"关"受细胞外配体的调节，即配体门控离子通道，如 N-乙酰胆碱受体（N-AchR）、γ-氨基丁酸受体、甘氨酸受体等。

2.酶联受体　酶联受体（enzyme linked receptor）又称为催化受体（catalytic receptor），是由单条肽链组成的一次性跨膜蛋白。此类受体本身既是受体又是酶，其裸露于细胞膜外的 N 端有配体结合部位，暴露于细胞质中的 C 端具有酪氨酸激酶的活性。当细胞外配体与受体识别并结合后，通过蛋白质构象的变化，激活了 C 端的酪氨酸激酶，引发酶促反应使底物磷酸化，这样就把细胞外的信号转导至细胞内。这类受体包括胰岛素受体、生长因子受体、血小板源生长因子受体等。

3.G 蛋白偶联受体　G 蛋白偶联受体（G protein coupled receptor，GPCR）是真核细胞中最大、种类最多的膜受体，此类受体均为一条含 350~400 个氨基酸残基的多肽链 7 次反复跨膜形成的糖蛋白受体，具有高度的保守性和同源性。受体的细胞质区具有与鸟苷酸结合蛋白（G 蛋白）结合的部位，而 G 蛋白有结合 GTP 的能力，并有 GTP 酶的活性，能将 GTP 分解为 GDP。当受体与相应的配体结合后，就引发受体蛋白构象改变，后者进一步调节 G 蛋白的活性，从而激活效应蛋白，实现把细胞外的信号转导至细胞内的过程。这类受体主要包括环磷酸腺苷（cAMP）和环磷酸鸟苷（cGMP）信使途径、磷脂酰肌醇信使途径及 Ca^{2+} 信使途径的受体。

第四节　细胞表面与细胞连接

一、细胞表面

细胞表面（cell surface）是指包围在细胞质外层的一个具有复杂功能的复合结构体系，是细胞与细胞、细胞与周围环境相互作用的部位。不同生物的细胞表面互不相同,哺乳动物的细胞表面结构包括细胞膜、细胞外被、胞质溶胶、细胞连接以及表面特化结构,对细胞有支持和保护作用,与细胞的物质运输、信号转导、免疫应答、运动、生长分化、衰老以及病理过程都有着密切的关系。

(一) 细胞外被

细胞外被(cell coat)又称为糖萼(glycocalyx),是指位于细胞膜脂质双层外的一层绒毛状或丝状的复合糖,厚度为 20~30nm,有的达数百纳米,主要成分是细胞膜上糖蛋白和糖脂暴露于脂质双层外的糖链部分。细胞外被包含种类繁多的细胞膜抗原和功能各异的各类受体,是细胞实现识别、通信、免疫应答、物质运输等各种生物学功能的分子基础。此外,细胞外被中还有一些由细胞分泌并沉积在细胞周围的物质,包括纤维连接蛋白、胶原蛋白、血纤维蛋白、肝素、透明质酸等,对细胞的固着、分化等有一定的作用。

(二) 胞质溶胶

胞质溶胶(cytosol)又称为细胞基质(cell matrix,cytoplasmic matrix),是指细胞质中除细胞器和不溶性细胞骨架以外的无色半透明无定形胶体物质。紧贴细胞膜的内表面的一层厚度为100~200nm 的黏滞透明的胶态物质,可看作细胞表面的组成部分,其主要成分有蛋白质和丰富的微管、微丝,可使细胞具有较高的抗张强度,与维持细胞的形态、极性有密切关系,并可调节膜蛋白的分布和运动。

(三) 细胞表面的特化结构

有些特殊种类细胞的膜向外分化出微绒毛、鞭毛、纤毛等特化结构。

1. 微绒毛 微绒毛(microvillus)是细胞膜外表面伸长出的数量众多、短而细的指状突起,直径约为 100nm,长度因细胞种类和生理状态而有很大差别,广泛存在于动物细胞表面。微绒毛表面是细胞膜和糖被,内部是细胞质基质和纵行微丝结构。其主要作用是扩大细胞的表面积,以利于营养物质的吸收,如小肠上皮细胞游离面有 1 000~3 000 根微绒毛。

2. 鞭毛 鞭毛(flagellum)是细胞向外伸长出的细长而弯曲的鞭状物,中心轴来源于中心粒,由微管特化而成。有些细胞的鞭毛少则 1~2 根,多则可达数百根,其长度常超过细胞若干倍。鞭毛与细胞的运动和摄取食物等有关,如精子的鞭毛等。

3. 纤毛 纤毛(cilium)是细胞游离面伸出的数量众多、紧密排列、能规律摆动的细长的突起,纤毛的中心轴由微管特化而成。纤毛比微绒毛粗且长,常分布于管腔上皮细胞的游离面,能够集体有规律地向一个方向摆动,将管腔上皮细胞表面的黏液或颗粒物定向推送,如支气管上皮细胞纤毛、输卵管上皮细胞纤毛等。

二、细胞连接

多细胞生物个体是一个有机整体,细胞与细胞之间紧密相连并相互联系。相邻细胞膜的局部区域特化形成的各种连接结构称为细胞连接(cell junction)。它不但能加强细胞的机械联系和组织的牢固性,同时还能协助细胞间的代谢活动。细胞连接是动物细胞中普遍存在的结构。根据结构和功能的不同,细胞连接可分为紧密连接、锚定连接和间隙连接三种类型(图 3-11)。

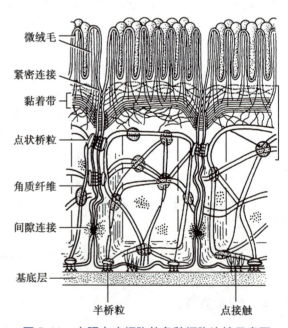

微绒毛
紧密连接
黏着带
点状桥粒
角质纤维
间隙连接
基底层
半桥粒   点接触

图 3-11 小肠上皮细胞的各种细胞连接示意图

(一) 紧密连接

紧密连接（tight junction）是一种通过相邻细胞膜上对应的跨膜蛋白将相邻细胞的质膜网状融合在一起的连接方式，广泛存在于各种上皮细胞相邻质膜的顶端，呈网带状围绕细胞一圈将连接处的细胞间隙封闭，又称为封闭连接或闭锁小带（zonula occludens）（图3-11）。冰冻蚀刻标本显示其结构：相邻细胞膜上成串密集排列的跨膜蛋白组成对合的封闭线——又称为"嵴线"（图3-12），类似拉链，对合处为相邻细胞膜上对应跨膜蛋白的融合点；这样的连接方式使细胞间隙消失，数条这样的嵴线相互交织成网，使细胞连接更加牢固、封闭、严密，而网孔则保留了局部的细胞间隙，以便有选择性地进行物质运输。

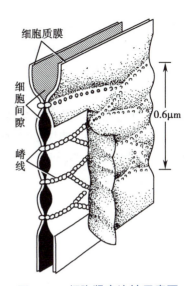

图 3-12　细胞紧密连接示意图

紧密连接的主要功能是封闭上皮细胞的间隙，阻止物质在细胞间隙中任意穿行。另外，紧密连接可维持细胞的极性、限制膜转运蛋白的侧向扩散，使不同功能的蛋白质维持在不同的质膜部位，以保证物质转运的方向性。例如，能将葡萄糖分子从肠腔主动运送至细胞内的载体蛋白只存在于小肠上皮细胞肠腔面的细胞膜上，而将葡萄糖分子从小肠上皮细胞内经细胞外被运送到血液的载体蛋白则分布在细胞基底和侧壁的质膜上。如果没有紧密连接形成的网格栅栏的约束，膜蛋白的运动将导致两种载体蛋白的混杂分布，从而引起小肠吸收功能的混乱。此外，紧密连接还具有隔离和支持功能。

(二) 锚定连接

锚定连接（anchoring junction）是指通过细胞骨架系统将相邻细胞或细胞与细胞外基质连接形成的结构。根据参与连接的成分不同，锚定连接可分为黏着连接和桥粒连接。

1. 黏着连接　黏着连接（adherens junction）是由肌动蛋白丝介导的锚定连接形式，可分为黏着带和黏着斑。

黏着带（adhesion belt）常位于某些上皮细胞紧密连接的下方，相邻细胞间通过钙依赖性跨膜黏连蛋白（钙黏蛋白）黏合形成的胞间横桥相连接，相邻质膜并不融合，而是黏合，两膜间有15~20nm的间隙。在黏着带区域膜的胞质面上有黏着斑，通过黏着斑将跨膜黏连蛋白与细胞内的微丝束联系在一起（图3-13）。黏着带介于紧密连接和桥粒之间，环绕细胞成连续的带状，所以又叫中间连接（intermediate junction）或带状桥粒（belt desmosome）。黏着带使细胞间相互联成一个坚固的整体，在脊椎动物胚胎发育过程中对神经管的形成起到重要作用。

黏着斑（focal adhesion）是通过跨膜整联蛋白将细胞锚定到细胞外基质上的一种动态锚定连接，细胞外基质主要是胶原蛋白和纤连蛋白，整联蛋白的细胞质端通过锚定蛋白与细胞内的肌动蛋白丝（微丝束）相连。黏着斑的形成与解离，对细胞的黏附铺展、信号转导和细胞迁移起着重要作用。

2. 桥粒连接　桥粒连接（desmosome junction）是由中间纤维介导的锚定连接形式，有较强的抗张、抗压作用，多见于上皮组织，尤以皮肤、口腔、食管、阴道等处的复层扁平上皮细胞间较多。根据分布部位的不同，桥粒连接分为点状桥粒和

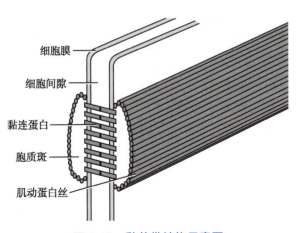

图 3-13　黏着带结构示意图

半桥粒。

点状桥粒（spot desmosome）是相邻的细胞膜之间形成的纽扣样或铆钉样的结构，可将相邻细胞膜牢固地扣接在一起，对保持细胞形态和细胞硬度起重要作用。跨膜黏连蛋白是相邻细胞连接的分子基础，跨膜黏连蛋白与胞质面盘状胞质斑相连，胞质斑直径约为 0.5μm，其化学成分是附着蛋白，充当细胞内角蛋白纤维锚定附着的部位。角蛋白纤维从细胞骨架伸向胞质斑，进入胞质斑后又折回到细胞质中，伸展到整个细胞内部。这种连接方式使相邻细胞内的中间纤维连接成了一个贯穿于整个组织的整体网络（图 3-14）。

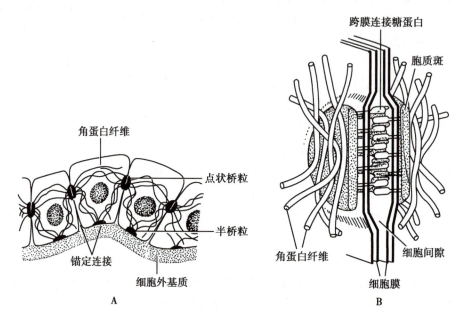

图 3-14　桥粒结构示意图
A. 桥粒与半桥粒在上皮组织中的分布；B. 桥粒结构。

半桥粒（hemidesmosome）是上皮细胞与基底层的连接结构，将上皮细胞铆接在基底膜上，可防止上皮细胞层的脱落，相当于半个点状桥粒。

（三）间隙连接

间隙连接（gap junction）又称为缝隙连接，是存在于骨骼肌细胞和血细胞之外的所有动物细胞间最普遍的细胞连接方式。电镜观察细胞膜连接处分布着整齐成簇排列的跨膜蛋白连接小体。每个连接小体呈六角形，由 6 个 4 次跨膜的蛋白亚单位构成外围，中间是直径为 1.5nm 的孔道。相邻细胞膜上的连接小体位置相当、孔道对应，相互连接构成细胞间的跨膜通道（图 3-15），细胞内的离子和小分子物质可借连接小体的通道迅速进入相邻的细胞，通道的开闭受胞质钙离子浓度和 pH 等因素调控。成百的连接小体组装成了相邻细胞间的连接，细胞膜之间有约 2nm 的缝隙。

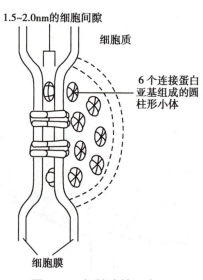

图 3-15　间隙连接示意图

间隙连接除连接细胞外，主要功能是偶联细胞通信，包括代谢偶联和电偶联。如葡萄糖、氨基酸、核苷酸、维生素等水溶性物质在细胞间的分配属代谢偶联；而由于连接处的电阻抗（电导率或电性能）变低，带电离子极易通过而直接在相邻细胞间传导,导致组织或细胞群同步活动的方式属电偶联,如心肌的收缩和小肠平滑肌的蠕动等。

第五节　细胞膜与疾病

细胞膜是细胞一切生命活动的重要保障,细胞膜结构或功能异常将导致细胞乃至机体功能的紊乱,并由此引起疾病。

一、细胞膜与肿瘤

肿瘤细胞与正常细胞的细胞膜存在很多显著不同。

1. 糖蛋白的改变　肿瘤细胞的细胞膜可出现某些糖蛋白的改变。①糖蛋白的丢失:肿瘤细胞都有黏连蛋白的缺失,导致肿瘤细胞容易从原来的位置脱落转移。②糖蛋白糖链的改变:如糖蛋白出现唾液酸化。癌细胞表面唾液酸残基增加,使肿瘤细胞不被机体免疫活性细胞识别与攻击,产生免疫逃避。③合成新的糖蛋白:如小鼠乳腺癌细胞可产生一种表面糖蛋白,它掩盖小鼠主要组织相容性抗原,使肿瘤细胞具有可移动性。

2. 糖脂的改变　细胞膜上的糖脂含量相对较少,但具有重要的生理功能,例如,在结肠、胃、胰腺癌和淋巴瘤细胞中,都发现有鞘糖脂组分的改变和合成肿瘤细胞自己特有的新糖脂。糖脂改变可表现在糖链缩短、糖基缺失,这可能与酶的活化或抑制有关。

3. 表面降解酶的改变　肿瘤细胞表面的糖苷酶和蛋白水解酶活性较正常细胞有明显增加,使细胞膜对蛋白质和糖的转运能力增强,为肿瘤细胞的分裂和增殖提供更加充分的物质基础。

4. 出现新抗原　某些肿瘤细胞膜表面出现原有抗原的消失和异型抗原的产生,机体对肿瘤的正常免疫功能受到影响而出现疾病。例如,在血管内皮细胞膜的 ABO 抗原,如果这部分发生肿瘤,可以使原有的 ABO 抗原消失,产生异型抗原。又如,O 型血胃癌患者,正常时胃黏膜只有单一的 H 型抗原,而病变后在胃癌细胞膜表面可出现 A 抗原,增加了一个单糖残基,这可能与某些糖基转移酶活性改变有关。

二、受体蛋白异常与疾病

细胞膜上的受体的结构或数量发生改变,将导致疾病或机体功能不全。例如,无丙种球蛋白血症患者的 B 淋巴细胞膜上缺少作为抗原受体的免疫球蛋白,患者 B 淋巴细胞不能接受抗原刺激分化成浆细胞,也不能产生相应的抗体,机体抗感染功能严重受损,使患者反复出现肺感染性疾病。再如,部分 2 型糖尿病患者由于细胞膜表面胰岛素受体数目减少,使胰岛素不能与细胞膜受体结合产生生物学效应,导致糖尿病发生。又如,重症肌无力患者由于患者体内产生了大量乙酰胆碱受体的抗体,这些抗体与乙酰胆碱受体结合,封闭了乙酰胆碱的作用,造成神经肌肉之间的传导障碍。另外,抗体还可以促使乙酰胆碱受体分解破坏,患者的受体大大减少,从而导致重症肌无力。膜受体缺损可能与基因突变有关。

三、转运蛋白功能紊乱与疾病

胱氨酸尿症是由于肾小管黏膜上皮细胞的膜转运蛋白存在先天性缺陷,肾小管对原尿中的胱氨酸、赖氨酸、精氨酸和鸟氨酸的重吸收出现障碍所导致的疾病。尿液中四种氨基酸高于正常值,其中胱氨酸在尿液 pH 下降时易沉淀形成尿路结石,引起肾损伤。肾性糖尿病是由于肾小管上皮细胞膜中转运葡萄糖的载体蛋白功能缺陷,使肾小管上皮细胞对葡萄糖的重吸收出现障碍,导致尿液中出现葡萄糖。在已知的人类遗传病中,能导致葡萄糖转运蛋白(GLUT)功能异常的突变会影响细胞对葡萄糖的吸收,引发脑萎缩、发育迟缓、智力低下、癫痫等;在很多种类的肿瘤细胞中可观察到 GLUT 的超量表达,以大量摄入葡萄糖维持肿瘤细胞的生长扩增,因此 GLUT 的表达量可作为检测癌变的一个指标。

(阎希青)

思考题

1. 比较几种生物膜结构模型,试述生物膜的结构特征及其与膜功能的关系。
2. 简述细胞膜物质运输方式的种类和特点。
3. 简述细胞膜在信息传递中的作用。
4. 简述细胞连接的类型及其功能。

ER 3-3

练习题

第四章 ｜ 细胞的内膜系统

教学课件

思维导图

学习目标

1. 掌握内质网、高尔基复合体、溶酶体、过氧化物酶体的形态结构及功能。
2. 熟悉溶酶体的类型及其形成和成熟过程。
3. 了解溶酶体与医学。
4. 能鉴别细胞内膜系统的结构和生理状态，指导内膜系统有关疾病的防治。
5. 具有普遍联系的辩证思维、系统观念和科学防病治病的意识。

情境导入

　　细胞是生命结构和功能的基本单位，机体的生命活动要靠细胞复杂的物质运输、物质的合成与加工、能量代谢以及信息传递来实现。这些复杂的生命活动在细胞内有条不紊地高效运行，必然与细胞内部复杂的精细结构有关。随着显微镜技术的发展和细胞生物学研究的不断深入，1898 年高尔基复合体被发现，1945 年内质网被发现，1954 年过氧化物酶体首次被发现，1955 年溶酶体被分离出，细胞代谢活动的神秘面纱逐步被揭开。

请思考：

1. 细胞内膜系统各结构的功能是什么？
2. 细胞内膜系统是如何保障生命活动有条不紊地高效进行的？
3. 细胞内膜系统病变可导致哪些方面的疾病？

　　原核细胞结构比较简单，胞内物质由唯一的细胞膜包围，无细胞核和细胞质之分。而真核细胞除细胞膜外，还存在通过细胞膜内陷演变而成的，在结构、功能乃至发生上具有一定联系的复杂的膜性结构，统称为内膜系统（endomembrane system），主要包括内质网、高尔基复合体、溶酶体、过氧化物酶体及各种转运小泡等膜性结构。这些膜性结构都是相对独立的封闭性区室，每个区室各具备一套独特的酶系，互不干扰地执行着专一的生理功能，完成各种重要的生命活动。同时，细胞膜和内膜系统各膜性结构之间又通过转运小泡构成了彼此间膜的转移融合更新、泡内物质的运输和信息传递的途径，体现了细胞结构和功能的整体性以及与外环境相互作用的高度统一性。线粒体虽然也是细胞质内的膜性结构，但由于它在结构、功能及发生上均有一定的独立性，故而一般不将其列入内膜系统。

第一节　内　质　网

　　内质网是真核细胞内重要的细胞器。1945 年，波特（Porter）等人在应用电子显微镜观察培养的小鼠成纤维细胞时，发现细胞质中有一些小管和小泡样结构，相互吻合连接成网状。由于这些网状结构多位于细胞核附近的内胞质区,故称为内质网。后来的研究发现,内质网可延续到细胞质的外胞质区,甚至与细胞膜相连。内质网约占所有膜相结构的 50%,占细胞体积的 10% 以上,相当于整个细胞质量的 15%~20%。除了人的成熟红细胞外,内质网普遍存在于动植物细胞中。

一、内质网的形态结构与类型

(一)内质网的形态结构

内质网(endoplasmic reticulum,ER)是由一层厚为 5~6nm 的单位膜所形成的封闭的管状、泡状和扁囊状结构相互沟通的三维网状膜系统(图 4-1)。小管、小泡和扁囊构成内质网的基本结构形态。在一些细胞中这三种结构都存在,有的细胞中只具有其中的一种或两种。由内质网膜围成的空间称为内质网腔。在结构上,内质网可与高尔基复合体、溶酶体等内膜系统其他组分移行转换;内质网向外可与细胞膜内褶部分相连,向内可与细胞核外膜连接,构成一个相互连通的膜性管网系统。在某些细胞中,内质网可分布在整个细胞质中。

在不同的组织细胞或一个细胞的不同生理阶段,内质网的形态结构和分布差异很大。例如,大鼠肝细胞中的内质网以扁囊和小管状结构为主,而睾丸间质细胞中的内质网则由大量的小管连接成网状。

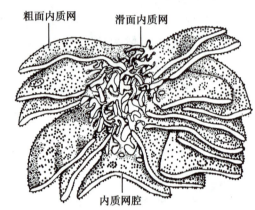

图 4-1 内质网立体结构示意图

(二)内质网的类型

根据内质网膜外表面是否有核糖体附着,可将内质网分为粗面内质网和滑面内质网。

1. 粗面内质网 粗面内质网(rough endoplasmic reticulum,RER) 在电镜下多呈囊状或扁平囊状,排列较为整齐,因外表面附着大量的颗粒状核糖体、表面粗糙而得名。粗面内质网是内质网和核糖体共同形成的一种功能性结构复合体,主要功能是合成分泌蛋白质和各种膜蛋白,在粗面内质网腔内含有均质的低等或中等电子密度的蛋白类物质。粗面内质网在分泌细胞(如胰腺腺泡细胞)和分泌抗体的浆细胞中非常发达,而在一些未分化的细胞(如胚胎细胞、干细胞等)和肿瘤细胞中则较为稀疏。粗面内质网的分布情况及发达程度可作为判断细胞功能状态和分化程度的一个指标。

2. 滑面内质网 滑面内质网(smooth endoplasmic reticulum,SER)在电镜下多呈分支小管或圆形小泡构成的细网,并常常可见与粗面内质网相互连通,其表面没有核糖体附着、无颗粒而显得光滑。滑面内质网在一些特化细胞中含量比较丰富,如肾上腺皮质细胞、睾丸间质细胞、卵巢黄体细胞及横纹肌细胞等。此外,成熟的白细胞、肥大细胞及汗腺细胞的滑面内质网也较为发达。

两种类型的内质网在不同组织细胞中的分布差异很大。有的细胞中只有粗面内质网,有的细胞中只有滑面内质网,还有些细胞中二者以不同比例共存,并在细胞不同发育阶段或功能状态下发生类型转换。

二、内质网的化学组成

应用蔗糖密度梯度离心方法,可以从细胞匀浆中分离出内质网碎片。内质网断裂后形成许多封闭的、直径约 100nm 的球形小囊泡称为微粒体(microsome)。虽然内质网在离心过程中受到一定程度的破坏,但微粒体仍保持内质网的一些基本特征,微粒体不仅含内质网膜与核糖体两种基本组分,分为颗粒型和光滑型两种类型,且具备内质网的一些基本功能。因此微粒体是研究内质网的理想材料。

通过对微粒体的生化分析,了解到内质网膜和细胞膜等其他膜结构一样,也是由脂类和蛋白质组成。与细胞膜相比,内质网膜含有的脂类较少而蛋白质较多,如大鼠肝微粒体膜中含 30%~40% 的磷脂和 60%~70% 的蛋白质(按重量)。

内质网膜所含的脂类有磷脂、中性脂、缩醛脂和神经节苷脂等。其中磷脂的含量最多,而在磷脂中又以磷脂酰胆碱(卵磷脂)含量最多,鞘磷脂含量较少。

内质网膜有较为丰富的蛋白质,通过对大鼠肝细胞内质网组分的研究,发现至少有 33 种多肽,相对分子量为 15 000~150 000,理化性质各不相同。内质网膜还含有 30 种以上的酶,根据功能特性可将酶分为三种类型:①与解毒功能相关的电子传递体酶系,如细胞色素 b_5、NADH-细胞色素 b_5 还原酶(NADH 为还原型烟酰胺腺嘌呤二核苷酸)、NADH-细胞色素 c 还原酶、细胞色素 P_{450} 等,其中细胞色素 P_{450} 是跨膜蛋白,其他的酶则是内质网的嵌入蛋白。②与脂类物质代谢功能反应相关的酶类,如脂肪酸 CoA 连接酶、磷脂转位酶等。③与糖代谢功能相关的酶类,如葡萄糖-6-磷酸酶等,其中葡萄糖-6-磷酸酶被视为内质网膜的标志酶。

三、内质网的主要功能

(一)粗面内质网的功能

粗面内质网的主要功能是为负责蛋白质合成的核糖体提供附着支架,并进行新合成蛋白质的粗加工和转运。粗面内质网能合成的蛋白质主要有:分泌蛋白质,如被排出细胞的抗体、肽类激素、细胞外基质蛋白和分泌性酶类;跨膜蛋白,转移并整合于细胞内各类膜结构中,成为内质网膜、高尔基复合体膜、溶酶体膜和细胞膜的膜蛋白;驻留蛋白,如内质网、高尔基复合体、溶酶体等细胞器中的可溶性驻留蛋白。

现以分泌蛋白质为例介绍粗面内质网的蛋白质合成、加工和转运过程:

1. 信号肽指导分泌蛋白质的合成 核糖体被信号肽引导至内质网膜表面进行蛋白质的合成。

知识链接

信号肽与信号假说的提出

20 世纪 60 年代,雷德曼(Redman)和萨巴蒂尼(Sabatini)用分离的粗面微粒体进行无细胞系统的蛋白质合成,证明了膜结合核糖体合成的蛋白质进入了微粒体内腔。为什么有的核糖体合成蛋白质时不附着在内质网上,而有的则要附着并结合在内质网上,并将合成的蛋白质转移到内质网腔中呢? 1971 年,布洛贝尔(Blobel)等对此提出:分泌蛋白质的 N 端含有一段特殊的信号序列可将多肽与核糖体引导至内质网膜上;多肽边合成边通过内质网膜上的水性通道进入内质网腔。1972 年,米尔斯坦(Milstein)等发现从骨髓瘤细胞提取的免疫球蛋白分子 N 端比分泌到细胞外的多一段,推测此"多的一段肽链"具有信号作用,能引导合成的免疫球蛋白分子进入内质网腔。1975 年,布洛贝尔(Blobel)等根据进一步实验结果提出了信号假说。

1975 年,布洛贝尔(Blobel)等提出的信号假说主要包括以下几方面内容:

(1)信号肽的合成:在细胞质基质中的核糖体合成分泌蛋白质时,在 mRNA 的 5' 端的起始密码后有一段编码特殊氨基酸序列的密码子称为信号密码。由信号密码翻译而成的一段氨基酸序列通常由 18~30 个疏水氨基酸组成,称为信号肽(signal peptide,signal sequence)。凡是能合成信号肽的核糖体,都能在信号肽的引导下附着到内质网的表面,并结合于该处。

(2)信号识别颗粒识别信号肽并与核糖体结合:信号识别颗粒(signal recognition particle,SRP)存在于细胞质基质中,由6个结构不同的多肽亚单位和1个沉降值为7S的小分子RNA组成(图4-2)。信号识别颗粒既能识别露于核糖体之外的信号肽,又能识别内质网膜上的信号识别颗粒受体,并与两者特异结合。通常信号识别颗粒与核糖体的亲和力很低,但当肽链延长至80个氨基酸残基、信号肽伸出核糖体外时,信号识别颗粒与核糖体的亲和力增加,信号识别颗粒的一部分与信号肽结合,另一部分与核糖体结合形成"信号识别颗粒-核糖体"复合体。由于信号识别颗粒占据了核糖体的受体部位(A位),阻止了下一个氨酰-tRNA进入核糖体,从而蛋白质的合成过程暂时停止。

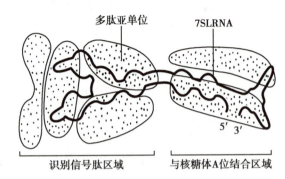

图4-2 信号识别颗粒示意图

(3)信号识别颗粒介导核糖体附于粗面内质网膜上:"信号识别颗粒-核糖体"复合体中的信号识别颗粒与暴露于内质网膜上的信号识别颗粒受体结合,同时核糖体大亚基与内质网膜上的核糖体结合蛋白Ⅰ、核糖体结合蛋白Ⅱ结合,使核糖体附于内质网膜上。信号识别颗粒与信号识别颗粒受体的结合是暂时性的,当核糖体附着于内质网膜上后,信号识别颗粒便从核糖体和信号识别颗粒受体上解离下来,返回细胞质基质中重复上述过程。

(4)信号肽引导多肽链穿越内质网膜:核糖体与内质网膜结合后,核糖体能利用蛋白质合成的能量,促使不断延伸的多肽链经由跨膜蛋白运输器构成的通道,穿过内质网膜进入膜腔内。当信号识别颗粒与核糖体脱离后,核糖体上的A位点空出,多肽链继续合成并进入到内质网腔。蛋白质运输器的孔道是个动态结构:当带有延长的多肽链的核糖体与内质网膜结合时,孔道张开;当核糖体完成蛋白质合成脱离内质网膜时,孔道便呈关闭状态(图4-3)。

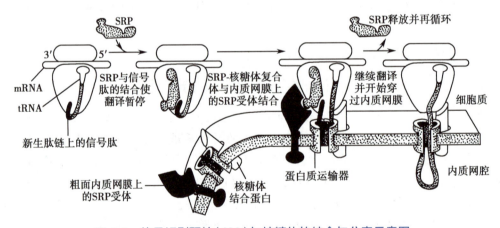

图4-3 信号识别颗粒(SRP)与核糖体的结合与分离示意图

(5)切掉信号肽:信号肽进入到内质网腔,由内质网膜内表面的信号肽酶切掉,与之相连的合成中的多肽链继续进入内质网腔,直至合成完整的多肽链。当多肽链合成结束后,在分离因子的作用下,核糖体的大、小亚基解聚,大亚基也从粗面内质网上脱落进入细胞质中。

遗传和生化实验证明,信号假说不仅适用于真核生物的细胞,同时也可以说明原核生物细胞膜蛋白的转运过程,原核细胞中结合于细胞膜上的附着核糖体也具有信号肽。

如果粗面内质网膜上的核糖体合成的蛋白为跨膜蛋白,跨膜蛋白在N端起始转移信号引导下穿过粗面内质网膜,进入内质网腔并继续延伸,当新生肽链中出现停止转移信号时,肽链通过膜的转移就停止,该肽链穿过脂双层形成单次跨膜蛋白。如果新生肽链有多个起始转移信号和多个停止转移信号,可使肽链多次横跨脂质双层,成为多次跨膜蛋白。

2. 蛋白质糖基化 蛋白质糖基化是指单糖或寡聚糖与蛋白质以共价键结合形成糖蛋白的过程。在糖蛋白中,糖与蛋白质的连接方式有两种:一种是 N-连接糖蛋白,即由寡糖与蛋白质天冬酰胺残基侧链的氨基基团以共价键结合形成的,糖链合成与糖基化修饰始于粗面内质网,主要完成于粗面内质网,存在于粗面内质网膜腔面的糖基转移酶是这个过程的催化酶;另一种是 O-连接糖蛋白,由寡糖与蛋白质的酪氨酸、丝氨酸和苏氨酸残基侧链上的羟基基团以共价键结合形成的,主要在高尔基复合体中完成糖基化过程。

粗面内质网合成的蛋白质大部分需要糖基化,可与多肽链的合成同时进行。寡聚糖是由 2 个 N-乙酰葡萄糖胺、9 个甘露糖和 3 个葡萄糖合成的寡糖链。当寡聚糖在细胞质基质中合成后,与位于粗面内质网膜上的多萜醇分子的焦磷酸键连接而被活化,并从胞质面翻转到内质网腔面。在内质网膜腔面上的糖基转移酶的作用下,被活化的寡聚糖与进入内质网腔的多肽链中天冬酰胺残基侧链上的氨基连接,形成 N-连接糖蛋白(图 4-4)。这就解释了为什么游离核糖体合成的可溶性蛋白质不被糖基化。N-连接糖蛋白多为分泌蛋白质和溶酶体酶蛋白。蛋白质糖基化在糖蛋白功能及蛋白质被输送到细胞其他部位方面都起到重要作用。

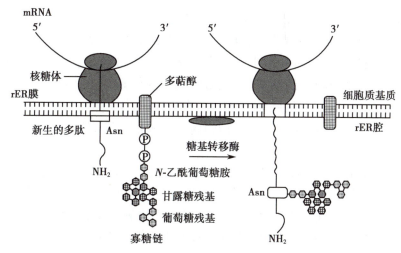

图 4-4 粗面内质网内的蛋白质糖基化示意图

3. 蛋白质的折叠与装配 进入到内质网腔内的多肽链要在内质网腔中进行折叠。经过正确折叠和装配的蛋白质才能通过内质网膜并以衣被小泡的形式运输到高尔基复合体内,而折叠不正确的肽链或未装配成寡聚体的蛋白亚单位,不论是在内质网膜上还是在内质网腔中,一般都不能进入高尔基复合体。

蛋白质折叠需要内质网腔内可溶性驻留蛋白的参与。驻留蛋白(retention protein)是留在内质网腔中发挥作用的自身结构蛋白和酶蛋白,如蛋白二硫键异构酶、结合蛋白、葡萄糖调节蛋白等。这类蛋白能特异性地识别新生肽链或部分折叠的多肽并与之结合,帮助这些多肽进行折叠、装配和转运,但本身并不参与最终产物的形成,只起陪伴作用,故称为分子伴侣(molecular chaperone)。蛋白二硫键异构酶附着在内质网膜的腔面上,可反复切断和形成二硫键,以帮助新合成的蛋白质处于正确折叠的状态。分子伴侣可以识别不正确折叠的蛋白或未装配好的蛋白亚单位,并促使它们重新折叠与装配。一旦这些蛋白形成正确构象或装配完成,便与分子伴侣分离。如遍布在高等生物细胞内质网中的热休克蛋白 70(HSP70)家族是以 ATP 依赖的方式结合未折叠多肽链的疏水区,以稳定蛋白质的未折叠状态,并帮助其折叠。

4. 蛋白质的运输　粗面内质网合成的不同蛋白质运输方式不同。

（1）**分泌蛋白质**：分泌蛋白质进入内质网腔后，经糖基化、折叠与装配，被包裹于由内质网分泌的囊泡中，以出芽形式形成膜性小泡进行转运。其转运主要途径有两种：一是进入高尔基复合体，进一步修饰加工后形成大囊泡，最终以分泌颗粒的形式被排出到细胞外，这是最为常见的蛋白质分泌途径；二是直接进入大的浓缩泡，进而发育成酶原颗粒，被排出细胞，此途径仅见于某些哺乳动物的胰腺外分泌细胞。

（2）**跨膜蛋白**：跨膜蛋白可以保留在内质网膜上，或通过膜泡运输到细胞膜及其他细胞器的膜上。

（3）**驻留蛋白**：驻留蛋白有的留在内质网腔，有的被运输到其他细胞器内发挥作用。

（二）滑面内质网的功能

不同细胞中的滑面内质网虽然形态相似，但因其化学组成及所含酶的种类各不相同，常常表现出不同的功能或作用。

1. 脂类合成　滑面内质网是细胞内脂类合成的重要场所。滑面内质网膜含有一整套脂类合成酶系，参与合成膜脂、脂肪和类固醇激素。如肾上腺皮质细胞、睾丸间质细胞和卵巢黄体细胞等分泌类固醇激素的细胞中滑面内质网发达。研究证明，这些滑面内质网能合成胆固醇并进一步将其转化为类固醇激素，如肾上腺激素、雄激素、雌激素等。

除线粒体特有的两种磷脂外，细胞所需要的全部膜脂几乎是在内质网膜胞质侧合成的。在内质网合成的磷脂主要是卵磷脂，所需要的底物有脂肪酸、磷酸甘油和胆碱，在脂酰基转移酶、磷酸酶和胆碱磷酸转移酶的催化下，经过 3 个步骤合成。这些底物均存在于细胞质基质中，而催化各步骤反应的酶都是位于内质网膜上的镶嵌蛋白，酶的活性部位都朝向细胞质基质，新合成的脂类分子最初只嵌入内质网脂质双层的细胞质基质面。在内质网膜中的一种磷脂转位因子（即翻转酶）的作用下，磷脂分子从细胞质基质面一侧翻转到内质网腔面一侧，使内质网膜的脂质双层能平行伸展。

脂质由内质网向其他膜性结构转运主要有两种形式：一是以出芽小泡的形式转运到高尔基复合体、溶酶体和细胞膜；二是以水溶性的磷脂交换蛋白作为载体，与之结合形成复合体进入细胞质基质，通过自由扩散到达缺少磷脂的线粒体和过氧化物酶体膜上。体外实验显示，每一种磷脂交换蛋白只能专一性地识别一种磷脂，以单分子形式从内质网膜提取并进行膜间的磷脂分子载运转移。

2. 糖原代谢　肝细胞的滑面内质网很丰富。已有实验证明，附着于内质网胞质面的糖原被降解为葡萄糖-1-磷酸，然后在细胞质溶胶中的变位酶作用下变为葡萄糖-6-磷酸，再由滑面内质网膜上的葡萄糖-6-磷酸酶分解为磷酸和葡萄糖，葡萄糖转移进入内质网腔后被释放到血液中。肝细胞的滑面内质网是否与糖原的合成有关，目前还存在不同的观点。

3. 解毒作用　肝脏是体内毒物和药物降解代谢的主要器官。肝细胞的滑面内质网中含丰富的氧化酶和电子传递酶系，可使多种化合物进行氧化反应或羟化反应，使毒物、药物的毒性被钝化或者消除。羟化作用可增强化合物的极性，使之易于排出体外。如肝细胞对苯巴比妥类药物等具有解毒作用就是这个原因。

4. 肌肉收缩　肌细胞中含有发达的特化的滑面内质网，称为肌质网（又称"纵管"）。肌质网膜上的 Ca^{2+}-ATP 酶可将细胞质基质中的 Ca^{2+} 泵入肌质网腔，故肌质网具有储存 Ca^{2+} 的作用，被称为"钙库"。当肌细胞受到神经冲动刺激后，肌质网内的 Ca^{2+} 释放至细胞质基质中，引起肌肉收缩。

内质网应激

在病理条件如缺氧、辐射、中毒、病毒感染、营养不足和某些药物的作用下,内质网会发生形态结构的改变,常见的有肿胀、肥大、脱粒和囊池塌陷,导致内质网内 Ca^{2+} 平衡紊乱、未折叠或错误折叠的蛋白质在内质网腔中积累,形成内质网应激。短时或轻度应激可以恢复,是细胞的一种自我保护机制,但长时间或严重的应激会导致内质网功能受损,使细胞凋亡。如在糖原贮积症 I 型中,常见典型的内质网应激表现;胰岛素分泌异常也可引起内质网应激,导致胰岛素抵抗和胰岛 β 细胞死亡,最终导致 2 型糖尿病的发生。在糖尿病的治疗过程中,一些药物可以通过调节内质网稳态来发挥治疗作用。

第二节　高尔基复合体

1898 年,意大利学者高尔基(Golgi)用银染技术研究猫头鹰的神经细胞时,在光学显微镜下观察到细胞质中有一种嗜银的网状结构,称为内网器。后来证实,这种细胞器广泛存在于脊椎动物的各种细胞中,被命名为高尔基体。电镜观察证实,这种细胞器是由多部分膜性结构共同组成的,故称为高尔基复合体。20 世纪 50 年代以后,由于电子显微镜技术、超速离心技术、放射自显影及现代细胞分子生物学技术的应用,人们对高尔基复合体的微细结构和功能有了越来越深入的了解。

一、高尔基复合体的形态结构

在电镜下观察,高尔基复合体(Golgi complex,GC)是由一层单位膜构成的囊泡结构复合体,由扁平囊、小囊泡、大囊泡三部分组成(图 4-5)。

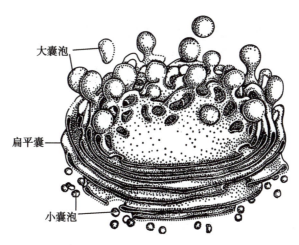

大囊泡

扁平囊

小囊泡

图 4-5　高尔基复合体立体结构示意图

1.**扁平囊**　扁平囊又称为潴泡(cisterna)。高尔基复合体的主体部分是由 3~8 个扁平囊整齐排列层叠在一起组成的,构成高尔基堆(Golgi stack)。扁平囊中间膜腔较窄,边缘部分膜腔较宽大。扁平囊的囊腔宽 15~20nm,囊腔中有中等电子密度的无定形或颗粒状物质。相邻两层扁平囊的间距为20~30nm,扁平囊之间有小管相连形成复合结构。扁平囊有极性,呈盘状弯曲似弓形,凸面朝向细胞核,称为形成面或顺面,膜厚度约为 6nm;凹面朝向细胞膜,称为成熟面或反面,膜厚度约为 8nm。

高尔基复合体的主体部分从顺面到反面依次为顺面高尔基网、高尔基中间膜囊和反面高尔基网3个组成部分,这3个部分有各自的功能和结构特征,其标志化学反应不尽相同。

2. 小囊泡　小囊泡也称为小泡(vesicle),存在于扁平囊的周围,多见于高尔基复合体的形成面,直径为40~80nm,膜厚度约为6nm,数量较多,可分为表面光滑的小泡和表面有绒毛样结构的有被小泡。一般认为小囊泡是由附近粗面内质网出芽、脱落形成的,内携有粗面内质网合成的蛋白质,其电子密度较低。小囊泡与形成面扁平囊的膜融合将粗面内质网中的蛋白质运送到高尔基复合体的囊腔中,并不断补充扁平囊的膜结构。

3. 大囊泡　大囊泡又称分泌小泡(secretory vesicle),直径为100~150nm,膜厚度约为8nm,多见于高尔基复合体的成熟面或末端。一般认为大囊泡是由扁平囊的局部或边缘膨出脱落而成,大囊泡内带有来自高尔基复合体的分泌物,并有对所含分泌物继续浓缩的作用,其内容物电子密度不同,与其成熟程度有关。大囊泡有的发育成将内容物分泌出细胞外的分泌泡,有的发育成溶酶体或细胞内的营养贮藏泡。大囊泡的形成,不仅运输了扁平囊内加工修饰的蛋白质等大分子物质,而且使扁平囊膜不断消耗更新。

高尔基复合体的形态结构、数量和在细胞内的分布,与细胞的种类和功能状态有关。在分化程度高、分泌功能旺盛的细胞中,如神经细胞、胰腺细胞、肝细胞等,高尔基复合体很发达。成熟的红细胞和粒细胞中高尔基复合体消失或明显萎缩。在未分化的细胞中,如肿瘤细胞、胚胎细胞、干细胞等,高尔基复合体往往较少。一般情况下,高尔基复合体在细胞中的位置比较恒定:神经细胞的高尔基复合体分布于细胞核周围并交织成网;在肝细胞中高尔基复合体分布于细胞的边缘;而在有极性的细胞中,如上皮细胞、胰腺细胞等,高尔基复合体多分布于游离面的细胞核附近。

二、高尔基复合体的化学组成

大鼠肝细胞的分离实验表明,高尔基复合体膜成分大约含蛋白质55%、脂类45%。通过对多种细胞膜相结构的化学分析发现,组成高尔基复合体的各种膜脂和蛋白质的含量介于细胞膜和内质网膜之间,有些蛋白质的含量与内质网是相同的。因此推断高尔基复合体是构成细胞膜和内质网之间相互联系的一种过渡性细胞器。

高尔基复合体含有的酶类主要包括:参与糖蛋白合成的糖基转移酶,如唾液酸转移酶;参与糖脂合成的磺化(硫化)-糖基转移酶,如乳糖神经酰胺唾液酸基转移酶;参与磷脂合成的转移酶,如磷脂甘油磷脂酰转移酶。糖基转移酶被认为是高尔基复合体的标志酶,主要参与糖蛋白和糖脂的合成。

三、高尔基复合体的功能

高尔基复合体是细胞内物质合成加工的重要场所,并且与其他膜相结构一起构成了胞内物质转运的特殊通道。

(一) 在细胞分泌活动中的作用

应用放射性同位素标记示踪技术追踪细胞内蛋白质合成和转运的过程,将鼠胰腺组织放入含放射性标记的培养基中,用电镜观察发现,3分钟后放射性标记出现在粗面内质网上;7分钟后放射性标记移至高尔基复合体扁平囊中;37分钟后放射性标记出现在大囊泡中;117分钟后放射性标记出现在靠近细胞顶部的酶原颗粒及胞外的分泌物中。因此在粗面内质网上核糖体合成的蛋白质,是经小泡运输到高尔基复合体,进一步加工修饰后浓缩成酶原颗粒,最后通过胞吐作用排出到细胞外。

(二) 对蛋白质的修饰加工作用

高尔基复合体的修饰加工作用主要是对内质网合成的蛋白质的糖基化及对前体蛋白质的水解

作用等。研究表明,O-连接糖蛋白主要或全部在高尔基复合体内进行。在高尔基复合体不同部位存在的与糖蛋白修饰加工有关的酶类是不同的,因此糖蛋白在高尔基复合体中的修饰和加工在空间和时间上具有高度有序性,如溶酶体酶蛋白的修饰加工过程。

有些蛋白质在粗面内质网内合成后,通过高尔基复合体的水解作用才能成为有活性的成熟蛋白。如由人胰岛 B 细胞粗面内质网合成的一种没有生物活性的蛋白质称为胰岛素原,它由 86 个氨基酸残基组成,含有 A、B 两条多肽链和一条起连接作用的 C 肽链。当胰岛素原被运输至高尔基复合体中,在转肽酶的作用下被切除 C 肽链后成为有活性的胰岛素,胰岛素则由 51 个氨基酸残基组成。此外,胰高血糖素、血清蛋白等的成熟也是经过在高尔基复合体中的切除修饰后完成的,溶酶体酸性水解酶的磷酸化、蛋白聚糖类的硫酸化等也都是在高尔基复合体的转运过程中完成的。

(三)对蛋白质的分选和运输

粗面内质网合成的蛋白质经高尔基复合体修饰加工后形成分泌蛋白质、膜蛋白和溶酶体酶,经高尔基复合体的反面分选后被送往细胞的各个部位。分泌蛋白质以分泌泡的形式被运出细胞外;膜蛋白通过运输小泡被运送到细胞膜的各个部位;经高尔基复合体单独分拣包装的溶酶体酶,以有被小泡的形式转运到溶酶体。

(四)参与膜的转化

用电镜观察和细胞膜结构的生化分析结果显示,高尔基复合体膜的厚度和化学组成介于内质网膜和细胞膜之间。细胞内膜由内质网到高尔基复合体,再到细胞膜,是一个动态变化的过程,高尔基复合体与膜的转化有密切的关系。

第三节　溶　酶　体

1955 年,杜夫(Duve)等用超离心技术从小鼠肝细胞中分离出一种有膜包被的微小颗粒,经细胞化学实验鉴定,这种颗粒内含丰富的酸性水解酶,具有分解多种内源性或外源性大分子物质的功能,被命名为溶酶体。溶酶体被称为细胞内的"消化器官",广泛分布于真核细胞中(除哺乳动物成熟的红细胞以外),在原核细胞中尚未发现。

一、溶酶体的形态结构与组成

溶酶体(lysosome)是由一层单位膜包围而成的球形或卵圆形的囊泡状细胞器,大小不一,直径在 0.2~0.8μm。在不同细胞中溶酶体的数量差异明显。溶酶体内含 60 多种高浓度的酸性水解酶,主要包括核酸酶类、蛋白酶类、糖苷酶类、脂肪酶类、磷酸酶类和硫酸酯酶类等,水解酶最适 pH 为 3.5~5.5。溶酶体在形态、大小、数量分布、生理生化性质等各方面都具有高度异质性,通常不能在同一溶酶体内找到上述所有的酶,但酸性磷酸酶普遍存在于各种溶酶体中,是溶酶体的标志酶。在生理状态下,溶酶体的酶只在溶酶体膜内发挥作用而不外逸。一旦溶酶体膜被破坏,水解酶就会溢出,细胞会被消化并波及周围细胞。

二、溶酶体的形成和成熟过程

溶酶体的形成是由内质网和高尔基复合体共同参与,在细胞基质内完成,包括溶酶体酶蛋白合成、加工、包装、运输后形成囊泡,然后与晚期内体融合的复杂而有序的过程,主要经历如下三个阶段(图 4-6)。

(一)酶蛋白在粗面内质网的合成、初加工和转运

溶酶体酶蛋白由附着于内质网膜上的多聚核糖体合成,酶蛋白前体进入内质网腔,经过加工、修饰后形成 N-连接的甘露糖蛋白,再被内质网以出芽的形式包裹形成膜性小泡,转运到高尔基复

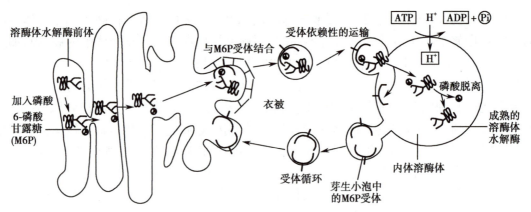

图 4-6　内体溶酶体的形成过程示意图

合体的形成面。

（二）酶蛋白在高尔基复合体内的加工和转运

在高尔基复合体形成面膜囊内,溶酶体酶蛋白寡糖链上的甘露糖残基在磷酸转移酶与 N-乙酰葡萄糖胺磷酸糖苷酶的催化下,可被磷酸化为甘露糖-6-磷酸（M6P）,M6P 是溶酶体水解酶分选的重要识别信号;在高尔基复合体中间膜囊内,N-连接的溶酶体糖蛋白继续被糖基化,从形成面膜囊到成熟面膜囊依次切去甘露糖,加上 N-乙酰葡萄糖胺、半乳糖、唾液酸;在高尔基复合体成熟面上有可识别 M6P 的受体,能与 M6P 标记的溶酶体水解酶前体识别并结合,然后局部出芽形成有被小泡,与高尔基复合体囊膜断离。

（三）在细胞质基质中形成溶酶体

断离后的有被小泡很快脱去网格蛋白外被,形成表面光滑的无被小泡;无被小泡与晚期内体融合,在其膜上质子泵的作用下,将胞质中的 H$^+$ 泵入使其腔内 pH 降到 6.0 以下;在酸性条件下 M6P标记的溶酶体水解酶前体与识别 M6P 的受体分离,并通过去磷酸化而形成内体溶酶体（即成熟溶酶体）,同时膜上 M6P 受体则以出芽形式形成运输小泡返回到高尔基复合体成熟面。

三、溶酶体的类型

溶酶体在形态及内含物上呈现多样性和异质性。根据溶酶体的形成过程和功能状态,可将溶酶体分为内体溶酶体、吞噬溶酶体和残余体三大类。

（一）内体溶酶体

内体溶酶体（endolysosome）由高尔基复合体成熟面芽生的运输小泡和晚期内体融合而成,内含有尚未被激活的水解酶,没有作用底物及消化产物。

知识链接

内　体

内体（endosome）是由细胞通过胞吞作用形成的一类异质性脱衣被膜泡,依发生阶段分为早期内体和晚期内体。所谓早期内体（early endosome）是指经由胞吞作用入胞后最初的脱衣被膜泡,其囊腔中的 pH 与细胞外液大致相当。早期内体分离出质膜受体后,称为晚期内体（late endosome）。晚期内体与来源于高尔基复合体的运输小泡融合,在晚期内体膜上质子泵的作用下,将胞质内的 H$^+$ 泵入,使晚期内体腔内的 pH 降低到 6.0 以下,其酸性环境保证了内体溶酶体的转化。

（二）吞噬溶酶体

吞噬溶酶体（phagolysosome）是由内体溶酶体和来源于细胞内外的作用底物融合而成。吞噬溶酶体除了含有已被激活的水解酶外,还有作用底物和消化产物。底物可以是细胞内的自身产物或由细胞摄入的外来物质,根据底物的来源和性质不同,可分为自噬溶酶体和异噬溶酶体(图4-7)。

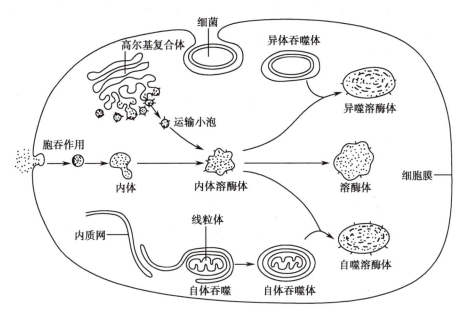

图 4-7　自噬溶酶体和异噬溶酶体的形成过程示意图

1. 自噬溶酶体　其作用底物是内源性物质,包括细胞内衰老或损伤的细胞器(如内质网、线粒体等)以及细胞质中过量储存的脂类、糖原颗粒等。这些物质先被内膜系统的膜包裹形成自噬体,然后再与内体溶酶体融合形成自噬溶酶体(autolysosome)。自噬溶酶体在组织细胞的消化、分解及自然更替上起重要作用,参与衰老细胞器的清除和更新。在药物作用、射线辐射、机械损伤以及病变的细胞中,其数量明显增多。

2. 异噬溶酶体　其作用底物是一些被摄入到细胞内的外源性物质,包括外源性的细胞和一些大分子物质,如细菌、红细胞、血红蛋白、铁蛋白、酶和糖原颗粒等。细胞先以胞吞方式将外源性物质摄入细胞内,形成吞噬体或吞饮体,再与内体溶酶体融合形成异噬溶酶体(heterolysosome)。异噬溶酶体在机体防御系统中起重要作用,常见于单核吞噬系统的细胞、肝细胞和肾细胞等。

（三）残余体

吞噬溶酶体到达终末阶段,由于水解酶的活性降低或消失,还残留一些未被消化和分解的物质,形成电镜下可见的电子密度高、色调较深的残余物——残余体(residual body)(也叫作残质体、终末溶酶体或后溶酶体)。有的细胞能将残余体中的残余物通过胞吐作用排出细胞,有些则长期蓄积在细胞内而不被排出。例如:常见于神经细胞、壁细胞和卵母细胞中的多泡体;常见于单核吞噬细胞和大肺泡细胞等正常细胞、肿瘤细胞和病毒感染细胞中的髓样结构,其显著特征为内含板层状、指纹状或同心圆层状排列的膜性物质;常见于衰老的神经细胞、肝细胞和心肌细胞中的脂褐质,随着细胞寿命的增长,其数量也不断增多,并不被排出细胞,如老年斑;当机体摄入大量铁质时,在肝、肾等器官的巨噬细胞中常可见含铁小体。

四、溶酶体的功能

溶酶体含有60多种酸性水解酶,具有强大的物质消化水解能力。

（一）对细胞内的物质消化

在细胞内，外源性或内源性物质与内体溶酶体融合形成吞噬溶酶体，在各种水解酶的作用下，可被分解为简单的可溶性小分子物质，这些小分子物质通过溶酶体膜脂双层或经膜载体蛋白转运，重新释放到细胞质中被利用。一些未被完全消化的物质残留下来，形成残余体。由此可见，溶酶体通过消化作用不仅可以清除细胞内衰老和病变的细胞器，促进细胞成分的更新，而且还参与机体的防御功能，保证了内环境的稳定。

（二）对细胞外的物质消化

一般情况下溶酶体在细胞内发挥作用，但在某些特殊的细胞，溶酶体酶被释放到细胞外，消化分解细胞外物质。如精、卵细胞的结合，精子头部的顶体是高尔基复合体特化而成的溶酶体，内含多种水解酶。当精子与卵细胞外被接触时，顶体膜便与精子的细胞膜互相融合并将水解酶释放出来，消化包围在卵细胞外的放射冠（卵泡细胞）和透明带，便于精子的核进入卵细胞，达到受精的目的。

（三）参与器官、组织退化与更新

在一定条件下，溶酶体膜破裂释放出来的水解酶使细胞自身降解，这一过程称为细胞的自溶作用。在生理状态下，自溶作用在个体发育过程中对器官、组织的形态结构的构建具有重要作用。如无尾两栖类蝌蚪变态时，尾部逐渐消失是由于蝌蚪尾部细胞含有丰富的溶酶体，溶酶体膜破裂释放的组织蛋白酶能消化尾部退化的细胞，引起细胞自溶使尾部消失。此外，由于女性卵巢黄体的萎缩而引起子宫内膜的周期性变化，也与溶酶体的自溶作用有密切关系。

（四）参与激素的分泌

在分泌细胞中，溶酶体参与激素的分泌过程。在甲状腺滤泡上皮细胞中合成的甲状腺球蛋白，被分泌到甲状腺滤泡腔内储存并被碘化，当腺体接受垂体分泌的促甲状腺素刺激后，甲状腺滤泡上皮细胞又将碘化甲状腺球蛋白吞入细胞并与溶酶体结合，溶酶体内的蛋白酶将碘化的甲状腺球蛋白水解生成甲状腺激素，然后被分泌到细胞外发挥作用。

> **知识链接**
>
> ## 硅沉着病
>
> 硅沉着病（silicosis）是一种职业病，是由于吸入结晶型游离二氧化硅含量较高的粉尘而引起的以肺组织弥漫性纤维化为主的疾病，其形成原因与溶酶体膜的破裂有关。吸入肺中的含有游离二氧化硅的粉尘被巨噬细胞吞下形成吞噬体，吞噬体与内体溶酶体融合形成吞噬溶酶体。带有负电荷的粉尘颗粒在溶酶体内形成硅酸分子。硅酸分子可破坏膜的稳定性，使溶酶体膜破裂，大量硅酸分子和水解酶扩散到细胞质内，引起巨噬细胞死亡。死亡的巨噬细胞释放的粉尘颗粒被其他正常的巨噬细胞吞噬后重复上述过程，使成纤维细胞增生并分泌大量的胶原纤维，使肺组织局部出现胶原纤维结节，降低了肺的弹性，妨碍了肺的功能而形成硅沉着病。

第四节　过氧化物酶体

过氧化物酶体又称为微体，由罗丁（Rhodin）等于1954年在小鼠肾近曲小管上皮细胞中首次发现。1965年，杜夫（Duve）等发现微体中含有多种氧化酶和过氧化氢酶，能分解细胞中的过氧化物，故将其命名为过氧化物酶体。过氧化物酶体普遍存在于所有的真核细胞中，在哺乳动物主要存在于肝细胞和肾近曲小管上皮细胞中。

一、过氧化物酶体的形态结构和组成

过氧化物酶体（peroxisome）是一种具有异质性的细胞器，在不同生物及不同发育阶段有所不同。过氧化物酶体是由一层单位膜包裹的圆形或椭圆形小体，直径为 0.2~1.5μm，通常直径为 0.5μm。过氧化物酶体内含中等电子密度的颗粒状物质，中央常有一高密度的核心，呈有规则的晶体结构，称为类核体（图 4-8）。类核体的化学本质是尿酸氧化酶结晶。人和鸟类的过氧化物酶体不含尿酸氧化酶，所以没有类核体。

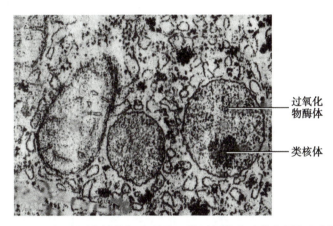

图 4-8　鼠肝细胞超薄切片所显示的过氧化物酶体（电镜照片）

过氧化物酶体中含有 40 多种酶，主要分为氧化酶、过氧化氢酶和过氧化物酶三类。氧化酶有 L-氨基酸氧化酶、D-氨基酸氧化酶、尿酸氧化酶和 L-α-羟基酸氧化酶等，占酶总量的 50%~60%，在作用不同底物时，都会把氧还原成过氧化氢。过氧化氢酶的作用是把过氧化氢分解成水和氧，过氧化氢酶存在于各种细胞的过氧化物酶体中，因此过氧化氢酶可视为过氧化物酶体的标志酶。过氧化物酶仅存在于少数细胞中，其作用与过氧化氢酶类似。

二、过氧化物酶体的功能

过氧化物酶体内的多种氧化酶能催化多种物质生成 H_2O_2，对细胞内氧浓度有重要的调节作用，使细胞免遭高浓度氧的损伤。而其中的过氧化氢酶能将 H_2O_2 分解成 H_2O 和 O_2，避免 H_2O_2 积累引起细胞伤害，对细胞有保护作用。过氧化物酶体则担负着代谢血液中各种毒素的作用，这种作用对肝、肾细胞非常重要，如人们摄入的乙醇有一半通过此途径被氧化。另外，过氧化物酶体是细胞内糖、脂和核酸的重要代谢部位，肝、肾、卵巢和睾丸间质细胞的过氧化物酶体特别丰富。

三、过氧化物酶体的发生

有证据显示，过氧化物酶体的发生与线粒体相类似，是由原有的过氧化物酶体分裂而来。过氧化物酶体的膜脂是在内质网上合成，再通过磷脂交换蛋白或膜泡运输的方式转运。过氧化物酶体的基质蛋白和膜整合蛋白由细胞质中游离的核糖体合成，基质蛋白的某一端有分选信号序列（PTS）或导肽，在其引导下进入过氧化物酶体中；膜整合蛋白通过不同途径嵌入过氧化物酶体的膜脂中。

（李睿坤）

1. 简述内质网的形态结构、分类及功能。
2. 简述高尔基复合体的形态结构及其主要功能。
3. 简述溶酶体的类型和功能。
4. 在日常工作中怎样预防硅沉着病的发生？

ER 4-3

练习题

第五章 | 核 糖 体

ER 5-1 教学课件

ER 5-2 思维导图

学习目标

1. 掌握核糖体的成分、类型与结构,核糖体的功能。
2. 熟悉核糖体合成蛋白质的基本过程。
3. 了解核糖体与医学的关系。
4. 能够阐明核糖体异常引起的常见疾病的临床表现和发病机制。
5. 践行医务工作者职业精神,敬业爱岗,精益求精,立志为患者提供优质医疗服务。

情境导入

人类多种与衰老有关的疾病都与错误折叠蛋白质的聚集有明确的关联。研究表明,核糖体的功能随着年龄的增长而退化,蛋白质折叠缺陷开始于蛋白质的早期旅程,即由核糖体合成蛋白质的过程。随着年龄的增长,有缺陷的蛋白质增加,使得原本会阻止蛋白质聚集的质量控制失效,保护机制无法发挥作用,并且有缺陷的蛋白质往往会相互黏连和黏在其他蛋白质上,堵塞细胞代谢过程并产生有毒的聚集体。

请思考:

1. 核糖体在蛋白质合成过程中起到了什么样的作用?
2. 原核生物核糖体与真核生物核糖体有何不同?
3. 生命的起源与核糖体的功能有什么关系?

核糖体(ribosome)是鲁宾逊(Robinsin)等人于 1953 年在电子显微镜下发现的一种颗粒状小体,1958 年命名为核糖核蛋白体,简称核糖体。电镜下观察,核糖体是一种非膜性结构的颗粒状细胞器,为直径 15~25nm 的致密小颗粒。核糖体是细胞合成蛋白质的场所,常见于细胞内蛋白质合成旺盛的区域,是细胞最基本的、不可缺少的结构,除哺乳动物的成熟红细胞外,核糖体几乎存在于所有细胞内,即使是最简单的支原体细胞也至少含有上百个核糖体。核糖体可以游离在细胞质中,也可以附着在内质网上,还存在于细胞的线粒体和叶绿体中。

第一节 核糖体的类型和结构

一、核糖体的基本类型和化学成分

生物体有两种基本类型的核糖体:一种是 70S(S 为 Svedberg,沉降系数单位)的核糖体,其相对分子质量为 2.7×10^6,主要存在于原核细胞;另一种是 80S 的核糖体,相对分子质量为 4.5×10^6,存在于真核细胞。

在真核细胞中,根据核糖体存在的部位不同,将其分为附着核糖体和游离核糖体。附着核糖体是指附着在粗面内质网膜上的核糖体(原核细胞的细胞膜内侧也常有附着核糖体),游离核糖体是指以游离形式分布在细胞质基质中的核糖体。

核糖体主要由核糖体蛋白质和 rRNA 组成,其中核糖体蛋白质约占核糖体的 40%,主要分布在核糖体的表面;rRNA 约占 60%,主要分布在核糖体内部。两者以非共价键的方式相结合,形成特定结构的核蛋白颗粒。原核生物与真核生物核糖体的化学组成有明显的区别。核糖体的成分可以通过化学方法测定,结果如表 5-1 所示。

表 5-1　原核细胞和真核细胞核糖体的成分比较

种　类		相对分子质量	rRNA		蛋白质 种　类
			大小/S	长度/bp	
原核细胞	70S 核糖体	2 700 000			55
	50S 亚基	1 800 000	23	3 000	34
			5	120	
	30S 亚基	900 000	16	1 500	21
真核细胞	80S 核糖体	4 500 000			82
	60S 亚基	3 000 000	28	5 000	49
			5.8	160	
			5	120	
	40S 亚基	1 500 000	18	2 000	33

线粒体核糖体存在于真核细胞线粒体内,负责完成线粒体内的翻译过程。线粒体核糖体的沉降系数介于 55~56S,是已发现的沉降系数最小的核糖体。常见的线粒体核糖体由 28S 小亚基和 39S 大亚基组成。此类核糖体中,rRNA 约占 25%,蛋白质约占 75%,是已发现的蛋白质含量最高的一类核糖体。叶绿体的核糖体与原核生物的核糖体基本一致。

二、核糖体的结构

70S 和 80S 核糖体均由大小不同的两个亚单位构成,分别称为大亚基和小亚基。核糖体大、小亚基在细胞内常常分开,游离于细胞质基质中,只有当小亚基与 mRNA 结合后,大亚基才与小亚基结合形成完整的核糖体。在蛋白质合成过程中,多个核糖体串联在 mRNA 上形成多聚核糖体,肽链合成终止后,大、小亚基解离,又游离于细胞质基质中。

电镜下观察,核糖体的大亚基略呈圆锥形,上部扁平,下部略尖圆,有一侧伸出三个突起,中央为一凹陷的窄沟。小亚基为长条形,1/3 处有一细的缢痕,形似葫芦,一面略凸一面略凹。大、小亚基结合,凹陷部彼此对应形成一个隧道,在多肽链合成过程中用于 mRNA 通过。在大亚基中有一条垂直于隧道的通道,用于新合成多肽链的释放(图 5-1)。

实验证明,核糖体是一种自组装的结构。把拆开的大肠杆菌核糖体的 30S 小亚基的 21 种蛋白质与 16SrRNA 在体外混合后重新装配成 30S 小亚基,然后把重建的小亚基同 50S 大亚基以及其他辅助因子混合后,进行蛋白质合成实验,发现重建的核糖体仍具有生物活性,能催化氨基酸加入到多肽链中。

真核生物核糖体大、小亚基的装配地点在细胞核的核仁部位,原核生物核糖体亚基的装配则在细胞质。核糖体蛋白质和 rRNA 在组装形成核糖体大、小亚基的过程中,单链的 rRNA 分子首先折叠成复杂的三维结构,组成大、小亚基的骨架,构成核糖体的多种蛋白质分子与 rRNA 特异性识别后自动组装到骨架上,构成严格有序的超分子结构——大、小亚基(图 5-2)。体外实验表明 Mg^{2+} 对

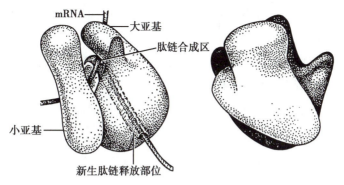

图 5-1 不同侧面观的核糖体立体结构示意图

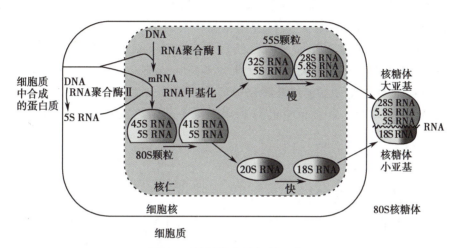

图 5-2 核糖体自体组装示意图

大、小亚基的聚合有很大影响,当 Mg^{2+} 浓度小于 1mmol/L 时,大、小亚基易解离;当 Mg^{2+} 浓度升高时,大、小亚基聚合成核糖体;当 Mg^{2+} 浓度大于 10mmol/L 时,核糖体单体聚合成二聚体。

核糖体上有多个与蛋白质合成有关的功能活性部位,主要有:①供体部位,也称为 P 位,主要位于小亚基上,是肽酰-tRNA 结合的位置。②受体部位,也称为 A 位,主要位于大亚基上,是氨酰-tRNA 结合的部位。③转肽酶的结合部位,位于大亚基上,其作用是在肽链合成过程中催化氨基酸间的脱水缩合反应而形成肽链。④GTP 酶活性部位,GTP 酶又称为转位酶,能分解 GTP 分子,并将肽酰-tRNA 由 A 位转到 P 位。⑤mRNA 结合位点,位于小亚基上,原核生物小亚基 16S rRNA 的 3′端的特殊序列能识别 mRNA 上的 SD 序列(核糖体在 mRNA 上的结合位点),真核生物核糖体小亚基的专一位点识别 mRNA 5′端的甲基化帽子结构(图 5-3)。

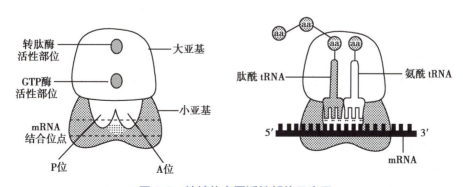

图 5-3 核糖体主要活性部位示意图

第二节　核糖体的功能

核糖体是细胞合成蛋白质的场所,其功能是以 mRNA 为模板把 mRNA 所携带的遗传信息精准而高效地翻译为氨基酸的合成序列——多肽链。

一、蛋白质分子的生物合成过程

蛋白质分子的生物合成过程是一个复杂而精密的系统工程。细胞将全部生命信息以基因和遗传密码的形式储存在 DNA 的碱基排列顺序中,根据生命活动需要进行基因的表达,即蛋白质分子的生物合成。蛋白质合成过程需要 200 多种生物大分子参加,包括核糖体、mRNA、tRNA 及多种蛋白质因子。蛋白质分子的生物合成过程如下:

1. RNA 的合成(转录)　以 DNA 上的基因序列为模板合成 RNA 的过程称为转录,即把 DNA 上基因的碱基序列根据碱基配对原则转录为 RNA 的碱基序列。结构基因转录产物经加工后成为 mRNA,RNA 基因转录形成 tRNA、rRNA,它们共同参与蛋白质的生物合成。

2. 蛋白质的生物合成(翻译)　核糖体利用氨酰-tRNA 读取 mRNA 上的遗传密码,将遗传密码依次连续转变为多肽链中氨基酸排列顺序的过程称为翻译。mRNA 上每三个相邻的碱基组成一个密码子,每一个密码子(终止密码子除外)决定一个特定的氨基酸,密码子的排列顺序就决定了多肽链中氨基酸的排列顺序。核糖体上的两个特定位置能将两个 tRNA 转运来的氨基酸缩合形成肽,随着核糖体沿着 mRNA 移动,肽不断延长形成多肽链。多肽链合成结束后再经过修饰加工,就形成了有生物活性的蛋白质。

二、核糖体与蛋白质合成

在核糖体上进行的蛋白质合成过程可分为起始、延伸和终止三个阶段。

1. 起始　在各种起始因子作用下,核糖体的大、小亚基,起始氨酰-tRNA 和 mRNA 装配成核糖体起始复合物。原核细胞与真核细胞形成的翻译起始复合物略有不同,原核细胞中为甲酰甲硫氨酰-tRNA,而真核细胞中为甲硫氨酰-tRNA。起始复合物生成后,P 位被起始氨酰-tRNA 占据而 A 位留空,准备第二位氨酰-tRNA 的进入。在这个过程中,真核细胞要比原核细胞更为复杂。

tRNA 是氨基酸的运载工具,其反密码子环上有 1 个由 3 个碱基组成的反密码子,与 mRNA 上的密码子互补。因此 tRNA 能够识别 mRNA 上的密码子,从而将对应的活化氨基酸运送到核糖体相应位置以合成多肽链。

2. 延伸 肽链的延伸过程分为进位、成肽及转位三个阶段。

(1)进位:指各种氨酰-tRNA 按照 mRNA 上密码子的顺序逐个进入核糖体 A 位的过程。

(2)成肽:指在转肽酶的作用下,P 位上甲酰甲硫氨酸(原核生物)或甲硫氨酸(真核生物)的 α-羧基与 A 位上氨酰-tRNA 上的氨基酸的 α-氨基形成肽键,将 P 位上的氨基酸与 A 位上的氨基酸连接在一起的化学过程。随即 P 位上的 tRNA 变为空载并从核糖体上释放,而 A 位上为携带二肽的 tRNA。

(3)转位:指在转位酶的作用下,核糖体沿 mRNA5′→3′方向移动 1 个密码子,A 位上的肽酰-tRNA 进入 P 位、A 位腾空的过程。腾空的 A 位可接受下一个氨酰-tRNA 进入。

以上过程重复进行,使肽链不断延长,不断延长的肽链逐渐从核糖体大亚基垂直隧道中伸出,直至肽链合成终止。延伸过程需要 GTP、Mg^{2+} 和多种延长因子参与。

3. 终止 当肽链延伸到 A 位出现 mRNA 终止密码子时,由于没有相应的氨酰-tRNA 与之结合,在各种释放因子的作用下,核糖体从 mRNA 脱离下来,肽链合成终止(图 5-4),大、小亚基解聚,重新进入新的循环。

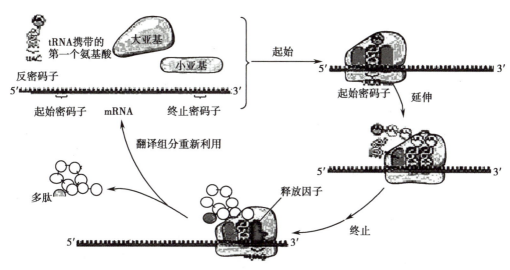

图 5-4 蛋白质合成示意图

细胞在进行蛋白质合成时,核糖体并不是单个独立地执行功能,而是由多个甚至几十个核糖体串联在一条 mRNA 上形成念珠状结构,称为多聚核糖体(polyribosome)。多聚核糖体中每一个核糖体都在执行同一功能,相邻两个核糖体之间距离 5~15nm,即在 mRNA 链上每隔约 80 个核苷酸即附有 1 个核糖体,大大提高了蛋白质的合成效率。

游离核糖体和附着核糖体都能合成蛋白质,但它们合成的蛋白质的用途与去向不同。游离核糖体合成的是胞内蛋白,供细胞本身使用,如构成细胞骨架、染色体上的蛋白质、细胞质基质蛋白质(如酶等)。附着核糖体主要合成分泌蛋白质,可向细胞外分泌,如激素、抗体等;也可合成膜结构蛋白,如跨膜蛋白等;还可合成供其他细胞器使用的蛋白质,如溶酶体的各种水解酶等。随着分子生物学的发展,核糖体的概念有了进一步的补充,细胞内除了从事蛋白质合成的核糖体外,还有许多由小分子的 RNA 与蛋白质组成的颗粒——核糖核蛋白体颗粒,它们参与 RNA 的加工、RNA 的编辑、基因表达的调控等,进一步阐明和提示了生命的本质以及生物界的辩证统一性。

(李睿坤)

1. 简述核糖体的主要活性位点及其功能。

2. 试比较原核生物核糖体与真核生物核糖体在结构组分及蛋白质合成上的异同点。

练习题

3. 简述核糖体在蛋白质合成过程中的作用。

4. 结合核糖体的功能，谈一谈核糖体研究在药物研发中的作用。

第六章 | 线 粒 体

ER 6-1 教学课件

ER 6-2 思维导图

学习目标

1. 掌握线粒体的形态、数目、化学组成和分布,线粒体的超微结构,线粒体的功能。
2. 熟悉线粒体的遗传特性。
3. 了解线粒体与疾病。
4. 学会使用普通光学显微镜观察线粒体的形态和结构。
5. 具有团结合作与奉献精神,立足岗位,奉献社会,立志为人民健康事业不懈奋斗。

情境导入

患者,女,66 岁,左上肢不自主抖动、动作迟缓已 5 年,记忆力下降,近半年病情加重。颅脑磁共振成像(MRI)检查显示多发腔隙性脑梗死。诊断:帕金森病。

请思考:
1. 帕金森病的发生与人基底神经节细胞线粒体基因突变有何相关性?
2. 线粒体 DNA 具有哪些遗传学特性?

线粒体(mitochondrion)是除原核细胞和哺乳动物成熟的红细胞外,普遍存在于真核细胞中的一种重要细胞器。线粒体是细胞生物氧化和能量转换的主要场所,细胞生命活动所需能量的 80% 由线粒体提供,因此线粒体被喻为细胞的"动力工厂"。此外,线粒体还与细胞中氧自由基的生成、细胞内多种离子的跨膜转运、信号转导、电解质稳态平衡的调控以及细胞凋亡等有关。

知识链接

线粒体的发现

1894 年,生物学家奥尔特曼(Altmann)在动物细胞中发现一种粒状、棒状结构,将其描述为生命小体。1897 年,本达(Benda)将这些结构命名为线粒体。1963 年,纳斯(Nass)发现在鸡卵母细胞线粒体中存在 DNA。后来研究者证实在真核细胞的线粒体中广泛存在着线粒体 DNA(mtDNA),线粒体有独立的蛋白质合成体系,能合成自身所需的少数蛋白质。临床上已发现人类有多种疾病与线粒体 DNA 的突变有关。线粒体的研究已成为生命科学中的一个前沿领域。

第一节　线粒体的形态、数目、化学组成和分布

一、线粒体的形态

光镜下，线粒体的形态一般呈线状、粒状、杆状等，并可随生物种类和生理状态的不同而发生改变。如细胞处于低渗环境下，线粒体膨胀呈颗粒状；细胞在高渗环境中，线粒体则伸长为线状。线粒体的直径一般为 0.5~1.0μm，长 1.5~3.0μm，线粒体的大小因细胞种类的不同而不同。如在骨骼肌细胞中有时可出现巨大线粒体，长达 8~10μm。

二、线粒体的数目

在不同生物种类、不同组织器官的细胞中或同一细胞在不同的生理状态下，线粒体的数目变化很大。如哺乳动物的肝细胞中有 800~2 000 个线粒体，肝癌细胞线粒体数目明显减少，成熟的红细胞没有线粒体。一般来讲，新陈代谢旺盛的细胞中线粒体较多，反之则线粒体较少。例如，人和哺乳动物的心肌细胞、肝细胞、骨骼肌细胞、胃壁细胞中线粒体较多，而精子、淋巴细胞、上皮细胞的线粒体较少。动物细胞的线粒体比植物细胞的线粒体多。

三、线粒体的化学组成

线粒体的化学成分主要是蛋白质和脂类。蛋白质含量占线粒体干重的 65%~70%，可分为两类：一类是可溶性蛋白，包括分布在基质中的酶和膜上的外周蛋白；另一类是不溶性蛋白，为膜结构蛋白或膜镶嵌酶蛋白。脂类占线粒体干重的 25%~30%，其中 90% 是磷脂，还有少量胆固醇等。脂类在线粒体外膜和内膜上的分布不同，外膜的磷脂总量比内膜高 3 倍，磷脂的种类包括磷脂酰胆碱（卵磷脂）、磷脂酰乙醇胺（脑磷脂）、磷脂酰肌醇，外膜的胆固醇含量比内膜高 6 倍；而内膜主要含心磷脂（占 20%），胆固醇含量极低，这与内膜的高度疏水性有关。线粒体外膜、内膜在化学组成上的根本差异在于蛋白质与脂类含量的比值不同，外膜约为 1：1，内膜约为 1：0.25。此外，线粒体还含有环状 DNA 和完整的遗传系统、核糖体、多种辅酶（如 CoQ、FMN、FAD、NAD^+ 等）、维生素、金属离子、水等。

线粒体中已分离出 120 多种酶，是细胞中含酶最多的细胞器。其中氧化还原酶约占 37%，连接酶占 10%，水解酶占 9% 以下，标志酶约有 30 种。这些酶分别位于线粒体的不同部位，在线粒体行使细胞氧化功能时起重要作用。外膜中含有合成线粒体脂类的酶类，内膜中含有执行呼吸链氧化反应的酶系和 ATP 合成的酶系，基质中含有参与三羧酸循环、丙酮酸与脂肪酸氧化的酶系，以及蛋白质与核酸合成酶等多种酶类。有些酶可作为线粒体不同部位的标志酶，如外膜、内膜、膜间腔、基质的标志酶分别是单胺氧化酶、细胞色素氧化酶、腺苷酸激酶和苹果酸脱氢酶。

四、线粒体的分布

线粒体在细胞内的分布与细胞类型和生理活动有关。线粒体通常聚集在代谢活动旺盛的区域，如蛋白质合成活跃的细胞，线粒体主要分布在粗面内质网周围；细胞有丝分裂时，线粒体主要集中在纺锤丝周围，分裂结束后线粒体分配到两个子细胞中；横纹肌细胞中的线粒体沿肌原纤维排布，以保证肌肉收缩时的能量供给；精子的线粒体围绕鞭毛中轴紧密排列，精子的运动依靠线粒体产生的 ATP 供给能量。

第二节　线粒体的结构和功能

一、线粒体的结构

电镜下，线粒体是由内、外两层单位膜包围而成的封闭的囊状结构，由外向内可划分为外膜、膜间腔、内膜和基质腔四个功能区（图 6-1）。

（一）外膜

线粒体外膜是包围在线粒体最外面的一层单位膜，厚 5~7nm，光滑平整。外膜中的脂类和蛋白质各占 50%，膜上有排列整齐的筒状圆柱体，其成分是孔蛋白，圆柱体中央有直径 2~3nm 的小孔。这种膜结构决定了外膜有较高的通透性，分子量在 10 000 以下的小分子物质如 ATP、NAD^+、辅酶 A、水、蔗糖及质子等均可自由通过。外膜具有界膜的作用，同时含有一些特殊的酶类，如参与脂肪酸链延伸和色氨酸降解的酶，使外膜能够参与膜磷脂的合成，同时还可对需彻底氧化分解的物质进行初步的分解。

（二）膜间腔

膜间腔是线粒体内外膜之间的腔隙，宽 6~8nm，其中充满无定形物质，含有许多可溶性酶、底物和辅助因子。

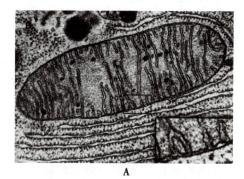

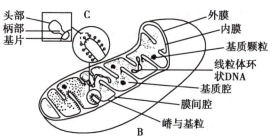

图 6-1　线粒体的形态结构示意图

A. 线粒体电镜照片；B. 超微结构模式图；C. 嵴的超微结构模式图。

（三）内膜

线粒体内膜位于外膜内侧，由一层单位膜组成，厚约 4.5nm。内膜中的脂类占 20%、蛋白质占 80%。与外膜相比，内膜的通透性很低，只允许不带电荷的小分子物质通过，分子量大于 150 的物质便不能通过。内膜有高度的选择通透性，如 H^+、ATP、丙酮酸、大分子物质和离子等必须借助内膜上特殊的载体蛋白进行运输。内膜蛋白质含量高，部分蛋白质为线粒体电子传递链的成分，在能量转换中起主要作用。

1. 嵴　线粒体的内膜向内折叠形成的结构称为线粒体嵴（mitochondrial cristae）。嵴的排列方式有板层状和管状两种。高等动物细胞线粒体嵴大多为板层状，相互平行且与线粒体长轴垂直，如胰腺细胞；而人白细胞线粒体嵴则为分支管状。嵴使内膜的表面积大大增加，这对线粒体进行高速率生化反应是非常重要的。线粒体嵴的形状、数量与细胞种类和生理状况密切相关。一般而言，需要能量较多的细胞，不仅线粒体多，嵴的数量也多。

2. 基粒　线粒体内膜及嵴的基质面上规则排列着大量带柄的球状小体称为基粒（elementary particle）。每个线粒体有 10^4~10^5 个基粒，基粒与内膜表面垂直，基粒间相距约 10nm。基粒由多种蛋白质亚基组成，可分为头部、柄部和基片三部分。基粒能催化 ADP 磷酸化形成 ATP，又称为 ATP 酶复合体（也称为 F_0F_1 偶联因子），是偶联磷酸化的关键装置（图 6-2）。

（1）头部：头部也称为偶联因子 F_1，呈球形凸出于内膜表面，是由五种亚基组成的水溶性复合体（$\alpha_3\beta_3\gamma\delta\varepsilon$）。头部含有可溶性

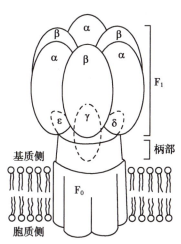

图 6-2　ATP 酶复合体组成示意图

ATP 酶,可催化 ATP 的合成。当头部单独存在时,具有分解 ATP 的能力;当头部通过柄部与基片相连时,功能则是合成 ATP。此外,头部还含有一个热稳定的小分子蛋白——F_1 抑制蛋白,该蛋白对 ATP 酶复合体的活性具有调节作用,它与偶联因子 F_1 结合可抑制 ATP 的合成。

（2）**柄部**:柄部是一种对寡霉素敏感的蛋白质——寡霉素敏感相关蛋白（OSCP）,连接头部与基片,其作用是调控质子（H^+）通道。OSCP 能与寡霉素特异结合并使寡霉素的解偶联作用得以发挥,从而抑制 ATP 合成。

ER 6-3

微课:
认识基粒

（3）**基片**:基片也称为偶联因子 F_0,是由至少四种多肽组成的疏水性蛋白质复合体。偶联因子 F_0 镶嵌于内膜的脂质双层中,不仅起连接 F_1 与内膜的作用,而且还是质子（H^+）流向 F_1 的穿膜通道。

（四）基质腔

由内膜和嵴围成的内部空间称为基质腔或内室,其内充满电子密度低的物质称为基质。基质是含有脂类和可溶性蛋白质的胶状物,存在着与三羧酸循环、脂肪酸氧化、氨基酸分解、核酸合成和蛋白质合成等有关的酶系,还含有线粒体独特的双链环状 DNA、mRNA、tRNA 及核糖体。此外,基质中的一些较大的致密颗粒称为基质颗粒,内含 Ca^{2+}、Mg^{2+}、Fe^{2+} 等二价阳离子,这些基质颗粒可能具有调节线粒体内部离子环境的功能。

二、线粒体的功能

线粒体是糖类、脂肪和蛋白质最终氧化并释放能量（ATP）的场所。线粒体的主要功能是进行氧化磷酸化,合成 ATP,为细胞生命活动提供能量。细胞氧化（cellular oxidation）是指细胞依靠酶的催化作用,将细胞内各种供能物质彻底氧化并释放出能量的过程。由于细胞氧化过程中要消耗 O_2,并放出 CO_2,所以又称为细胞呼吸。

人体摄取的蛋白质、糖类和脂类等大分子物质,经过消化,分解成氨基酸、单糖、脂肪酸和甘油等小分子物质,进入细胞后,再参与细胞的氧化过程。以葡萄糖氧化为例,从糖酵解到 ATP 的形成是一个复杂的过程,大体可分为三个步骤,即糖酵解、三羧酸循环、电子传递和氧化磷酸化,最终葡萄糖被彻底氧化分解为 CO_2 和 H_2O,释放能量,生成 ATP（图 6-3）。蛋白质和脂肪的彻底氧化只在第一步中与糖有所区别。可见,线粒体是细胞的能量转化器。

线粒体是细胞有氧呼吸和能量储存供给的场所。细胞内的能源物质经线粒体彻底氧化分解后,可释放出大量的能量并储存在 ATP 分子中,随时为细胞的新陈代谢、分裂、运动、物质合成、神经传导、主动运输、生物发光等活动提供能量。生物体内 80% 以上的能量来自线粒体的氧化作用,因此线粒体是细胞的供能中心。

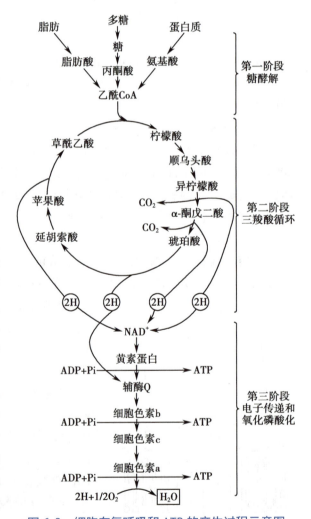

图 6-3 细胞有氧呼吸和 ATP 的产生过程示意图

第三节　线粒体的遗传特性

线粒体是真核细胞除细胞核之外唯一含有遗传物质 DNA 的细胞器,线粒体基质中含有双环 DNA 和蛋白质合成系统,即线粒体有自己的遗传系统和转录翻译系统,线粒体遗传具有区别于细胞核 DNA 的遗传特性。

一、mtDNA 具有半自主性

线粒体的基因组称为线粒体基因组(mitochondrial genome)。线粒体的基因组只有一个裸露的双链环状 DNA 分子,称为线粒体 DNA(mitochondrial DNA,mtDNA)。mtDNA 由 16 569 个碱基对(bp)组成,双链中一条为重链(H),一条为轻链(L),共含有 37 个基因,分别编码 2 种 rRNA、22 种 tRNA 和 13 种多肽链(图 6-4)。一个线粒体含有一个或数个 mtDNA 分子。

mtDNA 具有自我复制能力,以自身为模板,进行半保留复制。mtDNA 复制与细胞核 DNA 复制时间不是同步的,不局限于 S 期,而是贯穿于整个细胞周期。mtDNA

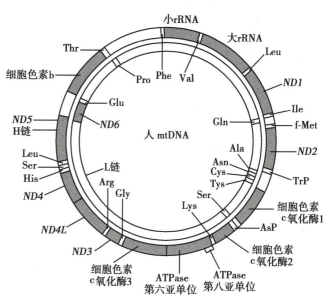

图 6-4　人类线粒体基因组示意图

的复制周期与线粒体增殖平行,从而保证了线粒体本身的 DNA 在生命过程中的连续性。

> **知识链接**
>
> ### 线粒体的蛋白质合成
>
> 线粒体的核糖体大小因生物种类的不同而不同,如酵母菌细胞线粒体的核糖体为 70~80S,动物细胞线粒体的核糖体为 50~60S。线粒体 mRNA 转录和翻译几乎在同一时间和地点进行,且起始氨基酸为甲酰甲硫氨酸。mtDNA 所用的遗传密码表与通用的核遗传密码表不完全相同,如 UGA 在核编码系统中为终止信号,但在人类细胞线粒体编码系统中是编码色氨酸。mtDNA 主要编码线粒体的 tRNA、rRNA 和少量线粒体蛋白质(如电子传递链酶复合体的亚基、ATP 酶亚单位等),线粒体中的大多数酶或蛋白质仍由核基因编码,在细胞质核糖体中合成后转运到线粒体中,参与线粒体蛋白质的组成。

mtDNA 的 37 个基因能够根据细胞生命活动需要进行自主表达,转录、翻译合成 13 种多肽链,但线粒体自主性是有限的。线粒体 DNA 的遗传信息量小,合成的蛋白质约占线粒体全部蛋白质的 10%,线粒体的大多数酶和蛋白质依赖于核基因编码。而且,线粒体的复制、转录和翻译还受核遗传系统的指导和控制。也就是说,线粒体的生长和增殖受核基因组和自身基因组两套遗传系统的控制。因此,线粒体在遗传上是一种半自主性的细胞器。

二、mtDNA 为母系遗传

人类受精卵中的线粒体绝大部分来自卵细胞,即来自母系,这种遗传方式称为母系遗传(maternal inheritance)。母亲将她的 mtDNA 传给她所有的子女,她的女儿又将其 mtDNA 传给下一代,而她的儿子则不能将其 mtDNA 传给下一代。发生在生殖细胞系中的 mtDNA 突变能通过女儿传递给子代,引起母系家族性疾病。

三、mtDNA 突变具有阈值效应

mtDNA 突变数目达到一定比例时,才可引起某组织或器官的功能异常而出现临床症状,这就是阈值效应(threshold effect)。因 mtDNA 突变致病的患者,其表型与氧化磷酸化缺陷的严重程度、各组织器官对能量的依赖性密切相关。不同的组织和器官对能量的依赖程度是不同的,其阈值效应也表现出相应的差异,如脑、骨骼肌、心脏、肾脏、肝脏等器官对能量的依赖度依次降低。这样,当线粒体中 ATP 产生减少时,最先受损的是中枢神经系统,其后为肌肉、心脏、胰腺、肾脏和肝脏。现已证实人的衰老也与 mtDNA 突变的积累成正相关。

四、mtDNA 的突变率高

与细胞核 DNA 相比,mtDNA 分子上无核苷酸结合蛋白,缺少组蛋白的保护,基因间没有间隔甚至重叠,且在线粒体内无 DNA 损伤修复系统,因此 mtDNA 突变率比细胞核内 DNA 要高 10~20 倍。这种高突变率造成个体及群体中 mtDNA 序列差异较大。比较任意两人的 mtDNA,平均每 1 000 个碱基对中就有 4 个不同。人群中含有多种中性至中度有害的 mtDNA 突变,高度有害的 mtDNA 突变也会不断增多。不过有害的突变基因常因选择而被清除,故突变的 mtDNA 基因虽然普遍,但线粒体遗传病却并不常见。

第四节　线粒体与疾病

线粒体是一种结构和功能复杂且敏感多变的细胞器。当细胞内外环境因素改变时,线粒体的数量、结构及代谢反应等均可发生明显的变化。因此,线粒体作为细胞病变或损伤时最敏感的指标之一,是分子细胞病理学检查的重要依据。在病理状态下,常见线粒体的数目和结构改变。如心瓣膜病或心肌和骨骼肌功能亢进时,线粒体增生;在中毒或缺氧导致急性细胞损伤时,线粒体常因崩解和自溶而使数目减少,同时结构也发生变化,嵴被破坏,在基质或嵴内可形成病理性内含物;缺氧、辐射、各种毒素和渗透压改变都可引起线粒体变大变圆而肿胀。线粒体疾病种类很多,原因各不相同。一部分线粒体疾病完全是由于 mtDNA 异常引起的,如莱伯遗传性视神经病变、肌阵挛性癫痫伴碎红纤维综合征等;还有一部分疾病,如糖尿病、骨质疏松症、阿尔茨海默病、帕金森病等,其发病原因可能部分与线粒体异常有关。

一、线粒体 DNA 突变与常见线粒体遗传病

mtDNA 易受各类诱变因素影响而发生突变,突变可发生在所有组织细胞中,包括体细胞和生殖细胞。mtDNA 突变类型主要有碱基突变、缺失、插入突变和拷贝数目突变等。因 mtDNA 突变所致的疾病称为线粒体遗传病,现已发现的线粒体遗传病有 100 余种。

(一)莱伯遗传性视神经病变

莱伯遗传性视神经病变(Leber hereditary optic neuropathy)也称遗传性视神经萎缩,是一种由母性遗传的视网膜神经节细胞和轴突退化性疾病,这种退化导致急性或亚急性的中心视觉丧失。典型的莱伯遗传性视神经病变首发症状为视觉模糊,随后会出现无痛性的完全失明或几乎完全失明。通常两只眼睛同时受累,或一只眼睛失明后,另一只眼睛也很快失明。该病变从儿童时期至 70 多岁都可发病,但 20~30 岁发病最为常见,病因是编码线粒体蛋白的基因发生了错义突变,直接或间接导致莱伯遗传性视神经病变发生。

（二）肌阵挛性癫痫伴破碎红纤维综合征

肌阵挛性癫痫伴破碎红纤维综合征（myoclonic epilepsy associated with ragged red fiber，MERRF）是一种异质性线粒体病，具有明显的母系遗传特点，表现为多系统紊乱的症状，包括肌阵痉挛性癫痫的短暂发作、不能协调的肌肉运动、肌细胞减少、轻度痴呆、耳聋、脊髓神经退化等，初次发病一般在童年，病情可持续若干年。大多数肌阵挛性癫痫伴破碎红纤维综合征的病因是神经细胞和肌肉细胞的线粒体基因组 tRNA^{Lys} 基因点突变使得特定核苷酸变异。

（三）帕金森病

帕金森病（Parkinson disease，PD）又称震颤麻痹，是一种老年发病的运动失调症，表现为四肢震颤、运动迟缓等症状，少数患者有痴呆症状。患者脑组织尤其是黑质中存在 mtDNA 缺失，且缺失往往是杂质性的。一般认为，mtDNA 缺失是体细胞突变所致。

（四）线粒体脑肌病伴高乳酸血症和卒中样发作

线粒体脑肌病伴高乳酸血症和卒中样发作（mitochondrial encephalomyopathy with lactic acidosis and stroke-like episode，MELAS）是常见的母系遗传线粒体疾病之一。临床表现为 40 岁前开始的复发性休克、肌病、共济失调、肌痉挛、痴呆和耳聋，少数患者出现反复呕吐、周期性偏头痛、糖尿病、眼外肌无力或麻痹伴眼睑下垂、肌无力、身材矮小等。该疾病发生机制在于线粒体 tRNA 基因突变。

二、线粒体组成成分与疾病治疗

线粒体是细胞的能量代谢中心，其各组成成分在疾病治疗中发挥着很大的辅助作用，临床上应用较多的是线粒体内膜上的一些结合蛋白质。例如，细胞色素 C 是电子传递系统中的重要成分，在一氧化碳中毒、新生儿窒息、高山缺氧、肺功能不全、心肌炎及心绞痛等疾病的治疗中可作为治疗组织缺氧的药物；辅酶 Q 是治疗肌肉萎缩症、牙周病和高血压以及急性黄疸性肝炎的辅助药物；NAD$^+$可用于治疗进行性肌萎缩和肝炎等疾病。

（祝继英）

思考题

1. 简述线粒体的超微结构和主要特点。
2. 线粒体的遗传特性有哪些？
3. 线粒体的主要功能是什么？

ER 6-4

练习题

第七章 | 细胞骨架

教学课件

思维导图

情境导入

单细胞生物形态万千,运动方式各异;多细胞生物的不同物种和组织细胞的形态也千差万别,细胞的运动方式亦多种多样。例如,肌细胞能够强力收缩,精子靠一根鞭毛游动,卵细胞能顺滑地通过长长的输卵管进入子宫,肺气管上皮细胞的纤毛可以有规律地摆动,白细胞在机体血管和组织中穿行游走并吞噬外来入侵的病菌……。还有细胞内的各种细胞器能够相对分散的分布而有时聚集在一起,细胞分裂时染色体可以准确无误地分配给子细胞等。

请思考:

1. 细胞是如何维持形态和结构稳定的?
2. 细胞是如何进行变形和运动的?
3. 没有细胞骨架的细胞和机体会是什么样子?

细胞骨架(cytoskeleton)是由蛋白纤维交织而成的立体网架结构,是细胞的重要细胞器。真核细胞的细胞骨架由微管、微丝和中间纤维组成。20世纪70年代在真核细胞的细胞核中又发现另一类骨架系统,称为核骨架,它们与中间纤维在结构上互相连接,形成贯穿于细胞核和细胞质的统一网络体系。细胞骨架对于维持细胞形态和细胞内部结构的有序性,以及细胞运动、物质定向运输、能量转换、信息传递等方面起着重要作用。当前,细胞骨架的研究已成为细胞生物学中最为活跃的领域之一。

第一节 微 管

微管(microtubule,MT)是真核细胞普遍存在的结构。大多数微管见于细胞质内,同时,它们又是纤毛、鞭毛及中心粒的组成部分。

一、微管的化学组成和结构

微管是一种不分支的中空管状结构,管的外径约为25nm,内径约为15nm。不同细胞中微管长度差异很大,一般仅长几微米,但在某些特化细胞,如中枢神经系统的运动神经元中,微管可长达数厘米。

组成微管的主要化学成分是微管蛋白,微管蛋白为酸性蛋白,包括 α 微管蛋白和 β 微管蛋白,两者大小相近,均为球形蛋白。在细胞质中,微管蛋白通常以较稳定的异二聚体形式存在,否则极易被降解。由 α 和 β 两种微管蛋白结合形成的 α、β 微管蛋白异二聚体是微管组装的基本结构单位。研究表明,α、β 微管蛋白异二聚体上含有二价阳离子(Mg^{2+} 与 Ca^{2+})、鸟嘌呤核苷酸(GTP 与 GDP)、秋水仙素和长春花碱的结合位点。它们在微管组装与解聚的调节过程中具有重要的作用。

近年来新发现了第三种微管蛋白即 γ 微管蛋白,此种蛋白质只占微管蛋白总含量的不到 1%,存在于中心粒周围基质中。它可促进微管组装的成核作用,稳定微管的负端结构。

微管的管壁是由 α、β 微管蛋白异二聚体首先首尾相接,连接成为具有正(β 端)、负(α 端)之分的极性链状原纤维,然后 13 根原纤维同向侧面结合围成中空的微管(图 7-1)。由于原纤维的两端是不对称的,所以整个微管具有一定的方向性或极性,并且伴随着微管两端组装速度的不同,正极生长得快,负极生长得慢。

微管在细胞质中有三种存在形式,即单管微管、二联管微管和三联管微管,它们各自执行不同的功能。

单管微管是胞质中最常见的存在形式,由 13 根原纤维环围而成。随细胞功能状态的变化,单管微管可以单体形式分散于细胞质中,也可相互聚集成束或者依一定方式定向排列,构成执行某种专一功能的临时性胞内结构。由于单管微管容易受到低温、Ca^{2+} 和秋水仙素等诸多因素的影响而发生解聚,并随细胞生理活动的改变,处于不断地组装、聚合与解聚的动态变化之中,因此单管微管属于不稳定型微管,如纺锤丝微管。

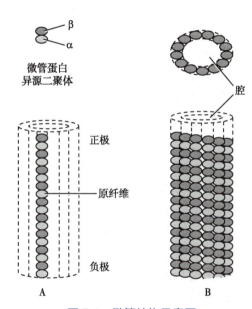

图 7-1　微管结构示意图

二联管微管由 A、B 两根单管组成,A 管有 13 根原纤维,B 管与 A 管在相连接处共用 3 根原纤维,主要构成鞭毛和纤毛的周围小管。

三联管微管由 A、B、C 三根单管组成,A 管与 B 管、B 管与 C 管两两之间分别共用 3 根原纤维,主要分布于中心粒及鞭毛和纤毛的基体中(图 7-2,图 7-3)。

二联管微管和三联管微管通常不易受低温、Ca^{2+} 及秋水仙素等的影响,不易发生解聚,因此二联管微管和三联管微管属于细胞内稳定型微管。

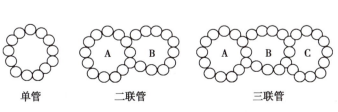

图 7-2　微管的三种存在形式示意图

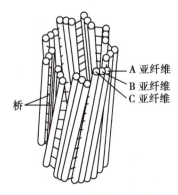

图 7-3　中心粒结构示意图

二、微管的组装

微管的组装是一个受到多种因素影响、具有高度时空顺序性的自我调控过程。

(一) 微管组装的条件和影响因素

体外研究证明,微管蛋白浓度是影响微管组装的关键因素之一。只有当微管蛋白达到一定浓度时,才可进行微管的聚合组装。微管蛋白聚合与微管组装时必须达到的最低微管蛋白浓度称为临界浓度。临界浓度值大约为 1mg/ml,临界浓度可随温度及其他聚合、组装条件的变化而改变。

除微管蛋白浓度外,目前还发现较高的 Mg^{2+} 浓度、适当的 pH(约 6.9)、合适的温度(>20℃)及 GTP 的水平等,均为微管组装的必要条件。相反,温度小于 4℃、较高的 Ca^{2+} 浓度、秋水仙素与长春花碱等都可抑制微管的聚合组装,甚至促使微管解体。

(二) 微管蛋白合成与微管组装的体内调控

微管蛋白的体内合成是一个自我调节的过程,当微管蛋白达到一定浓度时,多余的微管蛋白单体便可结合于合成微管蛋白的核糖体上,导致编码微管蛋白的 mRNA 降解。微管的组装受细胞周期的调控,间期细胞中微管与微管蛋白处于一种相对平衡的状态;有丝分裂前期表现为细胞质微管网络中的微管解体和细胞质中游离的微管蛋白进行聚合组装为纺锤丝微管,并聚合排列成纺锤体;分裂末期则又发生逆向变化,即纺锤丝微管的解体和网络微管的组装。

(三) 微管的组装过程

微管组装的"踏车"模型认为微管的组装表现为一种动态不稳定性,即在一定条件下微管正端发生组装使微管得以延长,负端发生去组装使微管缩短,当组装的速度和解聚的速度相同时微管的长度保持稳定,即所谓的踏车现象(tread milling)。

微管的组装可分为以下三个时期:

1. 成核期 微管开始组装时,先由 α、β 异二聚体聚合成一个短的丝状核心,然后异二聚体在核心的两端和侧面结合,延伸、扩展成片状结构,当片状结构聚合扩展至 13 根原纤维时便横向卷曲、合拢成管状。由于该期微管蛋白异二聚体的聚合速度缓慢,是微管聚合的限速阶段,也称之为延迟期。

2. 延长期 在这一时期,细胞内高浓度的游离微管蛋白使微管蛋白异二聚体在微管正端的聚合组装速度远远快于负端的解离速度,微管因此而得以生长延长,称之为延长期。

3. 平衡期 随着细胞质中游离微管蛋白浓度的下降,微管在正、负两端的聚合与解聚速度达到平衡,使得微管长度趋于相对稳定状态。

微管的组装是一个消耗能量的过程。异二聚体上有鸟嘌呤核苷酸的两个结合位点,它们可与 GTP 和 GDP 结合。结合有 GTP 的微管蛋白异二聚体组装到微管的末端后,β 亚基上的 GTP 会水解为 GDP,GDP 微管蛋白对微管末端的亲和性小,容易从末端解聚。当结合有 GTP 的微管蛋白异二聚体组装到微管末端的速度大于 GTP 水解的速度时,就会在微管的末端形成 GTP 帽,此时微管趋于生长、延长;当随着微管的组装而使 GTP 微管蛋白异二聚体浓度下降时,微管组装的速度小于 GTP 水解的速度,就会在微管的末端形成 GDP 帽,GDP 微管蛋白异二聚体对微管末端的亲和性弱而很快解离下来,导致微管的解聚、缩短。

三、微管的主要功能

微管的主要功能可归纳为以下几个方面:

1. 构成细胞的网状支架 网状支架用以维持细胞的形态,固定和支持细胞器的位置。用秋水仙素对哺乳动物红细胞进行处理,微管结构的破坏使得红细胞原有的双凹形态变成了球形。观察体外培养细胞发现,围绕细胞核的微管向外呈辐射状分布,不仅提供了细胞机械支持,维持了细胞的形态,也固定了细胞核在细胞中的相对位置。

2. 参与细胞的收缩与变形运动　微管是纤毛和鞭毛等运动细胞器的主体结构成分,变形运动和依赖于鞭毛、纤毛的运动,是单细胞原生动物或多细胞生物体内某些执行特殊功能的单个细胞运动的主要形式。微管不仅与通过细胞质运动变化的细胞变形运动密切相关,而且也是鞭毛、纤毛等特殊运动细胞器的主体结构成分。

3. 参与细胞分裂过程中染色体的位移　最为经典的例证是作为有丝分裂器纺锤体的主要成分,微管在有丝分裂后期,牵引分离的姐妹染色单体移动,并最终到达细胞两极,使得遗传物质得以均等地分配。

4. 参与细胞内大分子颗粒物质及囊泡的定向转运　例如,病毒和色素颗粒在细胞内可沿微管进行快速移动;由高尔基复合体形成的分泌囊泡,常常以分布于该细胞器周围的微管为轨道,定向从细胞近核区向细胞外围转运。

5. 参与细胞内信号转导　神经细胞内的微管与某些信息传递有关,有人认为在电信号转导的同时,微管的介导使细胞内化学物质得到传递,证明微管能进行信号转导。还有人认为质膜上糖脂和跨膜糖蛋白能起到一种"接收天线"的作用,而细胞膜下的微管则作为"导线"连接细胞器和代谢分子共同完成细胞信息传递。这说明微管能进行某些信息传递。

第二节　微　丝

微丝(microfilament,MF)是普遍存在于各种真核细胞内的纤维状结构,直径约为6nm,在有运动功能和不对称形态的细胞中尤为丰富、发达,微丝常成束平行排列或呈网状分布。微丝在一些高度特化的细胞(如肌细胞)中能形成稳定的结构,在非肌细胞中常分布在细胞膜下方,其形态、分布可随细胞活动的需要而发生变化。

微丝有两种主要类型:一种可被细胞松弛素 B 破坏,通常以疏松网状形式分布于细胞膜下;另一种不能被细胞松弛素 B 所破坏,形成鞘或粗纤维。两种微丝在细胞移动时具有不同的功能,但在结构和功能上是相互联系的。

一、微丝的化学组成

1. 肌动蛋白　构成微丝的主要成分是肌动蛋白(actin)。肌动蛋白在细胞内有两种存在形式,一种是肌动蛋白单体,又称为球状肌动蛋白(globular actin,G-actin),一种是由单体组装而成的纤维状肌动蛋白(filamentous actin,F-actin)。肌动蛋白单体分子量为 43 000,外观呈哑铃形,分子的一侧有裂口,具有 Mg^{2+}、K^+、Na^+ 等阳离子和 ATP(或 ADP)结合的位点。

目前,已分离得到的肌动蛋白可分为三类:一类为横纹肌、心肌与血管及肠壁平滑肌细胞所特有的 α 肌动蛋白;另外两类是所有细胞中都有的 β 肌动蛋白和 γ 肌动蛋白。

2. 微丝结合蛋白　微丝结合蛋白(microfilament associated protein)是一类控制着微丝的结构和功能的蛋白质。目前发现的这类蛋白质已超过 40 种,其中有些是特定的细胞类型所特有的,但多数是细胞所共有的。微丝结合蛋白按其功能分为掺入因子、聚合因子、交联蛋白和捆绑蛋白、成核因子和移动因子。

二、微丝的结构与组装

1. 微丝的结构　微丝是一种实心的结构(图 7-4)。在电子显微镜下,单根微丝呈双股螺旋状,每条丝都是由肌动蛋白单体首尾相连螺旋排列而成,每旋转一圈的长度为 37nm,正好为 14 个球状肌动蛋白分子线形聚合的长度。由于肌动蛋白具有极性,所以微丝也有极性,其中结合有 ATP 的一

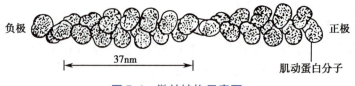

负极 ··· 37nm ··· 正极

肌动蛋白分子

图 7-4　微丝结构示意图

端为负极,而另一端为正极,通常微丝正极组装速度较负极快。

2. 微丝组装的基本过程及影响因素　微丝的组装可分为三个层次,即球状肌动蛋白单体→纤维状肌动蛋白→微丝。

当溶液中含有 ATP、Mg^{2+} 和高浓度的 Na^+、K^+ 时,可诱导肌动蛋白单体聚合组装为纤维状肌动蛋白;而含有 Ca^{2+} 及较低浓度的 Na^+、K^+ 溶液,则会导致微丝解聚为肌动蛋白单体。体外实验证明,微丝的组装也表现出与微管组装相同的"踏车"现象,即肌动蛋白在一端的不断组装使微丝延长,另一端则是肌动蛋白不断地脱落导致微丝缩短。

肌动蛋白也受某些药物分子的影响,主要有细胞松弛素 B 和鬼笔环肽,它们与肌动蛋白特异性结合,会影响微丝的"踏车"平衡。细胞松弛素 B 是真菌分泌的生物碱,是第一个用于研究细胞骨架的药物。细胞松弛素及其衍生物在细胞内通过与微丝的正端结合起抑制微丝聚合的作用。当将细胞松弛素加入活细胞中,肌动蛋白纤维骨架消失,使动物细胞的各种活动瘫痪,包括细胞的移动、吞噬作用、胞质分裂等。鬼笔环肽是从毒蘑菇中分离出来的毒素,它同细胞松弛素的作用相反,它只与聚合的微丝结合,而不与肌动蛋白单体分子结合。同聚合的微丝结合后抑制了微丝的解体,因而破坏了微丝的聚合和解聚的动态平衡。

实际上,在大多数非肌细胞中微丝是一种动态结构,肌动蛋白单体和微丝之间存在着动态平衡。在哺乳动物细胞中,有的微丝是稳定的长久性结构(如肠上皮细胞微绒毛中的轴心微丝),有些则是临时性结构(如胞质分裂环中的微丝)。

三、微丝的功能

作为细胞骨架系统的重要组分,微丝的功能是多方面的,可大致归纳为以下几点:

1. 维持细胞形态　在大多数细胞中,细胞膜下有一层由微丝和微丝结合蛋白组成的网状结构称为细胞皮层。细胞皮层内密布的微丝网络极大地增加了细胞膜的韧性与强度,有助于维持细胞的形态。在细胞中还有一种由大量微丝反向平行排列、积聚成束的稳定纤维结构——应力纤维,该结构通常与细胞长轴平行,并贯穿到细胞长轴的两端,可加大细胞的强度和韧性,维持细胞形态,具有抵抗细胞表面张力的功能。此外,密集存在于小肠上皮细胞游离面的微绒毛,也是聚集成束的微丝及相关的微丝结合蛋白相互作用、共同形成的一种特殊结构。

2. 参与细胞运动　细胞的各种运动,如胞质环流、变形运动、变皱膜运动以及细胞的吞噬活动等都与微丝有关。在机体组织发生炎症时,白细胞以变形运动的方式从血管渗出并向炎症部位游走。在上皮受损修补时,上皮细胞也是以这种运动方式向伤口移动使创伤愈合。

3. 参与肌肉收缩　肌小节是横纹肌收缩的基本单位,电镜下肌小节的明带和暗带中都含有更细的平行排列的肌丝。其中粗肌丝直径约为 10nm、长约 1.5mm,由肌球蛋白组成;细肌丝直径约为 5nm,由肌动蛋白、原肌球蛋白和肌钙蛋白组成,又称为肌动蛋白丝。肌肉的收缩是肌小节的粗、细肌丝相对滑动的结果。

4. 参与细胞分裂　在动物细胞有丝分裂末期的细胞质中,肌动蛋白组装成大量平行排列的微丝,它们在质膜下卷曲形成环状的收缩环。随着收缩环的逐渐收缩,使细胞质缢裂成两部分,形成两个子细胞。

5. 参与细胞内信号转导 微丝可作为某些信息传递的介质。细胞表面的受体在受到外界信号作用时,可触发质膜下肌动蛋白的结构变化,从而启动细胞内激酶变化的信号转导过程。

此外,微丝可能还具有许多尚未认识的重要功能。例如,微丝在细胞的形态发生、细胞的分化、组织的形成等方面的作用近年来已受到广泛的关注。

第三节 中间纤维

中间纤维(intermediate filament,IF)又称为中等纤维或中间丝,其直径约为 10nm,介于微管和微丝之间,因而得名。中间纤维存在于绝大多数动物细胞中,在核膜下形成核纤层,在细胞质中围绕细胞核并伸展到细胞边缘,还可通过细胞连接将相邻细胞连为一体。中间纤维的分布具有严格的组织特异性。与微管和微丝相比,中间纤维更为稳定,既不受细胞松弛素影响,也不受秋水仙素影响。

一、中间纤维的化学组成和类型

组成中间纤维的成分极为复杂,不同种类细胞的中间纤维虽然在结构上表现出相似的特征,但组成成分和功能都有所不同。中间纤维按其组织来源及免疫学性质可分为五种类型。

1. 角蛋白丝 角蛋白丝存在于上皮细胞或外胚层起源的细胞中。

2. 结蛋白丝 结蛋白丝仅含一种多肽,存在于成熟的肌细胞中。

3. 波形蛋白丝 波形蛋白丝含有波形蛋白一种多肽,主要见于间质细胞和中胚层起源的细胞中,如结缔组织细胞、红细胞及淋巴管上皮细胞等。但各种细胞在体外培养时,均会有波形蛋白丝出现。

4. 神经胶质丝 神经胶质丝只出现在中枢神经系统的胶质细胞中。

5. 神经丝 神经丝存在于中枢神经及外周神经系统的神经元中。

近年来,对各类中间丝蛋白质的氨基酸组成和氨基酸顺序的分析过程中,有学者又提出了中间纤维组分的新分类体系。根据氨基酸顺序的同源性,中间丝蛋白质可分为六种类型,分别是:①酸性角蛋白。②中性与碱性角蛋白。③结蛋白、波形蛋白、胶质细胞原纤维酸性蛋白。④神经丝蛋白。⑤核纤层蛋白。⑥巢蛋白。

二、中间纤维的结构与组装

(一) 中间丝蛋白质的分子结构

中间丝蛋白质为长纤维状蛋白,每个蛋白单体都可区分为非螺旋化的头部区(氨基端)、尾部区(羟基端)和中部的 α 螺旋杆状区。头尾两部分是高度可变的,中间丝蛋白质不同种类间的变化主要取决于头部和尾部的变化;杆状区是一段约 310 个氨基酸的 α 螺旋区,其氨基酸顺序是高度保守的(图 7-5)。

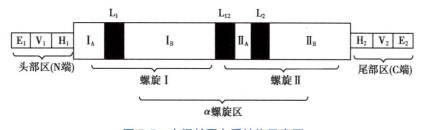

图 7-5 中间丝蛋白质结构示意图

(二) 中间纤维的组装

中间纤维的组装较微管、微丝更为复杂,首先2个中间丝蛋白质分子以相同的方向形成双股螺旋二聚体;二聚体再以反向平行和半分子交错的方式组装成四聚体,即一个二聚体的头部与另一个二聚体的尾部连接,因此四聚体没有极性;四聚体首尾相连进一步组装成原纤维,2根原纤维聚集成1根亚丝,即八聚体;4根亚丝互相缠绕最终形成中间纤维。或没有亚丝层次,直接由8根原纤维盘绕成中间纤维(图7-6,图7-7)。

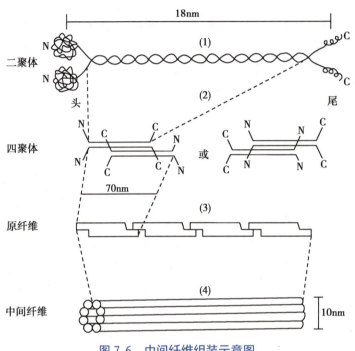

图 7-6　中间纤维组装示意图

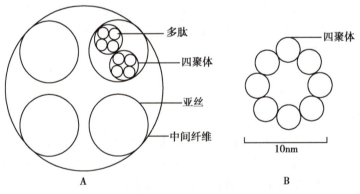

图 7-7　中间纤维横切面示意图

A. 亚丝层次;B. 亚丝层次。

三、中间纤维的功能

中间纤维的类型复杂而多样,对其功能的了解较少。近年来,采用转基因和基因剔除等方法证实,中间纤维在细胞生命活动中起着相当重要的作用。

1. 维持细胞及内部结构的形态和定位细胞器　中间纤维在近核区域多次分支,最后与核表面特别是核纤层及核孔复合体相连,而核纤层又与核骨架相连。同时整个纤维网架通过细胞质终止于细胞膜形成三维网络结构,维持着细胞、细胞器和细胞核的位置及形态。

2. 为细胞提供机械强度支持　中间纤维在那些容易受到机械应力的细胞质中特别丰富。体外实验证实,中间纤维比微管和微丝更能耐受剪切力,在受到较大的剪切力时产生机械应力而不易断裂,在维持细胞机械强度方面有重要作用。

3. 参与细胞连接　一些器官和皮肤的表皮细胞之间、表皮细胞与基底层之间是通过桥粒和半桥粒连接在一起的。中间纤维参与桥粒和半桥粒连接,通过这些连接中间纤维在组织细胞中形成一个网络,既能维持细胞形态,又能提供支持力。

4. 参与细胞内信息传递及物质运输　由于中间纤维外连质膜和胞外基质,内穿到达核骨架,因此形成一个跨膜的信息通道。实验发现中间丝蛋白质在体外与单链 DNA 有高度亲和性,推测其可能与 DNA 的复制和转录有关。此外,近年来研究发现中间纤维与 mRNA 的运输有关,胞质 mRNA 锚定于中间纤维,可能对其在细胞内的定位及是否翻译起重要作用。

5. 维持细胞核膜稳定　在细胞内层核膜的内面有一层由核纤层蛋白组成的网络,对于细胞核形态的维持具有重要作用,而核纤层蛋白是中间纤维的一种。它通过内核膜上的相应受体贴附在内核膜上。

6. 参与细胞分化　微丝和微管在各种细胞中都是相同的,而中间丝蛋白质的表达具有组织特异性,表明中间纤维与细胞分化可能具有密切的关系。

> ### 知识链接
>
> #### 原核细胞骨架蛋白
>
> 　　长期以来,人们认为细胞骨架是真核生物所特有的结构,但近年来的研究发现它也存在于细菌等原核生物中。目前,人们已经在细菌中发现了 FtsZ、MreB、CreS 三种重要的细胞骨架蛋白。它们分别与真核细胞骨架的微管蛋白、肌动蛋白和中间纤维相似。它们不仅在结构上类似于相应的真核细胞骨架,而且在组装特性上也与相应的真核细胞骨架极为相似,因此人们认为它们是真核细胞骨架的原核类似蛋白,构成与真核细胞骨架类似的原核细胞骨架,并在细胞的分裂、形态建成、染色体分离等方面发挥重要作用。

第四节　细胞骨架与医学

　　细胞骨架对细胞的形态改变和维持、细胞内物质运输、细胞的分裂与分化等具有重要作用,是生命活动不可缺少的细胞结构,它们的异常可引起很多疾病,包括肿瘤、部分神经系统疾病和遗传性疾病等。不同细胞骨架在细胞内的特异性分布可用于一些疑难疾病的诊断,也可根据细胞骨架与疾病的关系来设计药物。

一、细胞骨架与肿瘤

　　肿瘤的主要特点是细胞形态改变,增殖快,有侵蚀组织及向周围和远处转移的能力。在恶性转化的细胞中,常有细胞骨架结构的破坏和解聚。肿瘤细胞的浸润转移过程中某些细胞骨架成分的改变可增加癌细胞的运动能力。体外培养的多种人癌细胞,微管和微丝发生明显改变。微管数量减少,细胞骨架紊乱甚至消失;微丝应力纤维破坏和消失,肌动蛋白发生重组形成小体,聚集分布在细胞皮层,由于其形状为小球形或不规则,故被命名为"肌动蛋白小体""皮层小体"等。微管和微丝可作为肿瘤化疗药物的靶位,长春花碱、秋水仙素和细胞松弛素及其衍生物等作为有效的化疗药物可抑制细胞增殖,诱导细胞凋亡。另外,利用中间纤维表达的组织特异性可用于正确区分肿瘤细胞的类型及其来源,对肿瘤诊断起决定性作用。

二、细胞骨架蛋白与神经系统疾病

许多神经类疾病与骨架蛋白的异常表达有关,如阿尔茨海默病患者的神经元中可见到大量损伤的神经原纤维,神经元中微管蛋白的数量并无异常,但微管聚集缺陷。因为微管是轴浆流必需的细胞骨架,所以微管聚集缺陷可能引起轴浆流阻塞,神经元包含体形成,从而使神经信号转导紊乱。肌萎缩侧索硬化和脊髓性肌萎缩症也是神经原纤维在运动神经元胞体和轴突近端堆积,使骨骼肌失去神经支配而萎缩,造成瘫痪,随之运动神经元丧失,最终导致死亡。

三、细胞骨架与遗传性疾病

一些遗传性疾病的患者常有细胞骨架的异常或细胞骨架蛋白基因的突变。镰状细胞贫血是一种遗传性疾病,主要是由于血红蛋白 β 链上的第 6 位氨基酸由正常的谷氨酸变成了缬氨酸而造成携氧能力异常,红细胞因为缺氧而使 Ca^{2+} 浓度和 ATP 显著减少,引起微丝网发生改变,红细胞的形状发生镰状变化。

(朱友双)

思考题

1. 简述细胞骨架的概念和分类。
2. 为什么说细胞骨架是细胞内的一种动态不稳定性结构?
3. 为什么说细胞骨架是细胞结构和功能的组织者?

ER 7-3

练习题

第八章 | 细 胞 核

教学课件　　　思维导图

学习目标

1. 掌握细胞核的结构,染色质与染色体的关系,染色质的化学成分。
2. 熟悉核质比的概念,核膜的主要结构和功能,染色质的组装过程,核仁的功能,常染色质与异染色质的主要区别。
3. 了解细胞核的形态、位置和数目,核仁的化学成分与结构。
4. 学会鉴别细胞核结构变化,能够阐明细胞核异常与疾病发生的关系。
5. 树立大局意识、核心意识和整体医学观,具有统筹协调、综合施治的职业能力和素养。

情境导入

细胞是生命结构和功能的基本单位。细胞每时每刻都在进行着极其复杂的生命活动,而不同的组织细胞所进行的生命活动又各不相同,细胞在生命历程的不同阶段也表现出不同的状态和功能。功能相同的细胞集合构成组织,不同组织细胞的有机组合形成不同的器官和系统,不同的器官和系统形成万千鲜活的生命个体。

请思考:
1. 细胞复杂的生命活动是由什么控制的,是怎样协调一致的?
2. 怎样理解细胞核在生命进化中的地位?

细胞核(nuclear)是真核细胞中最大、最重要的细胞器,是遗传物质储存、复制和转录的场所,是细胞生命活动的调控中心,调控细胞的遗传变异、生长发育、分裂增殖、分化、衰老、死亡和代谢等生命活动。除高等植物的筛管和哺乳动物成熟的红细胞外,所有真核细胞都含有细胞核。细胞核是真核细胞区别于原核细胞最显著的标志之一。尽管不同生物种类、不同组织细胞所含有细胞核的数量、形态、大小有所不同,但都具有相同的基本结构。在电镜下可见细胞核由核膜、染色质、核仁、核基质四部分组成,它们相互联系、相互依存,成为完整统一的整体结构。细胞核的结构在细胞周期中发生有规律的变化。

如果细胞核的结构受损或者功能异常,会导致细胞生命活动异常甚至死亡,进而导致机体发生疾病甚至死亡。例如,在肿瘤细胞中,细胞核通常较大,并表现为多形性和染色质增多;核膜增厚,可出现小泡、小囊状突起等。银染核仁形成区可作为肿瘤研究的一种新指标,在肿瘤良性与恶性的鉴别、分型分级、癌前病变的检测及预后等方面都有着重要的应用价值。

第一节　细胞核的形态与大小

细胞核是由双层单位膜包围而形成的多态性结构,其大小与细胞大小有关。

一、细胞核的形态、位置和数目

细胞核的形态、位置、数目随细胞类型的不同而差异很大。

细胞核的形态多与细胞的形状相适应,但也可以完全无规则。等直径的细胞,如球形、立方形、多角形的细胞,其核一般为球形;柱状细胞或椭圆形细胞的核为卵圆形;梭形细胞的核呈杆状;中性粒细胞的核呈分叶状。细胞核的形状还可随细胞功能状态的改变而发生变化,如细长的平滑肌细胞的核呈杆状,当平滑肌细胞收缩时,核可以发生螺旋形扭曲。细胞核的形态结构在细胞周期的不同时期有很大的变化,只有在间期细胞中才可观察到完整的细胞核。

细胞核一般位于细胞的中央,但在有极性的细胞(如柱状上皮细胞)中,核位于细胞基底面的一侧;在脂肪细胞中由于细胞的内含物过多,核被挤于一侧。

每个细胞通常只有 1 个细胞核,但有的细胞有 2 个核,如人的肝细胞和肾细胞;有的细胞有多个甚至数百个核,如横纹肌细胞就有几十个核,破骨细胞的核可达 100 多个甚至数百个;也有的细胞没有核,如哺乳动物成熟的红细胞。

二、核质比

不同类型的细胞,细胞核的大小差异很大。低等植物的细胞核直径一般为 1~4μm,高等植物的细胞核直径一般为 5~20μm,高等动物的细胞核直径一般为 5~10μm。

细胞核的大小与细胞大小有关,故细胞核的大小常用核质比(NP)来表示,核质比(nuclear-cytoplasmic ratio)即细胞核与细胞质的体积比。核质比大则细胞核大,反之则细胞核小。

$$NP = \frac{V_n}{V_c - V_n}$$,其中 V_n 表示细胞核的体积,V_c 表示细胞的体积。

核质比与生物种类、细胞类型、发育时期、生理状态及细胞核染色体的倍数等相关。生长旺盛的细胞如卵细胞、肿瘤细胞的核较大;分化成熟的细胞一般细胞核较小。一般情况下,当细胞体积增大时,细胞核也随着增大,以保持核质比不变。当核质比大到一定限度时,就会促使细胞分裂。

通常情况下,同一种生物遗传物质的含量是恒定的,因此同类细胞的核质比是一个比较恒定的值,常用其作为细胞病变的指标。例如,被组织学证实为甲状腺嗜酸细胞腺瘤和甲状腺嗜酸细胞腺癌的病例,用细针吸取细胞标本研究其核质比,是区分肿瘤良性与恶性的一个常用指标。

第二节 核 被 膜

核被膜(nuclear envelop)简称核膜,由平行排列的两层单位膜构成,超微结构包括外核膜、内核膜、核周隙、核孔复合体与核纤层(图 8-1)。核膜的主要功能包括:

(1)隔离与保护作用:核膜将细胞质与细胞核隔离开来,对染色质起到很好的保护作用,使其免受细胞质复杂环境的干扰和外来致病因素的侵袭,使染色质结构和遗传信息更加稳定。相对独立的核内空间提供了更加稳定的核内环境,使得 DNA 分子的复制与转录以及对细胞各项生命活动的调控更加精准、高效,大大降低了复制、转录过程中错误的发生,保证了生物遗传和复杂性状

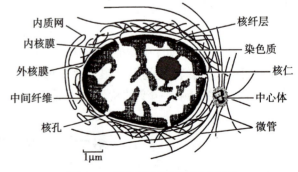

图 8-1 细胞核被膜结构示意图

的稳定性。

（2）**物质运输和信息通道的作用**：一方面核膜与其他生物膜一样具有部分物质运输和信息传递的作用，另一方面核膜不是完全封闭的，核膜上的核孔复合体结构对细胞核与细胞质之间的物质交换与信息交流起到调控作用。

（3）核膜的分解与合成在细胞分裂中起重要作用，同时对染色体定位起作用。

一、外核膜

外核膜（outer nuclear membrane）厚度为 6.5~7.5nm，面向细胞质的表面有核糖体附着，显得粗糙不平，其形态和生化性质与粗面内质网颇为相似，在一些部位可见到它与粗面内质网相连续，被认为是内质网膜的特化区域。细胞间期的核膜外表面还可以见到微管、中间纤维形成的细胞骨架网络，与细胞核在细胞内的位置固定有关。

二、内核膜

内核膜（inner nuclear membrane）与外核膜平行排列，稍厚，没有核糖体附着，表面光滑，紧贴其内表面附有核纤层，对内核膜具有支持作用。

三、核周隙

核周隙（perinuclear space）是指外核膜与内核膜之间的腔隙，宽度为 20~40nm，随细胞的种类不同而有差异，并随着细胞的功能状态而改变。核周隙与粗面内质网腔相通，其内充满液态不定形物质，含多种蛋白质和酶，它是核质之间活跃的物质交换渠道。

四、核孔复合体

核孔复合体（nuclear pore complex）是细胞质与细胞核之间进行物质运输的重要通道，普遍存在于各种细胞的核膜上，由核孔、孔环颗粒、边围颗粒、中央颗粒组成（图 8-2）。

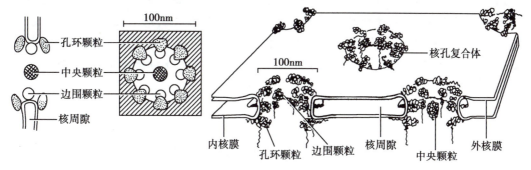

图 8-2　核孔复合体结构示意图

核孔（nuclear pore）是内、外核膜在局部融合形成的圆形孔道。一个典型的哺乳动物细胞核膜上有 3 000~4 000 个核孔，核孔的数目随细胞的种类和细胞的生理状态不同有很大的差异。代谢旺盛、分化程度低、转录活动强的细胞，核孔数目较多，如非洲爪蟾卵母细胞的核孔数达 60 个/μm^2；代谢不活跃的细胞核孔数目较少。核孔的直径为 40~100nm，一般为 50~70nm。

孔环颗粒（annular granule）位于内、外核膜孔的周缘，呈辐射状排列，内、外两圈各有 8 个颗粒。每个颗粒的直径为 10~25nm，由细微粒子和纤丝盘绕而成。

边围颗粒（peripheral granule）位于内、外两层孔环颗粒之间，8 个颗粒排列于内、外核膜的交界处。

中央颗粒(central granule)位于核孔的中央,呈粒状或棒状,并不充满整个核孔。中央颗粒是否为核孔复合体的固有组成,尚未确定,有人推测它可能是正在通过核孔的新合成的核糖体亚基或其他颗粒。

各颗粒之间有蛋白质细丝相连,形成网状结构,维持核孔复合体的稳定。

核孔复合体可看作是一种特殊的跨膜运输蛋白复合体,是具有双功能、双向性和选择性的运输通道。双功能是指其转运的方式有被动运输和主动运输两种;双向性是指其介导生物大分子入核和出核的双向转运;核孔复合体对蛋白质等生物大分子物质的转运具有选择性,在特定信号引导下,核孔复合体可通过特定的机制,将构成核糖体、染色质的蛋白质以及细胞核代谢所需的各种酶运进细胞核,也可将在细胞核内合成的各种 RNA 和装配形成的核糖体亚基等运输到细胞质中,以完成细胞核与细胞质之间的大分子物质交换。

五、核纤层

核纤层(nuclear lamina)是附着于内核膜内侧的纤维状蛋白网,广泛分布于高等生物真核细胞的细胞核中。在电镜下,它是紧靠内核膜内表面的光亮区。实验证实,组成核纤层的纤维蛋白属于中间纤维,由三种多肽混合组成,分别称为核纤层蛋白 A、核纤层蛋白 B、核纤层蛋白 C。

核纤层对维持细胞核的形态结构起支持、稳定的作用,对核膜的崩解与重建有调节作用。在细胞周期的间期,核纤层蛋白的一端结合于内核膜的特殊部位,另一端与染色质的特殊位点结合,为染色质提供锚定部位。核纤层的中间纤维在细胞周期中会发生可逆性的解聚和重组装:通过磷酸化,中间纤维解聚,核膜崩解;通过去磷酸化,中间纤维重新组装,核膜随之重新形成。

知识链接

核膜结构动态变化及核膜相关疾病

越来越多的证据表明,细胞的核膜结构变化与某些疾病的发生发展有着极为密切的关系。已鉴定出的核膜疾病多与核膜蛋白异常或缺失有关,目前导致疾病种类最多且突变研究相对全面的是核纤层蛋白 A,即核纤层的骨架组分之一。核膜相关疾病的几种主要类型包括以多器官加速衰老为症状的人类早老症,导致全身性严重早老的限制性皮肤病,具有肌组织特异性的肌营养不良、扩张型心肌病,具有脂肪组织特异性的家族性脂肪营养不良等,这些疾病已逐渐引起人们的广泛关注。

第三节　染色质与染色体

染色质(chromatin)这一术语是 1879 年弗莱明(Flemming)提出的,用于描述细胞核中能被碱性染料着色的物质;1888 年,瓦尔岱耶(Waldeyer)正式提出了染色体(chromosome)的命名。染色质和染色体是同一物质在不同的细胞时相所表现出的不同形态。在间期细胞中,染色质伸展、弥散,呈丝网状结构,形态不规则;在细胞进入分裂期时,染色质高度折叠、盘曲而凝缩成条状或棒状的染色体。

一、染色质的化学成分

染色质的主要化学成分是 DNA、组蛋白,此外还有非组蛋白、RNA。其中,DNA 与组蛋白是染色质的稳定成分,二者之比近于 1:1;而非组蛋白与 RNA 的含量随着细胞的生理状态不同而变化。

（一）DNA

DNA 是染色质中储存遗传信息的生物大分子。不同物种细胞中的 DNA 在数量、结构（碱基序列）上差异明显，同一物种细胞中的 DNA 数量与结构稳定，此为物种多样性和某一物种遗传特异性及稳定性的物质基础。原核细胞的 DNA 是闭合环状的双链 DNA 分子，没有重复顺序。真核细胞的 DNA 为线性的双螺旋分子，除了单一顺序外，还含有大量的重复顺序；在细胞有丝分裂时，DNA 自我复制后两个相同的拷贝分配到两个子细胞中去。在染色体上含有三个特殊的 DNA 序列：①复制起点（replication origin），它是进行 DNA 复制的起点。②着丝粒（centromere），它是复制完成后两条姐妹染色单体的连接部位。③端粒（telomere），它存在于染色体的两端，为 DNA 上富含碱基 G 的高度重复序列，对染色体的稳定性和完整性起到重要作用。人类的端粒顺序是（5′-TTAGGG-3′）$_n$，其重复可达 250~1 500 次，保证 DNA 分子两个末端复制的完整性。

（二）组蛋白

组蛋白（histone）是真核细胞中特有的成分，为富含精氨酸和赖氨酸的碱性蛋白质，溶于水、稀酸和稀碱。组蛋白带正电荷，能与带负电荷的 DNA 紧密结合，一般认为组蛋白与 DNA 结合可抑制 DNA 的复制和转录，起到稳定和维持染色质结构及功能完整性的作用。组蛋白在细胞周期的 DNA 合成期与 DNA 同时合成，在细胞质中合成后即转移到细胞核内与新合成的 DNA 紧密结合。根据精氨酸和赖氨酸的比例不同，组蛋白可分为五类，即 H_1、$H_{2}A$、$H_{2}B$、H_3 和 H_4。其中，H_1 富含赖氨酸，进化上不保守，有种属特异性和组织特异性，其功能与染色质的高级结构形成有关。$H_{2}A$、$H_{2}B$、H_3 和 H_4 组成染色体结构中的核小体，又称为核小体组蛋白（nucleosomal histone）。其中，$H_{2}A$、$H_{2}B$ 含有稍多的赖氨酸，进化上十分保守；H_3、H_4 含有大量精氨酸，是已知蛋白质中最保守的，例如，牛和豌豆的 H_4 均含有 102 个氨基酸，仅有 2 个氨基酸不同，这种保守性表明 H_3、H_4 的功能几乎涉及多肽链上所有的氨基酸，以致任何位置上氨基酸残基的改变对细胞都是有害的。这四种组蛋白都没有种属特异性或者组织特异性。

组蛋白可以被化学修饰，如乙酰化、磷酸化和甲基化等。乙酰化可以改变赖氨酸所带的电荷，降低组蛋白与 DNA 的结合，从而有利于转录。磷酸化也有相似的作用。而甲基化则可增强组蛋白与 DNA 的结合，降低 DNA 的转录活性。

（三）非组蛋白

非组蛋白（nonhistone protein，NHP）是指染色体中除组蛋白以外的其他所有蛋白质的总称，为富含天冬氨酸、谷氨酸的酸性蛋白质，带负电荷，与 DNA 特异序列相结合，具有种属特异性和组织特异性。与组蛋白相比，非组蛋白数量少而种类多。

一般说来，功能活跃的细胞中染色质非组蛋白含量高。非组蛋白用双向电泳处理可获得 500 多种不同组分，相对分子质量为 15 000~100 000。非组蛋白中包括与 DNA 合成及修复有关的 DNA 聚合酶、DNA 连接酶、RNA 聚合酶以及与蛋白质加工、降解有关的酶，此外还有核质蛋白、染色体骨架蛋白、肌动蛋白和基因表达调控蛋白等，其中一些可作为结构蛋白维持染色质的结构。有实验证据表明，非组蛋白是真核细胞转录活动的调控因子，与基因的选择性表达有关。非组蛋白也可以被磷酸化或去磷酸化，并被认为是基因调控的重要环节。

（四）RNA

染色质中含有少量 RNA，且含量变化很大。这些 RNA 是染色质的正常组成部分，还是转录出来的各种 RNA 的混杂，尚有争论。

二、染色质的组装

人的体细胞中有 23 对染色体，假如将其含有的 46 个 DNA 分子完全展开，总长度达 2m 多，平均每个 DNA 分子长度约为 4.5cm，这些 DNA 分子是如何"装入"直径只有 5μm 左右的细胞核内的？

如何确保其在各类组织细胞中正常发挥转录功能、表达生物学特性的？在细胞分裂时,加倍的 DNA 分子又是如何能准确无误地平均分配到两个子细胞中去的？组蛋白和 DNA 又是怎样构成染色质和染色体的？大量的实验研究和电镜观察逐步揭开了谜底。

最初人们认为染色质是组蛋白包裹在 DNA 外面形成的纤维状结构。20 世纪 70 年代初期,人们发现用非特异性的核酸酶处理染色质,大多数 DNA 都会形成长度为 200bp 的片段;如果用同样的核酸酶处理裸露的 DNA,则产生随机大小的 DNA 片段。据此推测染色体 DNA 中有些切割位点受到了保护,使核酸酶不能随机切割,并推测这种保护作用与 DNA 结合的蛋白质有关。1974 年,科恩伯格(Kornberg)根据这些结果以及其他的研究进展,提出了 DNA 和组蛋白组成染色质重复的亚单位——核小体的概念。

(一) 核小体

核小体(nucleosome)是染色质的基本结构单位。每个核小体由 1 个组蛋白八聚体、1 分子组蛋白 H_1 和长约 200bp 的 DNA 序列组成。其中组蛋白八聚体由 8 个组蛋白聚集而成,约有 146bp 的 DNA 序列以左手方向盘绕八聚体 1.75 周构成直径 11nm 的圆盘状颗粒,即核心颗粒;组蛋白 H_1 在核心颗粒外结合 20bp 的 DNA 锁住 DNA 序列进出口,起着稳定核小体的作用(图 8-3)。

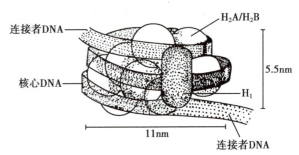

图 8-3　核小体结构示意图

组蛋白八聚体由 H_3、H_4 各 2 个分子形成四聚体作为轴心,H_2A、H_2B 形成 2 个二聚体排列在四聚体的两侧。围绕八聚体的长 146bp 的 DNA 称为核心 DNA;两个核心颗粒之间以 DNA 相连,这部分 DNA 称为连接 DNA,其典型长度为 60bp,不同的物种长度不同,变化范围在 0~80bp。因此在染色质中平均每 200bp 即出现一个核小体,人体细胞 $6×10^9$bp 的 DNA 含核小体 $3×10^7$ 个。有些 DNA 区域无核小体存在,这一区段多为基因调节蛋白存在部位,可调节基因转录。

核小体形成后,在 H_1 的介导下彼此连接形成直径约 10nm 的核小体串珠结构,称为核小体链,这是染色质的一级结构。经此过程,一个裸露的 DNA 的长度与核小体丝的长度比较,压缩了约 7 倍。

(二) 螺线管

在电镜下观察发现,大多数染色质以染色质纤维的形式存在,它是在核小体的基础上,在 H_1 参与下形成的一种更为紧密的结构,为染色质的二级结构。1976 年,芬奇(Finch)等提出了螺线管(solenoid)结构模型,即在 H_1 存在下,每个核小体紧密连接,螺旋缠绕形成外径 30nm、内径 10nm、相邻螺距为 11nm 的中空的螺线管。螺线管的管壁由核小体组成,每圈含有 6 个核小体,使得染色质在一级结构基础上长度又压缩了 6 倍。组蛋白 H_1 位于螺线管的内部,其分子上球形中心区结合到核小体的特殊位点,使核小体组装成有规则的重复排列结构,对螺线管的稳定起着重要作用。

(三) 超螺线管

1977 年,巴克(Bak)等从胎儿离体培养的分裂细胞中分离出染色体,经温和处理后在电镜下看到直径 400nm、长 11~60μm 的染色线,提出了超螺线管的结构模型。该模型认为 30nm 的螺线管无规则地进一步螺旋盘绕,形成直径为 400nm 的超螺线管,该结构是染色质的三级结构。经此过程染色质长度又压缩了近 40 倍。

(四) 染色单体

超螺线管再经过进一步的盘曲折叠,形成染色单体(chromatid),即染色质的四级结构。从超螺线管到染色单体长度又压缩了 5 倍。

综上所述,从 DNA 分子到形成核小体,再到最后形成染色单体,长度共压缩了约 8 400 倍(图 8-4)。

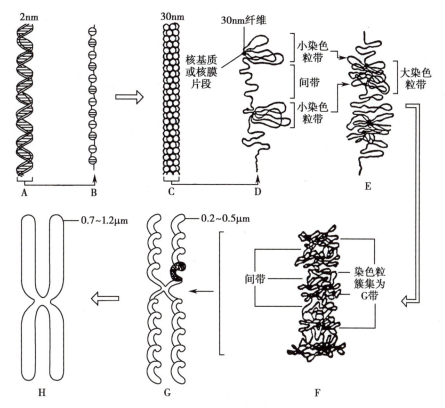

图 8-4　染色体结构示意图

A. DNA;B. 核小体链;C. 螺线管,30nm 纤维;D. 染色体和带间染色质;E. 染色粒的簇集;
F. 染色体带;G. 折叠的染色体;H. 分裂中期的染色体。

染色质的一级和二级结构被一致认可;但对于直径为 30nm 的螺线管是怎样被进一步包装形成染色单体的,这个过程仍然存在争议。目前被广泛认同的另一个模型是袢环结构模型。该模型认为 30nm 螺线管染色质纤维形成袢环,沿着染色单体的纵轴向外伸出,形成放射状环,环的基部连在染色单体中央的非组蛋白支架上(图 8-5),每个 DNA 袢环平均含有 350 个核小体,约 63 000bp,长度约为 21μm,每 18 个袢环呈放射状平行排列形成微带,再由微带沿纵轴构建染色单体。该模型与电镜下细胞分裂中期染色体的形态相吻合,并在某些特殊染色体(如果蝇唾液腺的多线染色体和卵母细胞中的灯刷染色体)中得到验证。

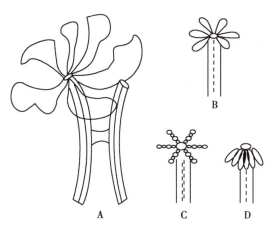

图 8-5　染色体结构的支架示意图

A. 非组蛋白在着丝粒处结合形成稳定的支架,DNA 袢环由此伸出;B~D. 袢环 DNA 与非组蛋白交互作用形成各种结构。

三、常染色质与异染色质

间期细胞核中的染色质根据其形态与活性的不同可分为常染色质与异染色质。

(一)常染色质

常染色质(euchromatin)是间期细胞染色质上结构较为松散、呈解螺旋化的细丝纤维状、能活跃地进行转录的区段。常染色质纤维直径约为 10nm,嗜碱性较弱,碱性染料着色较浅,折光性小。在电镜下可见,常染色质散布于细胞核内,多位于细胞核中央部位及核孔的周围,也有一部分伴随核仁存在,常以袢环形式伸入核仁内(图 8-6)。常染色质区段在细胞周期的 S 期复制较早,一定程度上控制着间期细胞的活动。

（二）异染色质

异染色质（heterochromatin）是间期细胞染色质上螺旋化程度高、处于凝集状态、无转录活性或转录不活跃的区段。异染色质纤维直径约为 25nm，嗜碱性强烈，碱性染料着色深。在电镜下可见，异染色质呈各种不同的深染纤维或颗粒状、团块状，常分布于内核膜的边缘，贴在核膜的内表面；还有一些与核仁结合，构成核仁染色质的一部分。异染色质区段在细胞周期的 S 期复制较晚。X 染色质为整条染色体的异染色质。

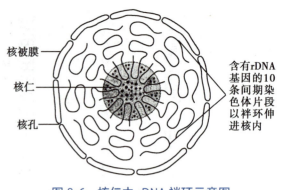

图 8-6 核仁中 rDNA 襻环示意图

根据异染色质的功能特点，可将其分为组成性异染色质和兼性异染色质。

组成性异染色质（constitutive heterochromatin）又称为结构性异染色质，是指在细胞或生物个体发育过程中都处于凝集状态的异染色质，具有显著的遗传惰性，多位于着丝粒区域、端粒和染色体的次缢痕部位，主要是 DNA 重复序列。

兼性异染色质（facultative heterochromatin）又称为功能性异染色质，是指在个体发育的特定阶段、特定生理条件下或特定类型的细胞中，由常染色质凝缩并丧失基因转录活性而转变成的异染色质。例如，人的血红蛋白种类在胚胎期、胎儿期和成人期各不相同，与不同的珠蛋白基因在人体不同发育阶段的活性与状态有关，是常染色质转变为异染色质和异染色质转变为常染色质的典型例证。再如，人体细胞中的一对 X 染色体，在间期一条为常染色质，另一条为异染色质，间期可见固缩的 X 染色质形成的巴氏小体，这是在妊娠早期由整条 X 染色体失活转变而来。在一定条件下，兼性异染色质可以转变为常染色质，恢复转录活性。

常染色质与异染色质在各种细胞中的比例很不一致。一般情况下，专一化程度高的细胞，其细胞核内往往以异染色质为主，可占 90%，如精子；而分化低、分裂快的细胞，其细胞核内往往以常染色质为主，如胚胎细胞。

第四节 核 仁

核仁（nucleolus）是细胞核的一个重要组成部分，也是真核细胞间期核中最明显的结构，呈圆球形。核仁的大小、数目、位置因生物种类、细胞的类型和生理状态不同而有差异，蛋白质合成旺盛、生长活跃的细胞如分泌细胞、卵母细胞，核仁较大，可占核总体积的 25% 左右；蛋白质合成能力较弱的细胞如肌细胞、休眠的植物细胞，核仁较小。核仁数目一般为 1~2 个，也有多达 3~5 个的。核仁可以位于核的任何部位，在生长旺盛的细胞中，核仁常趋向于核的边缘，靠近核膜，有利于把核仁中合成的物质运输到细胞质中去。在细胞周期中，核仁是一个高度动态的结构，在细胞分裂期间表现出周期性的消失与重建。

一、核仁的化学成分与结构

（一）核仁的化学成分

核仁的主要化学成分是蛋白质、RNA、DNA，此外还有微量的脂类。核仁中蛋白质的含量很高，占核仁干重的 80%，主要是核仁染色质的组蛋白与非组蛋白，其次是核糖体蛋白质，核仁中还有多种酶蛋白。RNA 占核仁干重的 11%，主要是 rRNA；在 RNA 转录及蛋白质合成旺盛的细胞中，核仁的 RNA 含量增加。DNA 占核仁干重的 8%，这些 DNA 是转录 rRNA 的基因，称为 rDNA。

(二)核仁的结构

核仁是由细纤丝等多种成分构成的海绵状结构,没有被膜包裹。根据电镜观察结合各种酶消化实验的结果,一般认为核仁的结构由纤维中心、致密纤维组分和颗粒组分组成(图8-7)。

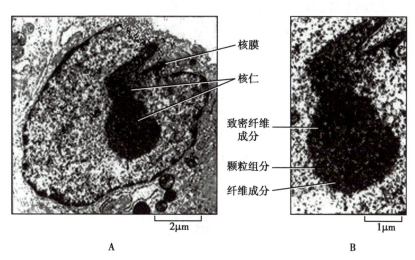

图 8-7　核仁的结构电子显微镜照片

1.纤维中心　纤维中心(fibrillar center,FC)是包埋在颗粒组分内部的一个或几个浅染的低电子密度的圆形结构,其中有 rDNA、RNA 聚合酶 I 等。rDNA 实际上是从染色体上伸出的 DNA 袢环,可进行高速转录,产生 rRNA,组织形成核仁。因此每个 rDNA 的袢环称为一个核仁组织者(nucleolar organizer)。人的 rDNA 分布在 10 条染色体上,分别是第 13、第 14、第 15、第 21 和第 22 号 5 对同源染色体,这 10 条染色体上的 rDNA 共同构成的区域称为核仁组织区(nucleolar organizing region,NOR)。

2.致密纤维组分　致密纤维组分(dense fibrillar component,DFC)是核仁内电子密度最高的区域,由致密的纤维构成,呈环形或半月形包围纤维中心,通常见不到颗粒。这些纤维含有正在转录的 rRNA 分子,其实质是 rDNA 进行活跃转录合成 rRNA 的区域。

3.颗粒组分　颗粒组分(granular component,GC)呈致密的颗粒,直径为 15~20nm,在代谢活跃的细胞中,颗粒成分是核仁的主要结构。这些颗粒可被蛋白酶和 RNA 酶消化,因此它们是正在加工、成熟的核糖体亚单位的前体颗粒,间期核中核仁的大小差异主要是由这些颗粒组分的数量差异造成的。

核仁除了上述三种基本组分外,其周围还有一些异染色质包围,称为核仁周围染色质;一些深入核仁内的常染色质称为核仁内染色质,其中 rDNA 以袢环的形式伸展到核仁内成为纤维中心。核仁内染色质与核仁周围染色质统称为核仁结合染色质(nucleolar associated chromatin)。除了颗粒成分、纤维成分外的无定形蛋白质液体物质称为核仁基质,与核基质沟通,因此有观点认为核基质与核仁基质是同一物质。

二、核仁的功能

核仁是 rRNA 合成加工及核糖体大、小亚单位装配的场所,与细胞内蛋白质的合成密切相关。在核仁中装配好的大、小亚基经过核孔复合体运输到细胞质中去,形成有功能的核糖体。

(一)核仁是细胞核中 rRNA 合成的活动中心

真核细胞对核糖体的需求量非常大,处于生长中的细胞一般都有 10^7 个核糖体以确保蛋白质合成机制的运转。与此相适应,rRNA 基因数量多,并高度有效地进行转录。人的单倍体基因组中含有大约 200 个 rRNA 基因拷贝,成簇串联重复排列在 DNA 袢环上,为合成 rRNA 提供模板。1969 年,米勒（Miller）等利用染色质铺展技术在非洲爪蟾卵母细胞中首先发现核仁中 rRNA 基因转录、包装的形态学过程。电镜下可见核仁的核心部分由缠在一起的一根长 DNA 纤维组成，称为轴纤维。沿轴纤维有一系列重复的箭头状结构单位，箭头之间为裸露的间隔 DNA。每个结构单位中 DNA 纤维是一个 rRNA 基因，在 RNA 聚合酶 I 作用下快速转录 rRNA。

核仁中每个 rRNA 基因都产生相同的初级转录产物，为 45S 的 rRNA，合成后被剪切为 28S、18S 和 5.8S 的 rRNA。

（二）核糖体大、小亚基的装配

细胞核内 rRNA 前体转录合成后，随即与进入核仁的蛋白质结合形成 80S 的核糖核蛋白颗粒，它一边转录一边进行核糖体亚基的组装，加工成熟过程中丢失部分 RNA 和蛋白质，完成组装后形成核糖体大、小亚基前体并进入细胞质，在细胞质中进一步加工成熟。这种装配方式有利于防止核内加工不完全的 mRNA 的未成熟前体——核内不均一核 RNA（hnRNA）与有功能的核糖体接近并发生作用。

第五节　核　基　质

20 世纪 70 年代初，贝雷兹尼（Berezney）和科菲（Coffey）从大鼠肝细胞中分离出一种非染色质蛋白纤维，用核酸酶与高盐溶液处理细胞核，将 DNA、RNA、组蛋白抽提后发现核内仍残留有纤维蛋白的网架结构，基本保持了细胞核的外形和大小，命名为核基质（nuclear matrix）。它是指真核细胞核内除核膜、核纤层、染色质、核仁以外的以纤维蛋白成分为主的网架结构体系。它的基本形态与细胞质中的骨架相似，因此又称为核骨架（nuclear skeleton）。广义上的核骨架包括核纤层、核孔复合体、残存的核仁和一个精密的核基质网络结构。

一、核基质的组成成分

核基质是由 3~30nm 粗细不一的蛋白纤维和一些颗粒状结构组成，主要成分是非组蛋白性的纤维蛋白，相当一部分含有硫蛋白。蛋白纤维的成分复杂，种类多达数十种，相对分子质量为 4 000~6 000，且因细胞类型和细胞生理状态不同而有较大差别。核基质中还含有少量的 RNA 和 DNA，一般认为它们不是核基质的成分，只是与蛋白纤维进行功能性结合，以保持核基质三维网络结构的完整性。

> **知识链接**
>
> ### 核基质异常与肿瘤
>
> 据推测，肿瘤细胞核中核基质组成异常、结构紊乱与细胞癌变有一定关系。核基质上有许多癌基因结合位点，癌基因与之结合后可被激活，癌基因激活是肿瘤形成的机制之一。另外核基质也存在某些致癌物的作用位点，这些位点也是 DNA 复制、基因转录时 DNA 的结合位点，由于致癌物的结合，影响了 DNA 复制和转录，最终导致细胞癌变。
>
> 在多种肿瘤如膀胱癌、白血病、前列腺癌、食管癌、肝癌等癌细胞中，都发现存在着相应的特异性核基质蛋白，其可作为肿瘤临床诊断的补充，有些还是确诊肿瘤的重要依据。

二、核基质的功能

研究表明核基质在 DNA 复制、基因表达、染色体构建以及细胞分裂、分化等生命活动中起重要作用。

（一）与DNA复制有关

实验和电镜放射自显影发现，DNA复制的位置是在核基质上进行的，DNA的复制起始点结合到核基质时才能开始复制。此外，DNA聚合酶也结合在核基质上并被激活，由此推论核基质与DNA复制有关。

（二）与RNA的合成有关

RNA的合成是在核基质上进行的，有证据表明，核基质参与基因的表达与调控，RNA的转录需要DNA锚定在核基质上才能进行，只有活跃转录的基因才能选择性地与核基质结合，不进行转录的基因不与核基质结合。在基因转录过程中，新合成的RNA与核基质紧密结合，RNA聚合酶在核基质上也有特殊的结合位点。

（三）参与染色体的构建

现在一般认为核骨架与染色体骨架为同一类物质，30nm的染色质纤维就是结合在核骨架上形成放射环状的结构，在分裂期进一步包装成光学显微镜下可见的染色体。

（四）病毒复制依赖核基质

病毒的生命活动必须依赖宿主细胞，其DNA复制、RNA转录及加工等基因表达过程与真核细胞相似，必须依赖核基质。

（李荣耀）

思考题

1. 间期的细胞核主要由哪几部分组成？主要功能有哪些？
2. 核孔复合体的结构和功能是什么？
3. 所有的细胞都有一个调控中心，拥有巨量细胞的个体能够协调一致地进行生命活动，甚至生物种群的繁衍生息也都井然有序。由此你联想到什么？
4. 早老症儿童的细胞结构及功能与正常细胞有哪些主要区别？在与遗传相关的宣教中，应强调哪些注意事项？

ER 8-3

练习题

第九章 | 细胞的增殖

ER 9-1
教学课件

ER 9-2
思维导图

学习目标

1. 掌握细胞周期的概念及各时期的特点,有丝分裂的概念、过程及各时期的特点,减数分裂的概念、过程及各时期的特点。
2. 熟悉减数分裂的生物学意义,配子发生的基本过程。
3. 了解人类的性别决定,细胞增殖与医学的关系。
4. 学会鉴别细胞周期各时期的细胞,能够阐明细胞增殖异常与疾病发生的关系。
5. 树立正确的自然观,尊重自然,顺应自然,崇尚科学。

情境导入

患者,男,19 岁,左眼视力下降伴眼前黑影遮挡、眼红、眼痛、头痛。眼彩色多普勒超声检查可见左眼球内实性占位病变,玻璃体浑浊,继发视网膜脱离,诊断为视网膜母细胞瘤。患者否认家人有类似病史。

请思考:

1. 该疾病的发病机制是什么?
2. 细胞周期各时期具有怎样的特点? 细胞增殖与肿瘤有怎样的关系?
3. 该疾病是否会遗传给下一代? 为什么?

细胞增殖(cell proliferation)是细胞生命活动的重要特征之一,是指细胞通过分裂的方式使细胞数目增加的过程。它是生物体生长、发育、繁殖和遗传的基础。细胞增殖的方式有三种,分别为无丝分裂、有丝分裂和减数分裂。无丝分裂(amitosis)又称为直接分裂,是单细胞原核生物的主要增殖方式,有遗传物质的复制,但没有染色体的组装和纺锤体的形成,细胞核与细胞质直接分裂形成两个子细胞,如细菌、纤毛虫等就是通过无丝分裂方式繁殖后代,延续物种。有丝分裂和减数分裂是多细胞真核生物细胞增殖和繁殖后代的方式,其过程中有遗传物质的复制、染色体形态行为的变化和纺锤体的参与。多细胞生物由亲本产生有性生殖细胞,经过两性生殖细胞结合形成合子,并通过分裂不断地进行增殖和分化逐渐发育成一个新的个体,达到繁衍后代的目的,同时机体内不断衰老、死亡或因创伤损失的细胞也通过细胞增殖产生新的细胞来补充,以保持机体细胞数量的相对平衡。

细胞增殖是以 DNA 的复制和细胞分裂为基本事件,通过细胞周期的方式来实现的。多细胞生物体的细胞增殖周期有十分精确的自我调节机制,使细胞在增殖过程中能够按照生命活动的需要表现出严格的时间和空间顺序。若细胞增殖出现异常,机体就会因失去平衡而产生各种疾病。

第一节　细胞周期

一、细胞周期的概念

细胞周期(cell cycle)是细胞增殖周期(cell proliferation cycle)的简称,指连续分裂的细胞从上一次有丝分裂结束开始,到下一次有丝分裂结束为止所经历的整个过程。此过程所经历的时间称为细胞周期时间(cell cycle time,Tc)。不同生物种类、机体不同组织以及发育不同阶段的细胞周期时间各不相同,如人早期胚胎的细胞周期时间只有几十分钟,出生后某些上皮细胞的细胞周期时间为几十个小时,肝、肾实质细胞的细胞周期时间为 1~2 年,骨骼肌和神经细胞的细胞周期时间甚至和人的寿命一样长。另外,环境条件和生理状况的改变也会导致细胞周期时间发生变化,如女性子宫内膜细胞的一个周期为 28 天,受到激素作用后可以缩短到几天;机体失血可以刺激造血细胞的细胞周期缩短。

细胞周期是 20 世纪 50 年代细胞生物学的重大发现之一。此前,人们把细胞周期划分为分裂期和静止期两个阶段,认为有丝分裂期是细胞增殖周期中的主要阶段。随着放射自显影和细胞化学等技术的迅速发展,对于细胞增殖过程的动态研究也日趋深入,人们发现静止期的细胞虽在形态上没有显著变化,但细胞内却发生着以 DNA 复制为主的复杂的物质变化,因此将细胞周期分为间期(interphase)和有丝分裂期(mitotic period,M period)两个阶段。间期是指上次细胞分裂结束到下次细胞分裂开始之前的阶段,具体划分为 G_1 期、S 期和 G_2 期(图 9-1);分裂期又称为 M 期,是细胞一分为二分裂成两个子细胞所经历的阶段。在细胞周期中存在两个关键的变化:一是 S期 DNA 通过自我复制含量增加 1 倍;二是M 期将复制后的染色体平均分配到两个子细胞中。

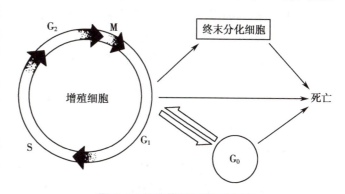

图 9-1　细胞增殖周期示意图

二、细胞周期各时期的特点

(一) G_1 期(DNA 合成前期)

G_1 期是指细胞间期中 DNA 合成开始前的时期,是细胞生长发育的重要阶段,主要进行 RNA 和蛋白质的合成,为细胞的下一步活动提供物质基础。根据分子事件发生的特点和时间顺序,G_1 期可进一步分为 G_1 早期和 G_1 晚期。

1. G_1 早期　这个时期细胞内的主要活动是细胞的生长,主要表现有:①大量合成 rRNA、mRNA、tRNA。②大量合成结构蛋白、酶蛋白、脂类以及糖类。③细胞代谢旺盛,体积迅速增大。

2. G_1 晚期　细胞在 G_1 晚期主要是为 S 期 DNA 合成进行物质和能量的准备,如 DNA 复制所需要的物质(如各种脱氧核糖核苷酸、胸腺嘧啶核苷激酶、DNA 聚合酶、解旋酶等)和与细胞周期运行密切相关的蛋白(如细胞周期蛋白、钙调蛋白、触发蛋白等)均在此阶段大量合成。

G_1 晚期是细胞能否进入 S 期的关键时期,决定细胞是否继续进行分裂。G_1 晚期存在着对外界因素较敏感的限制点,该限制点是细胞在 G_1 期的重要调控点。各类细胞的细胞周期时间存在很大的差异,主要表现在 G_1 期的变化上,有的细胞在 G_1 期可以停留数小时、数天、数月或数年,有的细胞在 G_1 期只停留数小时甚至完全没有 G_1 期,如早期胚胎细胞。

限制点与细胞周期

正常细胞的 G_1 期有一个特殊调节点称为限制点(R 点)。在细胞周期中,细胞通过 R 点决定是继续增殖还是停留在 G_1 期进入静息状态。在进行细胞体外培养时,如果培养过程中缺少血清或者加入抑制蛋白质合成的药物,细胞不能越过 R 点而停止分裂;加入足量的血清或除去蛋白质合成抑制剂,细胞便能越过 R 点进入 S 期继续增殖。R 点对很多外界环境信号敏感,如温度、营养物质、生长因子、离子浓度、pH 等都可以影响细胞增殖。肿瘤细胞往往失去部分或全部对 R 点的调控,可以不断地分裂增殖。

根据细胞能否跨越限制点以及细胞的增殖能力,可将哺乳动物细胞分为三类:

(1)**持续增殖细胞**:这类细胞在每个细胞周期都能越过 R 点,周而复始地保持分裂能力,不断产生新细胞,其分化程度较低,主要包括受精卵、胚胎及机体发育阶段的各类细胞,还有成年后的造血干细胞、表皮基底层细胞、消化道黏膜细胞、阴道上皮细胞等。

(2)**暂不增殖细胞**:这类细胞又称为 G_0 期细胞,未越过 R 点暂时停止细胞增殖活动,进入相对静止期,但在某些因素的刺激下仍能够越过 R 点,恢复增殖能力开始分裂,重新进入细胞周期循环。例如,肝细胞、肾细胞、血管内皮细胞等平时保持分化状态,在受到损伤需要补充时即可恢复增殖能力。

(3)**终末分化细胞**:这类细胞又称为不育细胞,不能越过 R 点,完全失去了增殖能力,终身处于 G_1 期,直至衰老死亡,如成人心肌细胞、神经细胞等。终末分化细胞的损伤更新须依靠干细胞来补充。

(二) S 期(DNA 合成期)

S 期是 DNA 合成的时期,DNA 功能最活跃,主要表现有:DNA 完成自我复制,含量增加 1 倍;DNA 进行转录和合成蛋白质。

1. **DNA 合成的启动**　DNA 的合成除了需要在 G_1 晚期细胞已准备好的物质和能量外,还需要一种启动因子。细胞融合实验证明,将 G_1 期细胞与 S 期细胞融合在一起,G_1 期细胞核可提前进入 S 期,说明 S 期细胞质内含有能促进 G_1 期细胞核进入 DNA 合成的启动因子,该因子称为 S 期活化因子。在 G_1 期细胞核进入 S 期时该因子开始形成,至 S 期中期含量达到最高,当 DNA 合成完成后随即消失。分子生物学研究进一步证明,DNA 合成的启动是微小染色体维持蛋白(MCM)家族作用的结果。

2. **DNA 复制**　真核细胞的 DNA 复制遵循半保留复制原则,即子代 DNA 的两条多脱氧核苷酸链一条是来自亲代 DNA,另一条是新合成的。DNA 序列上有多个复制起点,在 DNA 合成时各自启动复制。一般情况下 DNA 合成具有严格的顺序性:CG 碱基含量高的 DNA 序列较 AT 碱基含量高的 DNA 序列先复制;常染色质区段较异染色质区段先复制,异固缩的 X 染色质在 S 期结束后才完成复制。半保留复制方式能够确保两个子代 DNA 完全相同,并与亲代 DNA 完全一致,保持了细胞遗传物质的稳定性。

3. **蛋白质合成**　细胞进入 S 期后,在 G_1 晚期准备的酶和蛋白质的活性显著提高并参与 DNA 的合成。此时在细胞质中也有大量的蛋白质(如 DNA 聚合酶、组蛋白等)合成,并迅速通过核孔进入细胞核,参与 DNA 的合成与染色体的组装。蛋白质的合成与 DNA 的合成相互关联、同步进行,保持一种"联动"关系。例如,给 S 期细胞加入蛋白质合成抑制剂时,蛋白质的合成受到抑制,DNA 合成速度就会下降甚至完全停止。同样,用 DNA 合成抑制剂处理 S 期细胞,DNA 合成受到抑制,同时蛋白质合成也受到抑制。

S 期结束后,DNA 含量增加一倍,每条染色体均由着丝粒连接的两条染色单体构成。在没有受到外界因素的影响下,细胞一旦进入 S 期,细胞增殖周期将会按程序进行下去,最终分裂形成两个子细胞。

（三）G₂ 期（DNA 合成后期）

G₂ 期是从 DNA 合成结束到细胞分裂开始前的阶段,主要是为细胞分裂期准备物质条件。进入 G₂ 期后,细胞开始合成进入 M 期所必需的 RNA 和蛋白质,主要有:①促有丝分裂因子(MPF),是一种促使细胞从 G₂ 期向 M 期转变的蛋白激酶,其活性在分裂期中期达到高峰。②微管蛋白,是与有丝分裂有关的特殊蛋白,为 M 期组装纺锤体所需材料之一。

（四）M 期（有丝分裂期）

M 期是细胞进行分裂的时期,在细胞周期中持续时间最短,一般为 0.5~2 小时。细胞在 M 期发生急剧而明显的形态变化,染色质高度螺旋化形成染色体并被平均分配到两个子细胞中去,DNA 活性大大降低,RNA 的合成几乎完全被抑制,除一部分与细胞周期调控密切相关的蛋白外,细胞蛋白质的合成也几乎全部停止。最终细胞一分为二,形成两个彼此完全相同并与亲代细胞完全一致的子细胞。

第二节　细胞的有丝分裂

有丝分裂(mitosis)是真核细胞在长期进化过程中发展起来的细胞增殖方式。其主要特点是:细胞通过有丝分裂器将在间期复制的完全相同的两套染色体精确地均等分配到两个子细胞中,保证了细胞在遗传上的稳定性。

一、有丝分裂的过程及特点

有丝分裂是一个连续变化的动态过程,发生的主要变化有:染色质凝集形成染色体、染色体的运动和染色体解旋重新形成染色质;纺锤体的形成和消失;核膜的崩解和重建及核仁的解体和重新形成;细胞质的分裂,包括膜相细胞器的囊泡化、分离和囊泡融合再次形成膜相细胞器。

根据细胞的形态结构变化和时间顺序,可将有丝分裂的过程分为前期、中期、后期和末期四个时期(图 9-2)。

1. 前期　前期(prophase)是指间期结束到细胞核膜和核仁崩解之间的阶段,其主要特点

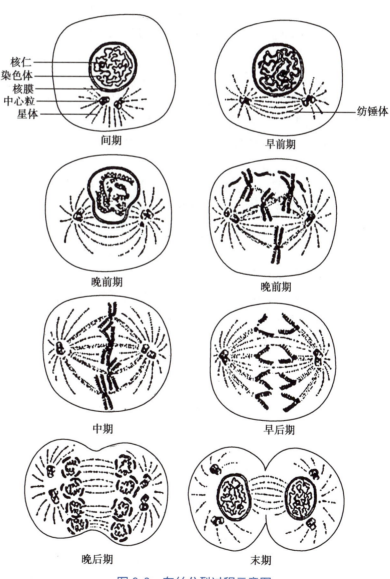

图 9-2　有丝分裂过程示意图

有:染色质凝集形成染色体;核膜破裂,核仁解体;纺锤体形成。

(1)染色质凝集形成染色体:细胞分裂开始的第一个可见标志是染色质凝集形成染色体。细胞进入有丝分裂前期后,染色质开始不断浓缩,实质上是染色质在进行高度螺旋化、折叠和包装的过程。在光镜下可见带颗粒呈线团状的染色质逐渐缩短变粗,形成棒状或杆状的染色体。由于在间期时已完成DNA的复制,因而前期的每一条染色体均由两条靠着丝粒相连在一起的染色单体组成,这两条染色单体称为姐妹染色单体。到前期末,染色体着丝粒的两外侧均形成动粒,是纺锤丝和染色体连接的部位。动粒是由多种蛋白质组合而成的一种复合结构,在电镜下呈板状或杯状。

(2)核膜破裂和核仁消失:前期末,核纤层解聚,核膜崩解,形成许多片段及小泡分散于细胞质中。在染色质凝集的过程中,染色质上的核仁组织者(转录 rRNA 的 DNA 片段)被组装到染色体中,致使 rRNA 的合成停止,核仁逐渐解体至最终消失。核基质和细胞质混合在一起。

(3)分裂极的确定和纺锤体的形成:早前期,在间期已完成复制形成的两组中心体彼此分开,并分别向细胞的两极移动(图 9-2),最后达到的位置即为细胞的分裂极。中心体由一对中心粒及周围的无定形基质组成。这些无定形基质由多种蛋白质组成,包括微管依赖性动力蛋白、螺线蛋白和一些细胞周期调控蛋白,其中最重要的是中心体周围微管蛋白复合体。中心体是微管组织中心,其周围大量聚集呈放射状排列的微管,称为星体(aster)。这些微管在细胞分裂过程中发挥着重要的作用,可以分为星体微管、极微管和动粒微管。星体微管是指星体周围呈放射状排列的微管,其游离端伸向胞质;极微管是指由纺锤体的两极发出,对向延伸在纺锤体赤道面彼此重叠、侧面相连的微管;动粒微管是指由纺锤体两极发出,其远端分别与染色体着丝粒两侧动粒相连的微管。

纺锤体(spindle)是由星体微管、极微管和动粒微管组合形成的一种为执行细胞分裂功能专门产生的临时性纺锤形结构(图 9-3),在维持染色体平衡、运动、分配等方面起到重要作用。纺锤体、星体、中心体及染色体等共同构成有丝分裂器(mitotic apparatus)。

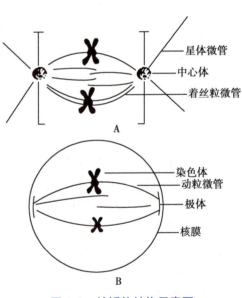

图 9-3　纺锤体结构示意图

2. 中期　中期(metaphase)是指核膜、核仁崩解后,到染色体在纺锤丝的牵拉下整齐排列在细胞赤道面上所经历的时期。中期末染色体达到最大程度的凝集,在光镜下最清晰、最易分辨、形态最典型,是观察染色体形态结构和数目的最佳时期。

在分裂前期末,染色体在纺锤体动粒微管的牵拉下,逐渐向细胞的赤道面移动,到中期末染色体到达中央赤道面,形成赤道板,有丝分裂器完全形成。此时,在光镜下从细胞侧面观察所有染色体着丝粒呈线状排列(此角度也能很好地观察到纺锤体的形态结构),从细胞一极观察所有染色体分散排列在一个平面上。中期一般持续 10~20 分钟。如果用药物(如秋水仙碱)抑制微管聚合,破坏纺锤体结构,染色体无法移向赤道面,使细胞停留在有丝分裂中期。

3. 后期　后期(anaphase)是指从染色体着丝粒断裂开始,到两套姐妹染色单体分开并分别移动到细胞两极所经历的时期。

进入后期,排列在细胞赤道面的染色体在着丝粒处几乎同时发生断裂,两条姐妹染色单体彼此分离,并分别在纺锤体动粒微管的作用下向细胞的两极移动,使细胞两极各自具备一套完全相同的染色体。分开的姐妹染色单体各自成为一个独立的染色体,称为子代染色体。分裂后期一般持续10分钟左右。

子代染色体向细胞两极运动是由纺锤体微管的两个独立运动共同完成,由此可以将后期分为后期A和后期B。后期A是由动粒微管介导的,构成动粒微管的微管蛋白去组装而不断缩短,由此带动子代染色体向两极移动;后期B是由极微管介导的,在后期A的基础上,极微管加速聚合而伸长,并和对侧的极微管在相互重叠部分彼此间发生滑动,同时伴有星体微管的向外作用力,共同促使纺锤体纵轴变长(图9-4),进一步促进子代染色体向两极移动。在电镜下,可见极微管之间出现横桥,其化学成分是动力蛋白,可水解ATP,为微管滑动提供能量。

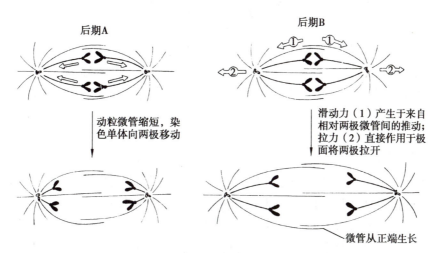

图9-4　有丝分裂后期染色单体分离机制示意图
A.动粒微管缩短;B.极微管延长。

4. 末期　末期(telophase)是指从染色体完全移动到细胞两极后,到两个子细胞核形成或细胞质一分为二形成两个完全独立的子细胞的过程。末期的主要特点有:染色体解聚变成染色质;核膜、核仁重新出现,形成两个子细胞核;纺锤体解聚消失;胞质分裂,形成两个子细胞。

(1)**染色体的解聚和细胞核的重新形成**:两组子代染色体分别到达两极后,动粒微管消失,子代染色体开始解旋,重新形成纤维状染色质。此过程与分裂前期染色质凝集的过程相反。与此同时,在核纤层蛋白聚合的过程中,散布在胞质中的核膜小泡也开始向每条染色体周围聚集,并逐渐形成双层膜。随着染色质纤维聚集和相互缠绕,原来每条染色体周围的双层膜或小泡在染色体团的周围融合,形成核膜。部分内质网膜和环孔膜也参与核被膜的形成,使细胞核逐渐增大。另外,随着染色体的解聚,在核仁组织者周围形成新的核仁。至此,形成两个独立的子细胞核,有丝分裂的核分裂过程已经完成。

(2)**胞质分裂将细胞分成两个子细胞**:胞质分裂(cytokinesis)是分裂末期继核分裂后的另一重要过程。两者不一定同时进行,一些多核细胞(如破骨细胞、骨骼细胞和肝细胞)只有核分裂而无胞质分裂。当细胞分裂进入后期末或末期前,大量肌动蛋白和肌球蛋白聚集于细胞赤道部位的质膜下,形成收缩环。此时,纺锤体也逐渐解体,残存的纺锤体、微管和一些囊泡聚集于两个子细胞核之间的细胞中部,形成环状致密层,称为中间体。收缩环通过肌动蛋白结合蛋白与细胞质膜连接,肌动蛋白、肌球蛋白之间相互滑动,使细胞膜凹陷,形成与纺锤体相垂直的分裂沟。分裂沟不断加深,直至与中间体相接触,细胞质最终在此断裂,形成两个完全分开的子细胞。胞质分裂通常开始于后期,完成于末期。

二、有丝分裂的异常

由于长期执行某些特殊功能以及周围环境的变化,有些细胞的有丝分裂行为可能发生异常变化。常见的异常变化有七种:①胞质不分离,即在有丝分裂过程中细胞质不分裂,仅有细胞核分裂,形成双核或多核细胞,如骨骼肌细胞、破骨细胞、肝细胞等。②核内复制,形成多倍体,如某些肝细胞和肿瘤细胞。③核内分裂:若反复发生核内分裂,则染色体在细胞核内反复复制却不分离,形成多倍巨大染色体,如果蝇唾液腺细胞多线染色体。④姐妹染色单体不分离,即细胞分裂后期染色体的着丝粒没有发生断裂,形成双染色体,偶见于肿瘤细胞和体外培养细胞。⑤体细胞发生减数分裂,形成单倍体细胞,如玉米、水稻的根尖细胞,蚊子的肠上皮细胞等。⑥由于纺锤体有三个或三个以上的中心体,形成多极核分裂,如某些肿瘤细胞等。⑦染色体丢失,形成亚二倍体。

第三节　减数分裂

减数分裂(meiosis)是有性生殖个体在形成生殖细胞的过程中所发生的一种特殊的细胞分裂方式,其特征是 DNA 复制一次,细胞连续分裂两次,结果形成四个子细胞,染色体数目及 DNA 含量较亲代细胞减少一半。由于减数分裂是发生在生殖细胞形成的成熟期,因此又称为成熟分裂(maturation division)。

一、减数分裂的过程及特点

在形成生殖细胞的早期,原始生殖细胞主要通过有丝分裂进行增殖,细胞进入减数分裂之前要经过一个较长的细胞间期称为减数分裂间期,该期与有丝分裂间期相似,也分为 G_1 期、S 期和 G_2 期,有 DNA 合成,但 S 期持续的时间较长,DNA 合成速度明显减慢,部分未复制的 DNA 序列到减数分裂 I 时完成。经过间期的原始生殖细胞成长为初级母生殖细胞,随后进入分裂期,发生连续两次分裂,分别称为减数分裂 I 和减数分裂 II,两次分裂都可分为前期、中期、后期和末期四个时期,两次分裂之间也有一个短暂的间期。减数分裂的特殊事件主要发生在减数分裂 I 中。

(一) 减数分裂 I

减数分裂 I 的四个时期分别称为前期 I、中期 I、后期 I、末期 I。

1. **前期 I**　前期 I 较有丝分裂前期持续时间长,是减数分裂过程中最复杂的时期。其主要特点有:染色质的凝集、同源染色体联会、非姐妹染色单体之间发生交换和重组。根据染色体的形态变化将前期 I 再细分为五个亚期——细线期、偶线期、粗线期、双线期和终变期。

(1)**细线期**:细线期(leptotene stage)的主要特征是染色质开始凝集,呈细线状。细胞进入此期后,体积开始增大,细胞核及核仁均变大。此时染色体已完成复制,每条染色体均由两条姐妹染色单体组成,但在光镜下无法辨认染色体的双线结构,可见每条染色体仍呈单条细线状,故此期称为细线期。细线状染色体在局部成串、大小不一,颇似串珠的结构,称为染色粒。

(2)**偶线期**:偶线期(zygotene stage)又称为合线期,主要特征是同源染色体进行配对形成联会结构。同源染色体(homologous chromosomes)是指形态和大小相同、分别来自父本和母本、在减数分裂过程中能够两两配对的染色体。细胞进入此期后,同源染色体从某一点开始两两纵向靠拢在一起,准确配对,此过程称为联会(synapsis)。联会的结果是同源染色体形成紧密相并的复合结构即二价体,2n 条染色体配对形成 n 个二价体。同源染色体进一步靠拢和凝集,同源染色体之间部分片段侧面紧密相贴形成一种特殊的结构,称为联会复合体(synaptonemal complex,SC)。在电镜下,每个联会复合体呈三行纵带结构,总宽度为 150~200nm,两侧为电子密度较高的侧成分,其外侧为同源染色体 DNA,两侧成分之间为电子密度较低的中间区,中间区的中央有一条由蛋白质构成的纵线,为电子密集的中央成分。中央成分和侧成分之间经梯形排列的横纤维相连接。联会复合体由蛋白质、RNA 和少量 DNA 组成,是联会时同源染色体之间临时形成的特殊结构(图 9-5),其作用主要在于识别并稳定二价体中同源染色体紧密的配对,便于非姐妹染色单体之间的交换和重组。

(3)**粗线期**:粗线期(pachytene stage)的主要特征是染色体进一步螺旋化,变短、变粗,DNA 重组活跃。进入粗线期后,联会复合体开始执行 DNA 交换和重组的功能,故此期又称为重组期。此期,染色体进一步浓缩变粗,在光镜下可见每个二价体含有四条染色单体,称为四分体。同源染色体之

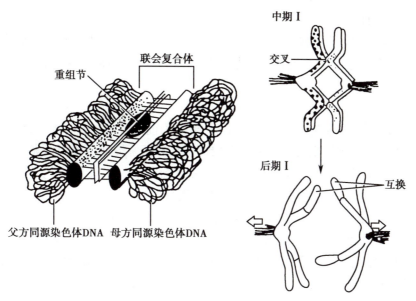

图 9-5 联会复合体结构示意图

间的染色单体称为非姐妹染色单体。在二价体的某些区段上,两条非姐妹染色单体之间存在交叉现象,这是因为它们之间发生了片段的交换。联会复合体中央出现一些圆形、椭圆形或棒形的蛋白结合体,称为重组节(recombination nodule)。重组节含有多种酶蛋白,与基因重组有关,在此处发生了同源染色体内的等位基因或 DNA 片段的交换和重组(图 9-5)。

（4）双线期:双线期(diplotene stage)的主要特征是染色体继续螺旋化,联会复合体解体,同源染色体开始分离并发生交叉端化,RNA 合成活跃。细胞进入双线期后,联会复合体逐渐去组装,趋于消失。紧密配对的同源染色体彼此间相互排斥,但它们仍然被交叉点连在一起,两条同源染色体并未完全分开。交叉点随着同源染色体的逐渐分开而不断向染色体两端移动,称为交叉端化。交叉端化是同源染色体完成交换和重组后分离过程中出现的现象,一直进行到后期Ⅰ随着同源染色体的彻底分开而结束。可见交叉的位置也不一定是交换的位置。RNA 合成活跃,特别是爬行类、鸟类和两栖类的卵母细胞大量合成 RNA,形成呈灯刷形状的巨大染色体,为受精后的卵裂储备物质。

双线期是细胞减数分裂的重要调控点,其持续的时间长短变化较大,在人和许多动物中,一般停留的时间比较长。例如,5 月龄的女性胎儿,其卵母细胞已达到双线期,并停留在此期直至排卵时,而女性一般排卵年龄在 12~50 岁。

（5）终变期:终变期(diakinesis)又称为浓缩期,主要特征是染色体继续浓缩,变粗变短,其螺旋化在此期末达到最高程度,交叉端化继续进行,核膜、核仁消失,纺锤体形成。

2. 中期Ⅰ　n 个二价体在纺锤体动粒微管的牵引下排列在细胞赤道面上,形成赤道板,有丝分裂器形成。与有丝分裂中期不同的是,同源染色体形成的两个动粒,分别位于两条同源染色体主缢痕处外侧,各自面向一极,并与同极的动粒微管相连。此时以着丝粒为参照点,二价体中经过交换重组的父本和母本染色体在赤道板上的排列朝向是随机发生的。

3. 后期Ⅰ　在纺锤体动粒微管的作用下,位于赤道板上的 n 个二价体中的同源染色体两两分开,形成两组数目相等的染色体,并分别向细胞的两极移动,使每一极都具有 n 条染色体,染色体数目减半。由于中期Ⅰ二价体在赤道板上的排列过程中父本和母本排列朝向是随机的,因此在后期Ⅰ同源染色体分开的同时,伴随着非同源染色体的自由组合。

4. 末期Ⅰ　染色体到达细胞两极后逐渐解旋为细丝状,核膜、核仁重新形成,同时进行胞质分裂,形成两个子细胞。每个子细胞含有一整套(2n 条)同源染色体中的一半(n 条)染色体,每条染色体均由两条姐妹染色单体组成。不同的物种在此期染色体的变化有所不同,多数物种的细胞染色体仍保持凝集状态,直到胞质分裂完成。

减数分裂 I 结束,新生子细胞经过短暂的间期后,立即进入减数分裂 II。此期不进行 DNA 合成,只进行动粒组装和中心粒的复制。有些物种甚至没有间期,减数分裂 I 结束后直接进入减数分裂 II。

(二) 减数分裂 II

减数分裂 II 的过程与体细胞的有丝分裂相似,可分为前期 II、中期 II、后期 II 和末期 II。

1. **前期 II**　染色体再次发生凝聚,同时形成纺锤体。每一条染色体由两条染色单体组成,每一条染色体的两个动粒分别与两极的动粒微管相连,并逐渐向细胞中央移动,核膜、核仁消失。

2. **中期 II**　n 条染色体排列在赤道面上,形成赤道板。

3. **后期 II**　染色体的着丝粒纵裂,姐妹染色单体分开,并在纺锤体动粒微管的牵引下分别向细胞两极移动,使细胞每一极都具有 n 条染色体。

4. **末期 II**　染色体到达细胞两极并解旋成细丝状,核膜、核仁重新形成,细胞质分裂,形成 4 个子细胞,每个子细胞具有 n 条染色体,至此完成减数分裂全过程(图 9-6)。

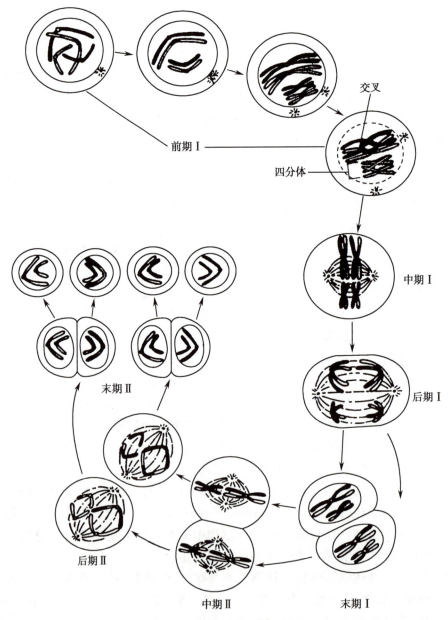

图 9-6　减数分裂过程示意图

经连续两次分裂后，一个母细胞分裂成四个子细胞，每个子细胞中染色体的数目较母细胞减少一半，且染色体的组成和组合彼此间也各不相同。

二、减数分裂的生物学意义

减数分裂在真核生物的遗传、变异及其研究上具有非常重要的生物学意义，具体有以下几个方面：

1. 保证了物种染色体数目在遗传上的相对稳定 在有性生殖过程中，经减数分裂形成的精子和卵子都是单倍体（人类 n=23）。精子和卵子通过受精结合成受精卵又恢复至二倍体（人类 2n=46），保证了生物物种世代遗传染色体数目的恒定，也保证了遗传性状特异性的稳定，这是减数分裂最重要的生物学意义。

2. 减数分裂是生物个体多样性和变异的细胞学基础 在减数分裂过程中，同源染色体分离，非同源染色体随机组合进入同一个生殖细胞，同时同源染色体的非姐妹染色单体间可能发生多处随机的片段交换和重组，使生物个体形成的配子种类极其繁多，因此减数分裂是生物个体多样性和变异的细胞学基础。

3. 为遗传的基本规律研究提供了细胞学基础 减数分裂中同源染色体彼此分离，使同源染色体相对位置的等位基因也彼此分离，分别进入不同的生殖细胞中，这是孟德尔分离定律的细胞学基础；减数分裂中非同源染色体随机组合进入同一生殖细胞，而非同源染色体上的非等位基因亦随机组合，这是孟德尔自由组合定律的细胞学基础；减数分裂中同一条染色体上的所有基因必然伴随这条染色体进入同一个生殖细胞，但由于联会时同源染色体之间可能发生非姐妹染色单体的部分交换，伴随着等位基因的交换，这是摩尔根连锁与互换定律的细胞学基础。

第四节　精子与卵子的发生及性别决定

生殖细胞经成熟分裂形成生殖配子的过程称为配子发生（gametogenesis），就人类而言是精子和卵子形成的过程。精子和卵子形成的过程基本相似，但也存在一些差异。

一、精子的发生

精子发生（spermatogenesis）是指由精原细胞经初级精母细胞、次级精母细胞、精细胞至成熟精子形成的过程。精子发生于睾丸生精小管的生精上皮，由精原细胞发育而成。精子的发生可分为增殖期、生长期、成熟期和变形期四个阶段（图 9-7）。

1. 增殖期 男性睾丸生精小管上皮的原始生殖细胞称为精原细胞（spermatogonium）。精原细胞是一种干细胞，含有 46 条染色体，属于二倍体（2n），紧贴于生精小管生精上皮的基膜，呈圆形，分化较低，可分为 A、B 两型。在增殖期，A 型精原细胞是精原细胞的干细胞，经有丝分裂不断增殖，细胞数目增多，其中一部分 A 型精原细胞继续保留干细胞功能，继续增殖以稳定精原细胞的数量；另一部分 A 型精原细胞分化为 B 型精原细胞进入生长期。增殖期只是细胞数目增加，染色体数目不变。

2. 生长期 进入生长期的 B 型精原细胞体积增大，进而分化为初级精母细胞（primary spermatocyte）。此期持续时间较短，细胞数目和染色体数目均不变，染色体仍为二倍体（2n）。初级精母细胞经过间期 DNA 复制使每条染色体包含两条染色单体。

3. 成熟期 初级精母细胞进行减数分裂 I 形成两个体积相同的次级精母细胞（secondary spermatocyte），每个次级精母细胞再经减数分裂 II 形成两个体积相同的精细胞（spermatid）。结果一个初级精母细胞经减数分裂形成了四个单倍体（n）的精细胞。

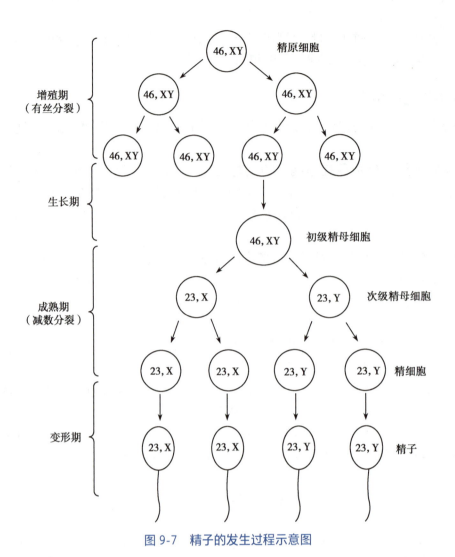

图 9-7　精子的发生过程示意图

4. 变形期　精细胞经过形态变化后成为精子（sperm）。主要表现：精细胞失去多余的细胞质，染色质高度浓缩，细胞核缩小变长并移向细胞的一侧构成精子的头部；高尔基复合体不断增大、凹陷形成双层帽状的顶体泡，覆盖在细胞核朝向头部的一侧成为顶体；中心粒迁移到头部的对侧并发出轴丝，与精细胞变长延伸的部分共同形成尾部（又称为鞭毛）。精细胞最终成为能灵活游动具有受精能力的精子。

二、卵子的发生

卵子发生（oogenesis）是指由原始生殖细胞发育成卵原细胞，再由卵原细胞发育为成熟卵子的整个过程。卵子来源于卵巢的生发上皮，由卵原细胞发育而成。其基本过程与精子发生相似，但无变形期，且生长期较长（图 9-8）。

1. 增殖期　女性原始生殖细胞在生殖嵴中经过多次有丝分裂形成卵原细胞（oogonium）。卵原细胞具有 46 条染色体，属于二倍体，经过多次有丝分裂不断增殖，细胞数目增多。

2. 生长期　卵原细胞经生长，体积增大，分化成初级卵母细胞（primary oocyte）。此时细胞内积累了大量卵黄、RNA 和蛋白质等物质，为受精后的发育准备好物质和能量，其染色体已完成复制，但仍然为二倍体（2n）。

3. 成熟期　初级卵母细胞进行减数分裂 I 后形成两个子细胞，由于胞质的分配不均，一个体积较大的称为次级卵母细胞（secondary oocyte），另一个体积很小几乎没有细胞质的称为第一极体。次

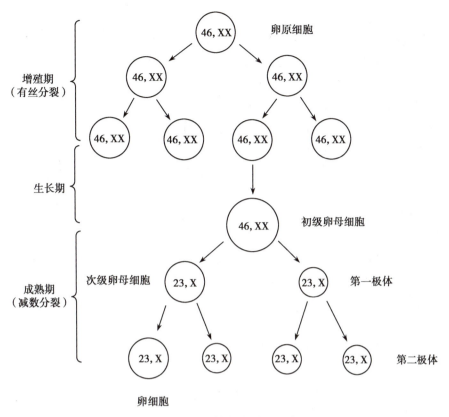

图 9-8　卵子的发生过程示意图

级卵母细胞进行减数分裂Ⅱ后形成两个子细胞,一个体积较大的是卵细胞,另一个体积很小的是第二极体;第一极体也进行减数分裂Ⅱ,形成两个大小一样的第二极体。结果一个初级卵母细胞经过减数分裂后形成一个单倍体的卵细胞(n)和三个单倍体的第二极体(n)。卵细胞即为成熟的卵子(ovum),极体由于不能继续发育而退化、消失。

　　需要指出的是,5月龄的女性胎儿卵巢中的卵原细胞基本完成增殖,细胞数量为400万~500万个,此时至出生卵原细胞经生长期发育为初级卵母细胞,并开始进行减数分裂Ⅰ至双线期停止。出生后初级卵母细胞逐渐退变,有300~400个初级卵母细胞得以继续发育。性成熟后,由于脑垂体促性腺激素的影响,卵巢出现周期性变化,促性腺激素解除了卵泡细胞对初级卵母细胞的抑制作用,通常每个月有1个初级卵母细胞恢复分裂能力,完成减数分裂Ⅰ,发育成为次级卵母细胞。排卵时,将次级卵母细胞排出卵巢,在输卵管中次级卵母细胞进入减数分裂Ⅱ并停留在中期。此时如果受精,次级卵母细胞会继续进行减数分裂Ⅱ形成卵细胞和第二极体,卵细胞核与精子细胞核融合形成受精卵;如果未受精,次级卵母细胞在24小时内退化死亡,与退化脱落的子宫内膜、血液一起形成月经排出体外。

三、性别决定

　　由于性染色体上性别决定基因的活动,胚胎发生了雄性和雌性的性别差异称为性别决定(sex determination)。雄配子与雌配子融合形成合子的过程称为受精(fertilization)。通过受精作用将雄配子带有的父源遗传物质和雌配子带有的母源遗传物质进行组合,合子所携带的遗传物质决定了新个体的性别。人类的体细胞含有23对染色体,其中22对为男女一样的染色体称为常染色体,另一对男女有别的染色体称为性染色体。女性的性染色体组成为XX(同型性染色体),男性的性染色体组成为XY(异型性染色体)。性染色体与性别决定有直接的关系。

　　在生殖配子发生时,男性通过减数分裂可产生两种类型的精子,分别是含有X染色体的精子

（23，X）和含有 Y 染色体的精子（23，Y），即 X 型精子与 Y 型精子，且数量相等；女性通过减数分裂只产生一种含有 X 染色体的卵子（23，X）。受精时，如果 X 型精子与卵子结合，受精卵的性染色体组成则为 XX，将发育成女性个体；如果 Y 型精子与卵子结合，受精卵的性染色体组成则为 XY，将发育成男性个体。在自然状态下，不同类型的精子与卵子的结合是随机的，因此男女的性别比例基本上保持平衡，为 1∶1（图 9-9）。

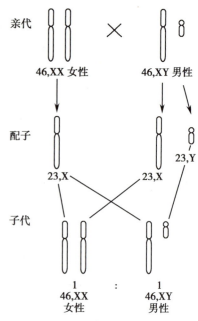

图 9-9　人类的性别决定示意图

实际上，人类的性别决定取决于精子所携带的性染色体，而 Y 染色体在性别决定中起关键作用。受精卵有 Y 染色体存在，则促使原始性腺发育成睾丸，胎儿发育为男性；受精卵无 Y 染色体存在，则原始性腺发育成卵巢，胎儿发育为女性。在 Y 染色体短臂上有决定生物个体性别的基因编码区称为 Y 染色体性别决定区（sex-determining region of Y，SRY），又称为 SRY 基因（SRY gene），其基因产物能激活一系列与性别决定有关的基因表达，使未分化的原始性腺发育形成睾丸。性别决定是一个复杂的过程，它涉及性染色体和常染色体上多个基因的协同作用。

第五节　细胞增殖与医学

细胞增殖是人体的基本生命活动之一，人体内任何一种细胞的增殖出现异常，都会引起该细胞的功能异常，进而影响人体的身体健康。许多疾病的研究和治疗都与细胞增殖有关，细胞增殖的理论对指导医学实践、解决临床上的一些问题具有极为重要的意义。

人类细胞增殖异常导致的疾病主要分为两大类：一类是细胞增殖抑制性疾病，由于受到某种因素的影响，导致机体内某种细胞的增殖受到抑制，无法进行正常增殖，从而引起该细胞的功能障碍，如不同原因引起的造血细胞增殖障碍会导致贫血、生殖细胞增殖抑制会导致不育、T 淋巴细胞增殖抑制和凋亡导致获得性免疫缺陷综合征等。另一类为细胞增殖失控性疾病，由于机体内某种细胞的增殖失去调节控制作用，导致细胞大量增殖，如肿瘤。

> **知识链接**
>
> ### 细胞增殖与疾病的诊断及治疗
>
> 机体内各种组织的更新过程具有严格的自我调节机制，包括启动和终止。调节过程不但需要刺激细胞增殖的信号分子，还需要信号的传递者和接收者共同参与。体内诸多因素的变化都可能影响细胞增殖的调节。所以测定与细胞增殖有关因素的指标可作为疾病诊断和治疗的依据。例如，测定群体细胞 3H-TdR 标记指数，可以诊断上皮增生性病变，并指导其治疗和预后判断。
>
> 目前，已有多种与调节细胞增殖有关的生物制剂应用于临床疾病的治疗中。例如，用表皮生长因子治疗皮肤溃疡，也常用于角膜移植和外科手术的伤口愈合。

一、细胞增殖与肿瘤

细胞增殖与肿瘤的发生密切相关。探讨细胞增殖周期中的相关问题，深入认识肿瘤的病因和病理,在临床上可指导肿瘤的诊断和治疗。

1. 肿瘤细胞的增殖周期　肿瘤是机体对体细胞的正常生长失去控制所导致的结果。肿瘤细胞没有正常的增殖性调节功能,不能进入静止期,始终处于增殖状态。同时肿瘤细胞还能自行分泌生长因子以持续地进行增殖,不需要外源性生长因子的激活作用。

恶性肿瘤迅速增长的原因是处于细胞增殖周期的细胞数量多,而不是细胞周期时间变短、细胞分裂加快所致。除少数肿瘤(如淋巴瘤)外,绝大多数肿瘤的细胞周期时间比相应的正常组织的细胞周期时间有明显延长。虽然肿瘤细胞分裂慢,但处于增殖状态的肿瘤细胞比较多。一般情况下,正常组织中处于增殖状态的细胞所占比重低于2%,而肿瘤组织中处于增殖状态的细胞所占比重往往可达20%~60%,甚至更高。

2. 细胞周期与肿瘤治疗　肿瘤的常规治疗方法包括化学治疗(简称化疗)、放射治疗(简称放疗)和手术治疗等,根据肿瘤细胞分裂和增殖的情况,有针对性地选择治疗方法或药物,可提高治疗效果。

处于细胞周期不同时期的肿瘤细胞,对其进行治疗的方法也有所不同。目前,已在分子层次上充分阐明抗肿瘤药物的作用机制,临床上对治疗肿瘤的化疗药物可根据细胞周期各时期的特点进行选择。如对 S 期肿瘤细胞主要用化疗,阿糖胞苷可选择性抑制核苷三磷酸还原酶,阻断核苷酸转变成脱氧核苷酸,从而达到抑制 DNA 合成的效果,属 S 期特异性药物;G_0 期细胞对物理、化学疗法不敏感,又具有肿瘤复发的潜在危险,可先用一些细胞因子(如血小板生长因子等)诱导它们返回细胞周期,再用物理或化疗手段予以治疗;放线菌素 D 可作用于 G_1 期或 G_2 期前阶段,用于抑制 DNA 聚合酶合成或抑制 RNA 合成,是一种细胞周期特异性药物;G_2 期肿瘤细胞对放射线较敏感,采用放疗较为合适;秋水仙碱可与微管结合,使微管蛋白解聚破坏纺锤体,因此只对 M 期细胞发生作用。此外,若选择手术治疗,则应尽量清除残余组织以避免肿瘤复发。

二、细胞周期理论是肿瘤治疗的理论基础

细胞周期理论是肿瘤治疗的重要理论依据,特别是针对细胞周期调控关键点的研究,寻找治疗肿瘤的新靶点已取得显著进展,这对抗肿瘤新药和基因治疗的研究开发具有重要意义。

1. 细胞周期是抗肿瘤药物分类的主要依据　抗肿瘤药物种类繁多,根据药物作用机制及其对细胞增殖周期各时期作用靶点的不同,可分为细胞周期非特异性药物和细胞周期特异性药物,这一分类对指导临床用药具有现实意义。

(1)**细胞周期非特异性药物**:这类药物对细胞周期各时期的细胞均具有杀伤作用,主要包括烷化剂(如氮芥、环磷酰胺、噻替派等)和抗癌抗生素(如丝裂霉素、柔红霉素、放线菌素 D 等)。

(2)**细胞周期特异性药物**:这类药物仅对处于细胞周期中某一时期的细胞具有特异性杀伤作用,如羟基脲、阿糖胞苷、氨甲蝶呤等抗代谢药物可特异性杀伤 S 期细胞;紫杉醇等可特异性杀伤 M 期和 G_1 期细胞;长春碱和长春新碱等可杀伤 M 期细胞。

2. 细胞周期理论是指导联合化疗方案制订的理论依据　在肿瘤的治疗中,常常将细胞周期特异性药物与细胞周期非特异性药物联合应用,设计不同的化疗方案,其目的是通过合理用药提高疗效和降低毒副作用。主要原则有:

(1)**根据细胞周期特点杀伤 G_0 期细胞**:G_0 期细胞是肿瘤复发的根源,对药物不敏感。根据细胞周期理论,先用细胞周期特异性药物杀灭细胞周期内的细胞,再用细胞周期非特异性药物杀灭其他的肿瘤细胞,待 G_0 期细胞进入细胞周期时再重复前面的疗程杀伤 G_0 期细胞,以达到最大程度杀灭肿瘤细胞的目的。

(2)**根据细胞周期时间差选用抗肿瘤药物**:根据正常细胞和肿瘤细胞的细胞周期时间不同的特点,为达到减少用药、提高疗效的目的,设计合理的用药时间及用药方案。

3. 细胞周期理论为研制抗肿瘤药物提供新的靶点　传统的抗肿瘤药物大部分的作用机制是阻止肿瘤细胞的 DNA 和蛋白质合成,其缺点是作用靶点特异性差,毒副作用大,疗效不佳。近年来,新的细胞周期调控点的不断发现,为研制抗肿瘤新药提供了理论依据,如针对生长因子受体、血管生长因子、细胞周期控制基因、细胞内信号转导系统等靶点,研制了一批新药,取得了明显效果。

4. 细胞周期理论推动了肿瘤基因治疗的进展　基因治疗是通过对体内细胞基因进行修饰以达到治疗疾病目的的新技术。明确细胞周期的调节机制及关键作用靶点,选准靶基因在肿瘤的基因治疗中至关重要。肿瘤基因治疗的方法主要有:①向肿瘤细胞导入肿瘤抑制基因。②针对细胞周期调控基因制备相应的寡核苷酸,抑制肿瘤的生长。③将细胞因子(如白介素类、干扰素、肿瘤坏死因子和细胞集落刺激因子等)导入肿瘤细胞或免疫细胞,通过增强免疫功能杀伤肿瘤细胞或直接杀伤肿瘤细胞。

(李震魁)

思考题

1. 在有丝分裂过程中,染色体数目是如何变化的?
2. 简述有丝分裂和减数分裂的主要异同点。
3. 简述减数分裂的生物学意义。
4. 精子与卵子的发生有何区别?
5. 谈谈细胞增殖与临床医学的关系。

ER 9-3
练习题

第十章 | 细胞的分化、衰老与死亡

ER 10-1
教学课件

ER 10-2
思维导图

学习目标

1. 掌握细胞分化、干细胞、细胞衰老和细胞死亡的概念。
2. 熟悉细胞分化的分子基础和影响因素,干细胞的增殖与分化特性。
3. 了解细胞衰老学说,细胞死亡的形式,细胞凋亡的生物学意义。
4. 学会识别细胞衰老、细胞坏死和细胞凋亡的显微图片。
5. 树立正确的世界观、人生观和价值观,具有乐观豁达的人生态度。

情境导入

患儿,女,6岁,出生时体重为2.8kg,出生4周后身体无故抽筋,随后的几个月中患儿病情迅速加重,1周岁前相继出现头顶脱发、关节炎、血管硬化、心脏疾病等各种老年人常见的病变。经专家会诊该患儿为早老症。该患儿6岁时的外貌体征表现为鸟形头、梨状胸、身体瘦弱、皮肤松弛、面容苍老、行动迟缓等。

请思考:

1. 细胞衰老有哪些特征?
2. 细胞衰老的代表性学说有哪些?
3. 该如何看待生命的成长、发育、衰老和死亡?

生命的生老病死是自然现象,也是自然界不变的法则。一个受精卵发育为一个完整个体的过程是以细胞增殖与细胞分化为基础的,通过细胞增殖可使细胞的数目增加,通过细胞分化可形成不同的细胞类型,并由此构成各种不同的组织、器官、系统,最后形成一个复杂的生物体。细胞在经历了增殖、分化与成长后,最终的归宿是衰老和死亡。

第一节 细胞分化

多细胞生物体由几十甚至几百种不同类型的细胞组成,每种细胞在形态结构和功能上都各不相同。如人体的红细胞呈双凹圆盘状,没有细胞核,含有血红蛋白,能运输氧和二氧化碳;平滑肌细胞呈纺锤形,含有肌动蛋白和肌球蛋白,能够收缩等。所有这些细胞都有一个共同的来源——受精卵。

细胞分化是细胞生物学的一个重要基础理论问题,也是发育生物学研究的核心问题,与医学实践密切相关。

一、细胞分化概述

(一) 细胞分化的概念

细胞分化（cell differentiation）是指同一来源的细胞逐渐形成形态结构、功能特征各不相同的细胞类群的过程。细胞分化依赖于细胞增殖，细胞增殖孕育了细胞分化。细胞分化的结果是在空间上细胞间产生差异，在时间上同一细胞与其从前的状态有所不同。

(二) 细胞分化的特点

1. 稳定性 细胞分化的稳定性表现在两个方面：一是对于种群，细胞分化具有种属特异性和稳定性，每种生物的细胞分化都有其特异性的时空路径，以明显区别于其他生物种属特征，使其世代保持种属特异性不变；二是对于个体，细胞分化具有终末分化的稳定性，在正常生理状态下一个细胞分化为一个特化的类型以后将终身不变，并能保持若干细胞世代，如神经元细胞和骨骼肌细胞在机体的整个生命过程中始终保持着稳定的终末分化状态不再进行分裂，黑色素细胞在体外培养 30 代后仍能合成黑色素而不转变成其他类型的细胞。

2. 时空性 多细胞生物的细胞分化包括时间和空间上的分化：一个细胞在不同的发育阶段可以有不同的形态结构和功能，即时间上的分化；同一生物个体内的各个细胞因所处位置不同可产生不同的结构和功能上的分工，即空间上的分化。在高等动物整个生命过程中都有细胞分化活动，但以胚胎时期最为旺盛和典型，随着细胞数目的不断增加，细胞的分化越来越复杂，细胞间的差异也越来越大。同一个体的细胞由于所处的空间位置不同而确定了细胞的发育路径和结果各异，出现头与尾、背与腹、表与里等不同。这些时空差异为形成功能各异的多种组织和器官提供了基础。

3. 普遍性与遗传物质的不变性 细胞分化在生物界普遍存在，是生物个体发育的基础。细胞分化是伴随细胞分裂进行的，亲代与子代细胞的形态、结构及功能或可发生改变，但细胞内的遗传物质却始终保持不变。

4. 可逆性 细胞分化在一般情况下是单向的、稳定的，但在一定条件下某些已分化的细胞仍可重新获得分化潜能回到未分化状态，这种现象称为去分化（dedifferentiation），也称为细胞分化的可逆性。

二、细胞分化的分子基础

机体的所有细胞都是由受精卵分裂增殖而来，含有相同的基因组成，但在形态结构、生化特征和生理功能上却存在显著差异。从分子水平上看，每个细胞的结构与功能都是由特异性蛋白质决定的，而蛋白质的合成又是特定基因表达的结果。

(一) 基因的选择性表达

体细胞具有与受精卵相同的全套基因，在胚胎发育过程中它们为什么会合成不同的蛋白质而分化成具有不同形态的细胞呢？现代分子生物学研究证据表明，在个体发育过程中，细胞内的全部基因并不是同时表达，而是在一定时空顺序上有选择性地表达。在这个特定时空上有的基因在表达，有的基因则处于沉默状态；随着时空的顺次转换原本有活性的基因可继续保持活性状态，也可能关闭，而原本处于沉默状态的基因有可能被依次激活。在任何时间内一种细胞仅有特定的部分基因在进行表达，且仅占全部基因总数的 10%~20%，而 80%~90% 的基因处于失活或关闭状态。基因的选择性表达具有严密的调控机制，如人体发育的不同阶段各种血红蛋白呈现严格的消长过程就是基因选择性表达的最好例证。

(二) 奢侈基因与持家基因

细胞内的基因按其与细胞分化的关系可分为两大类。一类是奢侈基因（luxury gene）或称为组织特异性基因（tissue-specific genes），这类基因只在特定类型的细胞中表达，其产物对细胞分化起直接作用,决定细胞的特异性形态结构与生理功能,如肌细胞的肌球蛋白基因和肌动蛋白基因、表皮细胞的角蛋白基因、红细胞的血红蛋白基因等。研究证明,细胞分化是奢侈基因按照一定顺序有选择性地相继活化表达的结果,一组特定奢侈基因的表达导致一种类型分化细胞的出现。另一类是持家基因(house keeping gene),也称管家基因,这类基因在所有细胞中均表达,其产物是维持细胞的基本生命活动所必需的,如膜蛋白基因、核糖体蛋白基因、线粒体蛋白基因、糖酵解酶基因、组蛋白基因等。持家基因与细胞分化的关系不大,对细胞分化只起支持作用。

三、影响细胞分化的因素

(一)细胞质

个体发育从受精卵开始,经卵裂和胚胎发育过程分化出各种细胞和组织。不同细胞的产生往往与细胞获得不同成分的细胞质有关。实验证明,受精卵和早期胚胎的胞质成分不是均质的,细胞质中某些物质的分布具有区域性,即在细胞分裂时胞质呈不均等分配,子细胞获得的胞质成分不尽相同。细胞质对核内基因的活性有调节作用,细胞质的不同成分诱导细胞向不同的方向分化,如有些海鞘的卵含有不同的色素区域,受精后这些区域随着卵裂分布到不同细胞中,将来发育成特定的组织,其中富含线粒体的黄色细胞质区域成分可诱导子代细胞分化成中胚层,透明区胞质成分可诱导子代细胞分化成外胚层,灰色区胞质成分可诱导子代细胞分化成内胚层。

(二)细胞核

细胞核是生物体遗传信息的储存场所,细胞核对细胞的分化起着决定性的作用,这是因为生物任何性状的出现都是由遗传物质决定的,从胚胎全能细胞到多能细胞再到单能细胞是细胞核基因组选择性表达的结果,细胞核对细胞分化起决定性作用的本质是基因的选择性表达。

(三)细胞间的相互作用

多细胞生物细胞间的相互作用对细胞分化有较大的影响。在胚胎发育过程中一部分细胞对邻近的另一部分细胞产生影响,并起到决定其分化方向的作用称为胚胎诱导(embryonic induction)。胚胎诱导一般发生在中胚层与内胚层、中胚层与外胚层之间,诱导的层次可分为初级诱导、次级诱导和三级诱导。脊椎动物的组织分化和器官形成是一系列多级胚胎诱导的结果,如眼的发生是胚胎诱导的典型例证:中胚层脊索诱导外胚层细胞向神经方向分化形成神经板,此为初级诱导;神经板卷折成神经管后头端膨大的原脑视杯可以诱导外表面覆盖的外胚层形成眼晶状体,此为次级诱导;晶状体进一步诱导其外面的外胚层形成角膜,此为三级诱导,最终形成眼球(图 10-1)。

ER 10-3

视频:
眼的胚胎发育

细胞群彼此间除有相互诱导促进分化的作用外,还有相互抑制的作用。细胞间的分化抑制作用对于胚胎发育的影响也非常重要。如将一个正在发育的蛙胚放于含有一块成体脑组织的培养液中,蛙胚不能发育成正常的脑,这表明已分化的组

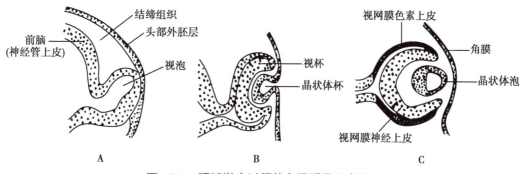

图 10-1 眼球发育过程的多级诱导示意图

A. 初级诱导;B. 次级诱导;C. 三级诱导。

织细胞可以产生某种物质以抑制邻近细胞进行同质化分化,从而避免相同器官的发生和器官的无限增大。

(四) 激素

激素对细胞分化的作用表现在胚胎发育晚期和胚后发育中,是远距离细胞间相互作用的调节因素。激素通过血液或淋巴液运输到靶细胞,经过一系列的信号转导过程影响靶细胞的分化。如两栖类动物幼体临近变态发育时,脑下垂体分泌促甲状腺素,促进甲状腺的生长和分化;甲状腺向血液中分泌甲状腺素,甲状腺素达到一定浓度可使蝌蚪的尾退化、肢芽生长和分化而发生变态。如果在蝌蚪发育早期将其甲状腺原基切除,则不能发生变态现象,从而长成一个特大的蝌蚪。在哺乳动物胚胎发育过程中,性激素在性细胞分化中起决定性作用。

(五) 外环境

环境中的物理因素、化学因素、生物因素等常以提供信号的方式来影响机体的细胞分化,如畸胎瘤的产生就是异常环境影响早期胚胎细胞分化形成的,哺乳动物的卵细胞若因故未经排卵被激活会在卵巢进行异位发育,异常环境使细胞的增殖和分化失控,已分化的毛发、牙、骨、腺上皮等和未分化的干细胞杂乱聚集成无组织的肿块称为畸胎瘤(teratoma)。早在1954年史蒂文斯(Stevens)和利特尔(Little)就利用实验手段建立了人工诱导畸胎瘤的动物实验模型,他们将囊胚阶段的小鼠胚胎植入雄性小鼠的睾丸下面,使得胚胎组织生长紊乱,再把其转移到肾淋巴结处生长,即形成了畸胎瘤。若将小鼠畸胎瘤的少量干细胞注入小鼠正常囊胚腔中,再把含畸胎瘤细胞的胚胎植入到寄母小鼠的子宫中,最终发育成一个正常的嵌合体小鼠(图10-2)。实验证明,环境因素影响胚胎细胞的分化,异常环境干扰了细胞的分化程序,使正常细胞转化为癌细胞,而适宜的条件又可诱导异常的畸胎瘤细胞或癌细胞进行正常的发育分化。

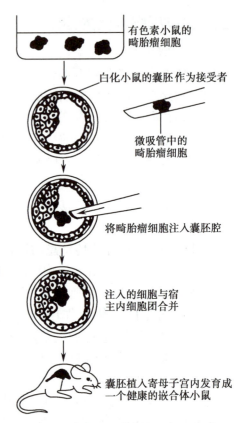

图 10-2　畸胎瘤细胞与正常囊胚细胞融合产生嵌合体小鼠示意图

右侧图注:
- 有色素小鼠的畸胎瘤细胞
- 白化小鼠的囊胚作为接受者
- 微吸管中的畸胎瘤细胞
- 将畸胎瘤细胞注入囊胚腔
- 注入的细胞与宿主内细胞团合并
- 囊胚植入寄母子宫内发育成一个健康的嵌合体小鼠

四、干细胞

在成体的许多组织中都保留了一部分未分化的细胞,在一定条件下这些细胞便可按发育途径先进行细胞分裂,然后分化产生一种或多种执行特定功能的组织细胞。机体中具有分裂增殖能力并能分化形成至少一种"专业"细胞的原始细胞称为干细胞(stem cell,SC)。

(一) 干细胞的类型

根据所处的发育阶段,干细胞可分为胚胎干细胞和成体干细胞两大类。

1. 胚胎干细胞　胚胎发育早期即受精卵发育分化初始阶段的一组细胞称为胚胎干细胞(embryonic stem cell,ESC),它是全能干细胞的主要来源。它的最大特点是具有发育的全能性和通用性,并能参与整个机体的发育。对胚胎干细胞的研究可追溯到20世纪50年代,始于畸胎瘤干细胞的发现。目前许多研究工作是以小鼠胚胎干细胞为研究对象展开的,1981年埃文斯(Evans)等从小鼠囊胚内细胞团中分离出胚胎干细胞,研究证明小鼠胚胎干细胞在体外培养中可分化成20种细胞类型。人类胚胎干细胞是干细胞研究的重点与难点,由于受伦理道德与法律的约束,研究进展一直较为缓慢,近年来才有了新发展,人胚胎干细胞的体外培养获得成功,研究和利用胚胎干细胞是当前生物工程领域的核心课题之一。

2. 成体干细胞 机体某种组织的专能干细胞称为成体干细胞（somatic stem cell）。传统的观点认为干细胞一旦分化成为成熟细胞就不再具有分化能力，除皮肤、血液、消化道上皮和肝脏组织的干细胞尚存在一定的再生能力外，其他组织器官的细胞基本上没有再生能力。随着细胞生物学的发展，科学家发现在人体的各种组织和器官中仍然存在着生长发育早期保留下来的未分化细胞，这些细胞是保留有一定发育潜能的成体干细胞，它们不但能再生某些组织，还可以衍生出与其来源不同的细胞类型。

（二）干细胞的增殖特性

1. 缓慢性 增殖缓慢是干细胞的重要特性之一。干细胞进入分化程序前，首先要经过一个短暂的增殖期产生过渡放大细胞，这是一群介于干细胞和分化细胞之间的过渡细胞，其作用是通过较少的干细胞产生较多的分化细胞。研究表明，干细胞通常分裂较慢，组织中能够快速分裂的是过渡放大细胞，如肠干细胞的分裂速度比其过渡放大细胞约慢一倍。目前认为，缓慢增殖有利于干细胞对特定的外界信号做出反应，确定是继续增殖还是进入特定分化程序；缓慢增殖还可以减少基因发生突变的概率，使干细胞有充分的时间发现和校正复制错误。因此干细胞的作用除了补充组织细胞外，还具有防止体细胞发生突变的作用。

2. 自稳定性 干细胞在生物体的生命过程中能够进行自我更新并维持自身数目恒定的特性称为干细胞的自稳定性（self-maintenance）。干细胞分裂后，若两个子代细胞都是分化细胞或都是干细胞称为对称分裂；若产生的两个子代细胞中一个是干细胞，另一个是分化细胞称为不对称分裂。有学者提出造成不对称分裂的原因是母细胞中生物分子分布的不均等。对于无脊椎动物，不对称分裂是干细胞维持生物体细胞数目恒定的方式，而哺乳动物则不然，在大多数哺乳动物可自我更新的组织中，干细胞分裂产生的两个子细胞可以是两个干细胞，也可以是两个分化细胞；当组织处于稳定状态时，每个干细胞通常产生一个子代干细胞和一个特定分化细胞，因此哺乳动物干细胞的分裂是种群意义上的不对称分裂。这一特性使机体对干细胞的调控更加灵活，以适应不同生理变化的需要。据研究，每个正常肠腺大约由 250 个细胞组成，若额外增加 1 个肠干细胞，就会多产生 64~128 个子细胞。哺乳动物干细胞增殖调控是多层次、多途径的，目前对干细胞群不对称分裂调控机制的了解还远远不够。

（三）干细胞的分化特点

1. 分化潜能 按分化潜能的大小，干细胞可分为三种类型。

（1）**全能干细胞**（totipotent stem cell）：是指具有形成完整个体的分化潜能的干细胞，如哺乳动物的受精卵和桑葚期"8 细胞"前的细胞可连续增殖、分化生成所有类型的细胞，并进一步发育形成完整的生物个体。

（2）**多能干细胞**（pluripotent stem cell）：是指具有分化为多种组织细胞的潜能，但却失去了发育成完整个体的能力，发育潜能受到了一定限制的干细胞，如骨髓中的多能造血干细胞可分化生成至少 12 种血细胞，但不能分化出造血系统以外的其他细胞。

（3）**专能干细胞**（unipotent stem cell）：也称为单能或偏能干细胞，是指只能向一种类型或密切相关的某种类型的细胞分化的干细胞，如上皮组织基底层的干细胞、肌肉组织的成肌细胞等。在生物体的发生、发育过程中，细胞由"全能"变为"多能"再到"专能"的分化趋势是细胞分化的一个普遍规律。

2. 转分化与去分化 一种组织类型的干细胞在一定条件下可以分化为另一种组织类型的细胞，称为干细胞的转分化（trans-differentiation）。长期以来，人们认为成体干细胞只能分化形成一种特定类型的细胞，如神经干细胞只能分化为神经系统的细胞（神经元、神经胶质细胞等），而不能分化成为其他类型的细胞。但许多实验表明，由成体组织分离的干细胞仍具有可塑性，一定条件下可转分化为其他类型的干细胞,如 1997 年埃格利蒂斯(Eglitis)等人将来自成年雄性小鼠的造血干细胞移植到受亚致死剂量放射性核素照射的雌性小鼠体内,3 天以后在受体雌鼠的神经胶质细胞中检测到 Y 染色体存在,首次证明了成体动物的造血干细胞可分化为脑的星形胶质细胞、少突胶质细胞和小胶质细胞。

干细胞向其前体细胞的逆向转化被称为干细胞的去分化。有实验表明当把来自成体小鼠的造血干细胞注入胚泡的内细胞团后,成体小鼠造血干细胞的分化状态可发生逆转,表达出胚胎的珠蛋白,还参与胚胎造血系统的发育。

(四)几种主要干细胞

1. 胚胎干细胞 如上所述,胚胎干细胞是一种高度未分化细胞,具有发育的全能性。

2. 造血干细胞 造血干细胞(hematopoietic stem cell,HSC)是存在于造血组织内的一类能够分化产生各种血细胞的原始细胞,也称为多能造血干细胞,是成体干细胞的一种。实验表明,造血干细胞在一定条件下可增殖分化为多能淋巴干细胞和多能髓性造血干细胞,再分别分化发育为功能性淋巴细胞系、粒细胞系、巨噬细胞系、红细胞系、巨核细胞-血小板系等造血祖细胞,并可进一步分化发育为白细胞、红细胞和血小板等,以维持机体外周血的平衡。

造血干细胞一般分为两类:一类为长期造血干细胞,具有长期自我更新的能力和分化成各类成熟血细胞的潜能;另一类为短期造血干细胞,也称为祖细胞或前体细胞,具有有限的自我更新能力和较为明确的分化目标。长期造血干细胞在进行细胞治疗时极为重要。

造血干细胞是体内各种血细胞的唯一来源,它主要存在于骨髓、外周血、脐带血中。造血干细胞的移植是治疗血液系统疾病、先天性遗传病以及多发性和转移性恶性肿瘤等的最有效方法。在 20 世纪 50 年代,临床上开始应用骨髓移植的方法来治疗血液系统疾病。到 80 年代末,外周血干细胞移植技术逐渐推广开来,绝大多数为自体外周血干细胞移植,这在提高治疗有效率和缩短疗程方面优于常规治疗。脐带血干细胞移植的优势在于无来源的限制,对人类白细胞抗原(HLA)配型要求不高,相对于骨髓和外周血干细胞移植更为安全。目前,脐带血造血干细胞可以成熟应用于治疗包括血液系统恶性肿瘤、血红蛋白病、骨髓造血功能衰竭、先天性代谢性疾病、先天性免疫缺陷性疾病、自身免疫性疾病、实体肿瘤等多种疾病。

知识链接

白 血 病

白血病是一类造血干细胞异常的克隆性恶性疾病。该病源于造血干细胞基因突变,细胞持续性增生,细胞分化成熟受阻,使得白血病细胞(幼稚的白细胞)在骨髓和其他造血组织内大量增殖聚积并经血液浸润体内各器官、组织,引起一系列症状。临床上白血病常有贫血、出血、感染和不同程度的肝、脾、淋巴结肿大以及胸骨压痛等症状。

根据自然病程及骨髓原始细胞数可将白血病分为急性白血病和慢性白血病两种。

---

3. 神经干细胞 传统观点认为,哺乳动物和人类的神经组织是非再生组织,即成体的脑和脊髓的神经元不能再生。后来的研究证明,在中枢神经系统中部分细胞仍具有自我更新及分化形成神经元、星形胶质细胞和少突胶质细胞的能力,这些细胞被称为神经干细胞(neural stem cell,NSC)。神经干细胞在哺乳动物成体或胚胎中枢神经系统中广泛存在。从 1992 年开始,科学家们分别从小鼠、大鼠和成人脑组织中发现了神经干细胞的存在,且分离得到了神经干细胞。我国学者从人胚胎纹状体、成年大鼠纹状体和小鼠胚胎皮质组织中获得了神经干细胞。1996 年,科学家从成年哺乳动物脊髓内分离得到了神经干细胞。

神经干细胞在形态上存在异质性,大多为梭形,两端有较长的神经突起,比较容易识别。神经干细胞具有如下特点。①自我更新:神经干细胞具有对称分裂及不对称分裂两种分裂方式,从而保持干细胞库稳定。②多向分化潜能:神经干细胞可以向神经元、星形胶质细胞和少突胶质细胞分化。③低免疫原性:神经干细胞是未分化的原始细胞,不表达成熟的细胞抗原,不被免疫系统识别。④组织融合性好,可以与宿主的神经组织良好融合,并在宿主体内长期存活。

4. 表皮干细胞　皮肤是再生能力较强的组织,表皮细胞和毛囊可不断地更新,如人表皮细胞每2周就替换一次。表皮干细胞最显著的特征是慢周期性与自我更新能力。慢周期性的直接证据来自在体内标记的滞留细胞,即在新生动物细胞分裂活跃时掺入氚标记的胸苷,因干细胞分裂缓慢,可长期探测到放射活性,如小鼠表皮干细胞的标记滞留可长达2年。表皮干细胞的自我更新能力表现为离体培养时细胞呈克隆性生长,如连续传代培养时细胞可进行140次分裂,能产生$1×10^{40}$个子代细胞。此外,表皮干细胞还表现出对基底膜的黏附性,主要通过表达整合素实现对基底膜各种成分的黏附。

5. 间充质干细胞　间充质干细胞是骨髓的另一类干细胞,由中胚层发育而来,形成于发育中的骨髓腔。在具有造血功能的骨髓中,间充质干细胞处于静止期。应用密度梯度离心法可以从骨髓抽提物中分离出间充质干细胞。体外培养过程中,间充质干细胞贴壁生长,形态类似成纤维细胞。间充质干细胞可以向除造血组织以外的多种组织迁移定位,并分化为相应的组织细胞,如骨、关节、脂肪、肌腱、肌肉和骨髓基质等多种组织。实验表明,将转基因小鼠的骨髓间充质干细胞植入受照射小鼠体内,移植后1周内供体细胞在受体小鼠骨髓内植入很少,1~5个月后在受体小鼠的肺、软骨、骨及骨髓和脾脏内供体细胞的植入率达1.5%~2%。

到目前为止,人们对干细胞的了解仍存在许多盲区。随着干细胞研究领域的不断扩展和深入,干细胞在医学领域的应用将有广阔前景。

五、细胞分化与癌细胞

临床上把具有恶性增殖和广泛侵袭转移能力的肿瘤细胞称为癌,它是由正常细胞转变而来的。正常细胞一旦恶变,其形态结构、生化组成和功能特性等都会发生显著的变化。

1. 形态结构的改变　细胞核大、核仁数目多,细胞质呈低分化状态,内膜系统尤其是高尔基复合体不发达,微丝排列不够规则。细胞表面微绒毛增多变细,细胞连接减少,细胞与基底层之间的黏着性明显降低。

2. 接触抑制现象丧失　一般情况下,体外培养的大部分正常细胞需要黏附于固定的表面进行生长,增殖的细胞达到一定密度汇合成单层以后即停止分裂,这种现象称为接触抑制。而癌细胞缺乏这种生长限制,可持续分裂,堆积成立体细胞群形成细胞灶。

3. 对生长因子或血清的依赖性降低　在体外培养条件下,正常二倍体细胞的培养基中必须含有一定浓度的血清(>5%)才能维持细胞的分裂增殖,癌细胞在缺乏生长因子或低血清(2%)状态下仍可生长和分裂。

此外,人正常细胞在体外培养传代一般不能超过50代,而癌细胞则可以无限传代。

从细胞分化观点分析,癌细胞具有未分化或低分化细胞的特性。癌细胞来源于正常细胞,但大多数不能表达其来源细胞所特有的蛋白质和功能,如胰岛细胞瘤不能合成胰岛素,肝癌细胞不能合成血浆蛋白等。因此细胞癌变往往被看成是细胞的去分化,即癌细胞是其来源细胞去分化恢复到未分化或低分化的胚性状态,这对于理解癌细胞起源和本质特征具有重要意义。癌细胞是当前细胞生物学研究的一个重要领域。研究肿瘤细胞特征以及肿瘤细胞的诱导分化不但能为肿瘤性疾病提供合理的治疗对策,也有助于人们对正常细胞分化机制进行认识。

第二节　细胞衰老

一、细胞衰老概述

（一）细胞衰老的概念

一般意义上,衰老(aging)是指生物体经生长发育到成熟后,随着时间的推移,在形态结构和生理功能方面出现的一系列慢性、进行性的退化过程。它是生物体自发的、不可逆的必然过程。就人类而言,个体随着年龄的增长,将会逐步出现全身性、系统性的衰老变化,表现为头发变白、皮肤松弛、肌肉萎缩、牙齿脱落、血管硬化、腰膝无力、气短乏力、精神不振、记忆力减退、感觉迟钝、免疫功能降低、性功能衰退甚至丧失等。

机体衰老与细胞衰老息息相关。细胞衰老是指组成细胞的化学物质在运动中不断受到内外环境的影响而发生损伤,造成细胞功能退行性下降而老化的过程。同新陈代谢一样,细胞衰老是细胞生命活动客观存在的自然现象。对单细胞生物来说,细胞的衰老即为生物体的衰老。对多细胞生物来说,细胞的衰老与生物体的衰老则是两个不同的概念,二者之间既有区别又有联系。区别在于细胞的衰老始终贯穿于生物体的整个生命过程,也就是说,细胞衰老不仅发生在老年期,即使是胚胎期和幼年期的生物体也有细胞的衰老;生物体的衰老也不等于所有细胞的衰老,生物体内每时每刻都有细胞的衰老和死亡,同时又有新增殖的细胞来补充更新,衰老的生物体中有未衰老的细胞存在。联系在于生物体的衰老是以细胞整体衰老为基础的,细胞整体衰老表现为生物体的衰老。

ER 10-4

微课:
细胞衰老与生物体衰老是同一回事吗?

细胞衰老和细胞寿命密切相关。一般而言,衰老现象容易在短寿命细胞中见到,而长寿命细胞在其生命的晚期才见到。细胞的寿命随组织种类不同而异,同时也受环境因素的影响。以人体内各类血细胞的寿命为例,红细胞一般的平均寿命为120天;贫血状态下,机体本能反应加快了血液循环,红细胞容易衰老而寿命缩短,当溶血性贫血发生时,红细胞的寿命只有10~15天。淋巴细胞根据存在的部位不同,寿命也不同,胸导管或淋巴结中的淋巴细胞寿命可达100~200天,甚至更长;骨髓中的淋巴细胞寿命平均为3~4天,有的可短于24小时。需要说明的是,生物体内绝大多数细胞的寿命与生物体寿命并不相等,高等生物体的细胞都有最大分裂次数,细胞分裂一旦达到上限就要死亡。

离体培养的细胞的增殖能力可反映个体衰老状况及其在体内的衰老状况。实验证明,体外培养不同种类动物的胚胎成纤维细胞,培养细胞的可传代次数越多,该动物的寿命越长,衰老速度越慢;反之则寿命越短、衰老速度越快。如龟胚胎成纤维细胞离体培养可传90~120代,龟的平均寿命约为175年;小鼠胚胎成纤维细胞离体培养可传5~10代,小鼠的平均寿命约为3.5年。体外培养同一物种不同发育阶段的同一种细胞,培养细胞的可传代次数与细胞来源个体的年龄成反比,如人胚胎期的成纤维细胞离体培养可传40~60代,出生至15岁间的可传20~40代,15岁以后的仅能传10~30代;患有早老症的儿童,其成纤维细胞离体培养只能传2~10代。

通过研究细胞衰老可了解生命衰老的一些规律,可为延长人类寿命,以及解决心血管疾病、脑血管疾病、癌症和关节炎等老年性疾病发病率上升等问题提供科学依据。

（二）细胞衰老的特征

细胞衰老的过程是细胞生理与生化发生复杂变化的过程,这些变化反映在细胞形态结构和生理功能上,主要表现为对环境变化适应能力和维持细胞内环境恒定能力的降低。细胞生长停止,形态结构与功能均发生明显变化,但仍具有代谢功能(表10-1)。

表 10-1 衰老细胞的形态结构变化

细胞组分	形态变化	细胞组分	形态变化
细胞核	增大、染色深、核内有包含物	高尔基复合体	碎裂
核膜	内陷	尼氏体	消失
染色质	凝聚、固缩、碎裂、溶解	包含物	糖原减少、脂肪积聚
细胞质	色素集聚、空泡形成	细胞膜	黏度增加、流动性降低
线粒体	数目减少、体积增大、mtDNA 突变或丢失		

1. 细胞内水分减少 细胞衰老最明显的变化是由于细胞内水分减少导致细胞皱缩,体积变小。这可能是由于蛋白质与水的结合能力丧失,造成细胞脱水,蛋白质胶体颗粒失去电荷而聚合凝集,分散度降低,不溶性蛋白增多,原生质硬度增加,代谢速率减慢,如老人的皮肤水分含量低、松弛、有皱褶。

2. 细胞内色素颗粒沉积 细胞内色素颗粒沉积是衰老细胞的另一个显著特征。老年斑的形成是脂褐质堆积所致,首先在衰老个体的神经细胞中发现,各种细胞的细胞质中均有脂褐质的存在,其数量随老年化进程而逐渐增加,尤其在分裂指数低或不分裂的细胞(如肝细胞、肌细胞和神经细胞)中,积累更为明显。脂褐质在细胞内积累,占据了细胞内一定的空间,影响细胞正常的代谢活动,使细胞代谢效率下降,从而导致细胞衰老。

3. 化学组成与生化反应的变化 细胞衰老的过程中首先表现为蛋白质合成速率下降,酶活性改变,这主要是因核糖体的工作效率和准确性降低,以及蛋白质合成中的延长因子数量减少及活性降低所致,如人体衰老时头发变白与头发基底部细胞中产生黑色素的酪氨酸酶活性降低有关。需要指出的是,在衰老过程中大多数蛋白质合成速度下降,而某些与控制细胞衰老直接相关的特异蛋白质合成却增多。此外,细胞衰老的过程中还伴随着染色质的转录活性下降、结构改变、热稳定性增加以及染色质蛋白的可抽提性降低等。

4. 细胞器的改变 衰老细胞内会发生一系列的改变:①线粒体数目逐渐减少,形态异常,体积随年龄增长而增大,氧化磷酸化功能低下,能量供应不足,最终导致细胞崩解破裂。②粗面内质网数目减少,弥散分布于核周细胞质中,膜腔膨胀扩大甚至崩解,附着核糖体脱落,滑面内质网呈空泡状。③高尔基复合体的数目增多,扁平囊出现肿胀并伴有断裂崩解,分泌功能衰退。④细胞核常表现为核膜内折,神经细胞尤为明显,核膜内折的程度随年龄增长而增加;染色质固缩,常染色质减少;细胞核结构模糊,体积增大,染色变深等。

5. 膜系统的改变 细胞膜的改变与细胞衰老之间有着密切的联系。年轻的细胞膜脂质双层呈液晶态,镶嵌在脂质双层中的蛋白质可进行平移和旋转运动,细胞膜具有良好的流动性,功能健全。衰老细胞膜的磷脂含量下降,胆固醇与磷脂的比值随年龄增长而上升,而不饱和脂肪酸含量及卵磷脂与鞘磷脂的比值则随年龄增长而下降,衰老细胞膜的脂质双层常处于凝胶相或固相,磷脂及其中的蛋白质分子自由度受到极大限制,细胞膜的脆性增加、流动性明显减弱,导致细胞膜的功能下降,细胞的兴奋性降低,细胞膜的物质运输能力减弱,细胞膜受体与配体复合物的形成效能下降,信号转导功能也受到相应的影响。

二、细胞衰老学说

衰老是一个复杂的生物学变化过程,表现多种多样,原因错综复杂。关于细胞衰老机制的研究,有许多理论与学说,下面介绍几种具有代表性的理论与学说。

(一)自由基理论

细胞代谢离不开氧,然而在生物通过氧化获得能量的同时,也会产生一些有害的"副产品"——

高活性的化合物(自由基)。这些"副产品"与细胞衰老有关,可导致细胞结构和功能的改变,这就是所谓细胞衰老的自由基理论(free radical theory)。

自由基是指那些在原子核外层轨道上具有不成对电子的分子或原子基团,化学上也称为游离基。日常生活和工作环境中会遇到自由基,如汽车尾气、厨房油烟中都含有大量自由基,辐射、空气污染等也会产生。机体代谢过程中会产生大量自由基,一般认为,自由基在体内除有解毒功能外,它对细胞更多的是有害作用。细胞中的自由基若不能被及时清除,则会对细胞产生严重的损伤,加速细胞的衰老,表现为以下方面:使生物膜的不饱和脂肪酸过氧化形成脂质,破坏膜上酶的活性,使生物膜的脆性增加,流动性降低,膜性细胞器受损,功能活动降低;产生的过氧化脂质与蛋白质结合形成脂褐质,沉积在神经细胞和心肌细胞,影响细胞的正常功能;使 DNA 发生氧化损伤或交联、断裂、碱基羟基化、碱基切除等,使核酸变性,扰乱 DNA 的正常复制与转录;使蛋白质中的巯基变性,形成无定性沉淀物,降低各种酶或蛋白质的活性,导致因某些蛋白出现而引起机体自身免疫现象等。

正常生理状态下,细胞内存在清除自由基的防御系统。一是细胞内有保护性的酶,主要是超氧化物歧化酶(SOD)和过氧化氢酶(CAT)等,可分解清除细胞内过多的自由基。二是通过细胞内部自身隔离化使产生自由基的物质或位点与细胞其他组分分开,如线粒体是细胞内许多氧化物代谢产生自由基的部位,线粒体作为独立的细胞器可限制自由基扩散。三是体内一些抗氧化分子,如维生素 E、维生素 C 等,都是自由基产生的有效阻止剂。

尽管体内有严密的防护体系,但仍会有一些自由基引起的损伤发生,因此在生物进化中形成了另一道防护体系,即修复体系,能对损伤的蛋白质和 DNA 进行修复,对不正常蛋白质进行水解。目前发现一些衰老退行性疾病(如白内障、动脉粥样硬化、神经变性疾病、皮肤衰老等)的发生与自由基有关,在这些组织内可检测到较高的自由基,使用抗氧化剂可减轻病变。

(二) 端粒学说

衰老的端粒学说(telomeric theory of aging)认为端粒的长度及端粒酶的活性与细胞寿命有密切关系。在细胞有丝分裂过程中,伴随着部分端粒序列的丢失,端粒长度缩短。当端粒缩短到一个临界长度时,会启动停止细胞分裂的信号,指令细胞退出细胞周期,细胞不再分裂而逐渐老化、死亡,此为第一死亡期或危险期。如果细胞发生了被病毒转化的事件或某些抑癌基因如 *P53* 基因、*RB* 基因等突变时,细胞逃逸第一死亡期而获得额外的增殖能力,继续分裂,端粒的长度继续缩短直至第二死亡期,此时的大部分细胞染色体丢失了完整性,可出现形态异常,细胞寿命达到极限,细胞因端粒太短丧失功能而死亡。若少数被激活了端粒酶的幸存细胞克隆越过第二死亡期,端粒功能恢复,稳定了染色体末端长度,细胞获得无限增殖的潜能。

(三) 神经内分泌与免疫调节学说

神经内分泌与免疫调节学说认为神经内分泌系统和免疫系统与机体衰老有着密切的关联。下丘脑是人体的"衰老生物钟",下丘脑的衰老是导致神经内分泌器官衰老的中心环节。由于"下丘脑-垂体-内分泌腺"系统的功能衰退,使机体表现出内分泌功能下降,首当其冲受到影响的是激素水平。机体衰老时有些激素水平会下降,尤其是类固醇激素。其中雌激素与睾酮不仅负责给予有机体以生殖能力,而且还是维持生殖能力和适当性行为所必需的激素,如果这些激素水平降低,生殖能力将随之降低。同时机体中某些类固醇激素受体水平、组织对这些激素的各种反应力均会有所下降,这将影响激素对靶器官发挥作用,继而从宏观上表现出后果,因此不少研究者尝试过使用激素来预防衰老。

随着下丘脑的衰老,机体免疫功能也下降,尤其是胸腺,其体积随年龄增长而缩小,重量变轻,新生儿的胸腺重 15~20g,13 岁时胸腺重 30~40g,青春期后胸腺开始萎缩,到 40 岁时胸腺实体组织逐渐由脂肪组织代替,老年时胸腺实体基本消失,功能也基本丧失,胸腺所分泌的胸腺素、胸腺增生素等水平下降,T 细胞数目显著减少,活性也明显下降。在胸腺退化后,辅助 T 细胞的数目和功能降低,这可影响 B 细胞的功能,使机体免疫应答能力下降,因此老年人免疫功能低下,传染病、自身免疫性疾病和癌症等疾病的发生率都有所增加。

(四) 遗传程序论

遗传程序论(genetic program theory)认为衰老是遗传上的程序化过程,是受特定基因控制的,每种生物体的基因组中都存在一个控制生物体生长、发育、衰老和死亡的程序,一切生理功能的启动和关闭都是按照这一程序进行的。细胞的衰老是有关衰老的基因"按时"启动与关闭,从而使细胞按期执行"自我毁灭"指令。近年来的研究证明哺乳动物存在几十种可能影响衰老的基因,其中最活跃、对衰老影响最大的是基因 *KAT7*,其特征是:随着生物年龄增大,这些基因的活性会越来越强,导致细胞衰老、凋亡的速度加快;而在年轻的细胞、组织内,这些基因基本上呈现"关闭"状态。

在遗传程序论的基础上,又有多种学说从基因组水平上进行了补充和加强,典型的有体细胞突变学说、"差误"学说、密码子限制学说等。

第三节　细胞死亡

一、细胞死亡的概念与特征

细胞死亡(cell death)是指细胞生命现象不可逆地停止。细胞死亡如同细胞生长、增殖、分化一样,都是细胞正常的生命活动现象和自然规律,也是细胞衰老的最终结果。单细胞生物的细胞死亡即是个体的死亡。多细胞生物个体死亡时,并非机体的所有细胞都立即停止生命活动,而是逐渐发生的。例如,人体在心脏停止跳动后,气管上皮细胞还在进行纤毛摆动;皮肤表皮细胞可继续存活120 小时以上,人死亡 10 小时的时候皮肤仍可进行移植。

引起细胞死亡的因素很多,有外在因素和内在因素。局部缺血、高热、物理和化学损伤以及微生物侵袭等外界因素可造成细胞急速死亡。内在因素引起的细胞死亡主要是由于细胞衰老导致的自然死亡,进程可较慢。

鉴定细胞是否死亡,可以用形态学的改变作为指标。通常采用活体染色的方法,即用中性红、台盼蓝、亚甲蓝等活性染料对细胞进行染色。用中性红染色,活细胞染成红色,死亡细胞不着色;台盼蓝则相反,染成蓝色的是死亡细胞,不着色的是活细胞。

二、细胞死亡的形式

根据细胞死亡特点的不同,可将细胞死亡分为细胞坏死和细胞凋亡两种形式。

细胞坏死(cell necrosis)是由于受到化学因素(如强酸、强碱、有毒物质等)、物理因素(如高热、辐射等)或生物因素(如病原体)的侵袭而造成的细胞肿大、胀裂,胞内物质溢出,并由此引起周围组织发生炎症等一系列崩溃裂解的现象,是细胞"非正常""意外"的死亡,是一种被动急速死亡的过程。

细胞凋亡(apoptosis)是细胞在生理或病理条件下由基因控制的自主有序的死亡,是一种主动的过程,也称为程序性细胞死亡(programmed cell death,PCD)。由于该过程多发生于生理条件下,又称为生理性死亡。多细胞生物随时都在进行着有规律的程序化细胞死亡,如人类的淋巴细胞系统、神经系统等。

细胞坏死和细胞凋亡是多细胞生物细胞的两种完全不同的死亡形式,它们在促成因素、细胞形态、炎症反应、调节过程等方面都有着本质的区别(表 10-2)。

表 10-2　细胞坏死与细胞凋亡的主要特征比较

区别点	细胞坏死	细胞凋亡
促成因素	强酸、强碱、高热、辐射等造成的严重损伤	生理或病理性
范围	大片组织或成群细胞	单个散在细胞
细胞形态	肿胀、变大	皱缩、变小
细胞膜	通透性增加、破裂	完整、皱缩、内陷
细胞器	受损	无明显变化
DNA	随机降解,电泳图谱呈涂抹状	有序降解,电泳图谱呈梯状
蛋白质合成	无	有
凋亡小体	无,细胞自溶,残余碎片被巨噬细胞吞噬	有,被邻近细胞或巨噬细胞吞噬
炎症反应	有	一般无
调节过程	被动进行	受基因调控

三、细胞凋亡

(一) 细胞凋亡的特征

1. 形态学特征　研究发现,细胞凋亡往往只涉及单个细胞,即使是一部分细胞,细胞凋亡也不是同步发生的。在凋亡初期,细胞表面的特化结构及细胞间的连接结构消失,与相邻细胞脱离,细胞膜皱缩,细胞质和染色质固缩,染色质向核边缘移动,呈边缘化状态。在凋亡中期,细胞核裂解为碎块,细胞膜内陷,将细胞自行分割为多个具有膜包围的、内含各种细胞成分的凋亡小体(apoptotic body)。在凋亡晚期,凋亡小体很快被邻近细胞或巨噬细胞识别、吞噬、消化。细胞凋亡是单细胞的丢失,线粒体、溶酶体等细胞器无明显变化,因始终有膜封闭,无内容物释放,故不会引起炎症反应和周围组织损伤。

2. 生物化学特征　细胞在发生凋亡时,首先是细胞内钙离子浓度快速、持续地升高,此变化可使内源性核酸内切酶基因活化和表达,导致染色质 DNA 在核小体连接部位断裂,形成约 180bp 或其倍数的核酸片段。此外,在细胞凋亡的过程中还涉及一系列生物大分子如 RNA 和蛋白质的合成,这说明细胞凋亡的过程有基因激活和基因表达的参与,是自主性的死亡,而细胞坏死无此特点。

(二) 细胞凋亡的机制

细胞凋亡是细胞在基因控制下的自主有序的死亡。目前已发现许多与细胞凋亡有关的基因,基因表达与细胞凋亡之间的关系也得到一定的阐明。

1. 细胞凋亡相关的基因　对昆虫、啮齿动物和病毒的分子生物学研究表明,细胞凋亡过程中有多种基因参与细胞凋亡的基因调控,大致可分为促进细胞凋亡的基因、抑制细胞凋亡的基因和在细胞凋亡过程中表达的基因,这对我们了解哺乳动物和人类细胞凋亡的规律有重要的启示。

2. 细胞凋亡的信号转导途径　不同的凋亡信号引发不同的凋亡信号转导途径。以线粒体介导的细胞凋亡途径为例,诱导细胞凋亡的细胞内信号分子来自线粒体的膜间腔,当线粒体外膜在损伤性因子(如紫外线、药物、Ca^{2+} 浓度过高等)的作用下受损时,外膜通透性会增加或肿胀破裂,向细胞质中释放凋亡因子诱导细胞凋亡,细胞质中的结构蛋白和细胞核染色质降解,核纤层解体,细胞凋亡。

(三) 细胞凋亡的生物学意义

细胞凋亡是生物界普遍存在的一种细胞自主程序性死亡方式。通过细胞凋亡,可以清除个体在发育过程中产生的多余或发育不正常的细胞,消灭威胁机体生存的那些功能丧失并逐渐退化或有害的细胞,确保机体健康和新陈代谢正常进行。细胞凋亡具有重要的生物学意义。

1. 在胚胎发育和个体成熟过程中发挥作用　如两栖动物的个体成熟过程中,由蝌蚪发育为青蛙时,蝌蚪尾巴的自然消失就是细胞凋亡的结果。一些动物指(趾)的形成过程也是肢端的某些细胞凋亡且被吞噬消化的结果。人的胚胎发育过程中,生殖管道的发生同样有细胞凋亡的现象。人胚在第5~6周时男女性胚胎都具有两套生殖管,即米勒管(Müllerian duct)和沃尔夫管(Wolffian duct),可分别发育为雌性生殖管道和雄性生殖管道。由于性染色体的不同,胚胎发育出现性别分化,个体只保留一套对应性别的生殖管道,而淘汰另一性别的生殖管道,这种淘汰过程就是通过细胞凋亡来实现的。

2. 保持成体器官的正常体积　机体中各种器官通过细胞的增殖与凋亡维持平衡状态,使组织器官保持正常的形态结构和大小,而不发生过分长大或萎缩,如药物苯巴比妥具有刺激肝细胞分裂的能力,给成体大鼠服用此药后其肝脏长大,停药后肝细胞随即大量死亡,1周左右肝脏便恢复到原来的大小。此实验证明,肝脏可通过调节细胞分裂与凋亡的速率保持其固有的大小。

3. 清除衰老耗损的细胞　机体内不断产生的衰老或耗损的细胞一般通过细胞凋亡加以清除,使组织细胞得以更新,确保机体环境和功能的稳定。如人的红细胞平均寿命为120天。

4. 清除受病毒感染的细胞和肿瘤细胞　免疫系统是机体防御系统的重要组成部分。淋巴细胞在发育、分化、成熟过程中的阳性选择和阴性选择涉及复杂的细胞凋亡过程。在接受抗原刺激而发生的免疫应答中,参与应答的淋巴细胞和靶细胞均可发生凋亡,这是一种清除受病毒感染细胞和肿瘤细胞的机制。

正常情况下,生物体内的细胞增殖和凋亡处于动态平衡状态。如果细胞的增殖过多或凋亡减少,会导致细胞过剩性疾病的发生,如癌症、自身免疫病、结肠息肉等。反之,则会出现细胞减少性疾病,如获得性免疫缺陷综合征(简称艾滋病)、遗传性侧索肌萎缩症、脊髓肌肉萎缩症等。研究细胞凋亡将为人类某些重大疾病的防治提供新策略。

(祝继英)

思考题

1. 细胞分化的特点和影响因素有哪些?
2. 细胞衰老和生物体衰老有何关系?
3. 细胞凋亡和细胞坏死的区别是什么?细胞凋亡的生物学意义有哪些?

ER 10-5

练习题

第十一章 | 基因与基因突变

教学课件

思维导图

ER 11-1

ER 11-2

学习目标

1. 掌握基因、基因组、遗传密码、基因表达与基因突变的概念，真核生物结构基因的结构，基因突变的特性、类型及表型效应。

2. 熟悉基因复制的特点，基因表达的过程与调控，基因突变的分子机制。

3. 了解基因突变的诱发因素，DNA 损伤的修复方式。

4. 学会分析基因表达与生物性状的关系，能够阐明人类的遗传现象和疾病发生的分子机制。

5. 把握生命的本质规律，树立环境保护意识，倡导人与自然和谐共生。

情境导入

患者，男，21 岁，瘦高、四肢细长，伴有胸廓畸形、高度近视，合并心脏瓣膜异常和主动脉瘤等，诊断为马方综合征。患者无家族病史，考虑该病为患者自身基因突变所致。

请思考：

1. 马方综合征发病的根本原因是什么？

2. 基因是如何决定生物性状的？基因突变的类型和表型效应有哪些？

3. 作为医者应如何对待此类患者？如何攻克基因突变引起的疾病？

生物的遗传性状是由遗传物质所控制的，DNA 作为一种重要的生物大分子，是绝大多数生物（包括人类）的主要遗传物质。某些病毒与类病毒的遗传物质是 RNA。DNA 分子中储存着生物生长发育、遗传变异与衰老死亡的全部生命信息。基因是一段具有特定遗传效应的 DNA 片段，是控制生物性状的基本遗传单位。基因通过转录与翻译及其调控，决定生物合成 RNA 和蛋白质的种类与数量，从而控制生物性状。在一些诱导因素的作用下，基因可发生突变，导致生物遗传性状的改变而引起疾病的发生。人类大多数疾病都与基因突变相关，因此基因诊断与基因治疗已成为现代分子医学的重要内容之一。

第一节　基因的概念及种类

19 世纪 60 年代，遗传学家孟德尔（Mendel）发表了《植物杂交实验》，提出生物的性状由遗传因子所控制。1909 年，丹麦植物学家约翰逊在《精确遗传学理论的要素》一书中创造了"gene"这一名词。20 世纪 40~50 年代，艾弗里等人用肺炎双球菌转化实验证明了 DNA 是遗传物质，沃森（Watson）与克里克（Crick）提出了 DNA 双螺旋结构模型，从而使人们认识到基因的化学本质与结构特性。随着现代分子遗传学的发展，人们对基因概念的认识正在逐步深化。

一、基因的概念

现代遗传学认为,基因(gene)是遗传物质的结构和功能单位,是一段具有特定遗传效应的DNA片段,它决定细胞内RNA和蛋白质等物质的合成,从而控制生物的遗传性状。因此除某些RNA病毒外,绝大多数生物的基因化学本质是DNA,具有DNA的特征与功能。

二、人类基因组

基因组(genome)是指一个单倍体细胞中的全部基因或生物体内所有遗传信息的总和。不同生物基因组的大小和复杂程度有所不同,所储存的遗传信息量差异巨大。人类基因组包括两个相对独立又相互关联的基因组——核基因组与线粒体基因组。通常情况下,人类基因组指的是核基因组(nuclear genome)。人类体细胞为二倍体,细胞核中包括同源的两套DNA,即每个体细胞具有两套基因组。研究表明,人类核基因组由 3.0×10^9 bp组成,基因数量约为20 000个。基因组中98%以上的DNA序列为非编码序列,包括基因调控序列、RNA基因序列和基因外序列等。根据DNA序列在基因组中拷贝数的不同,可将基因组中的DNA序列分为单拷贝序列和重复序列。

知识链接

CRISPR-Cas9 基因剪刀

CRISPR-Cas9基因剪刀包含两种重要的组分,一种是行使DNA双链切割功能的Cas9蛋白,另一种是具有导向功能的指导RNA(guide RNA;gRNA)。该技术能利用一段与靶序列互补的gRNA引导Cas9核酸酶对特异靶标DNA进行识别和切割,使双链断裂,然后利用细胞内的DNA修复系统修复断裂的双链,在修复的过程中实现DNA序列的改变,以对基因组进行高效的定向编辑。CRISPR-Cas9技术是目前使用最广泛的基因组编辑技术之一,在遗传病的治疗、疾病相关基因的筛查等领域展现出广阔的应用前景。

---

1. 单拷贝序列 单拷贝序列又称为低度重复序列,是指在单倍体基因组中仅有一个或几个拷贝的DNA序列,其长度一般为800~10 000bp。人类基因组中单拷贝序列约占45%,大多数蛋白质编码基因属于这一类。单拷贝序列两侧往往散在分布一定的重复序列。

2. 重复序列 重复序列指在单倍体基因组中存在多个拷贝的DNA序列。人类基因组中重复序列约占55%,它们长短不一,分散穿插在基因组中。根据重复次数的不同,可将重复序列分为高度重复序列和中度重复序列。

高度重复序列是指在基因组中存在大量拷贝的序列,每个序列长度为6~200bp,重复次数高的可达 10^6 以上。这些重复序列约占基因组DNA的20%,散在分布于基因组中,通常没有转录能力,不编码蛋白质和RNA。已知高度重复序列一般位于染色体的异染色质区,其主要作用可能和参与DNA复制水平的调节和减数分裂时同源染色体的配对有关。高度重复序列往往在不同个体基因组中出现的数目和频率不同,为人类遗传分析提供了大量的多态性遗传标志。

中度重复序列是指在基因组中拷贝数通常为 $10^2 \sim 10^5$ 的DNA序列,长度为300~7 000bp。根据长度的差异,中度重复序列可分为短散在核元件(short interspersed nuclear elements,SINE)与长散在核元件(long interspersed nuclear elements,LINE)。前者平均长度为300~500bp,拷贝数可达数 10^5;后者常具有转座活性,平均长度为1 000 bp以上,也可长达6 000~7 000bp。中度重复序列在人类基因组中广泛存在,散在分布,其中 *Alu* 家族与 *Kpn* I 家族是人类基因组中含量最丰富的短散在重复元件。研究发现,这些重复序列的异常扩增或重组可能引起基因突变,与许多先天性遗传病或癌症的发生有关。

三、多基因家族与假基因

多基因家族（multigene family）是指某一祖先基因经过重复和变异所产生的一组来源相同、结构相似、功能相关的基因。多基因家族是真核生物基因组的重要特征之一。根据它们在基因组中分布形式的差异，可分为两类：一类是同一家族中的成员紧密串联在同一条染色体上，形成基因簇（gene cluster），它们可同时发挥作用，合成某些蛋白质，如人类组蛋白基因家族就成簇分布在第7号染色体上；另一类是同一多基因家族中的不同成员成簇分布在不同染色体上，其编码的蛋白质在功能上密切相关，如人类珠蛋白基因家族包括 α 珠蛋白基因簇和 β 珠蛋白基因簇两类，α 珠蛋白基因簇由5个相关基因组成，集中分布在16号染色体短臂末端，而 β 珠蛋白基因簇由6个基因组成，集中分布在11号染色体短臂的一个狭小区域。一些 DNA 序列相似，但功能不一定相关的若干个单拷贝基因或若干组基因家族可以被归为基因超家族（gene superfamily），如免疫球蛋白基因超家族。

在多基因家族中，某些成员与正常基因非常相似，但一般不能表达基因产物，被称为假基因（pseudogene），常用 ψ 表示。假基因曾经可能是有功能的基因，但由于在进化过程中发生了突变而无法正常地转录与翻译，失去了表达基因产物的功能。研究发现，人类基因组中的假基因大约有20 000个。

第二节　真核生物的结构基因

决定某一种蛋白质分子结构的基因称为结构基因（structural gene）。与原核生物相比较，真核生物的结构基因数量更多，结构更复杂。基因在结构上，分为编码区与非编码区两部分。真核生物结构基因的编码区由编码序列和非编码序列组成，两者相间排列，编码序列被非编码序列隔开，因此又称为断裂基因（split gene）（图11-1）。原核生物基因的编码区是连续的，无编码序列和非编码序列之分。

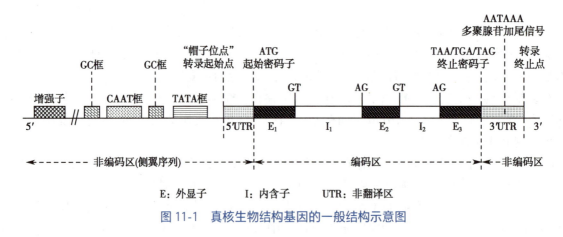

E：外显子　　　I：内含子　　　UTR：非翻译区

图 11-1　真核生物结构基因的一般结构示意图

一、编码区

真核生物结构基因中编码蛋白质的碱基序列称为外显子（exon）。相邻两个外显子之间不编码蛋白质的碱基序列称为内含子（intron）。外显子和内含子两者相间排列构成编码区，编码区总是以外显子起始，并以外显子结束。因此一个结构基因中，外显子的数目比内含子要多1个。但通常内含子序列总长度要比外显子序列总长度长得多，且不同基因内含子的数量和长度也相差悬殊。例如，人类 β 珠蛋白基因 HBB 有3个外显子和2个内含子，全长约1 700bp，它编码的 β 珠蛋白含146

个氨基酸；导致进行性假肥大性肌营养不良（Duchenne muscular dystrophy, DMD）的致病基因 *DMD* 全长可达 2.4×10^6bp，由 79 个外显子和 78 个内含子组成，cDNA 全长 11Kb，编码相对分子质量为 427 000 的蛋白质。在结构基因第一个外显子的 5′ 端上游和最后一个外显子的 3′ 端下游各有一段能够转录形成 mRNA 的组成部分但不翻译的 DNA 序列称为非翻译区（untranslated region, UTR），5′ 端称为 5′ 非翻译区（5′ UTR），3′ 端称为 3′ 非翻译区（3′ UTR）。原核生物和真核生物都可以看到 UTR，但它们的长度和组成都有所不同。

断裂基因结构中每个外显子与内含子的交界处都存在一段高度保守的一致序列称为外显子-内含子接头，这是断裂基因结构的重要特点之一。即每个内含子 5′ 端大多以 GT 开头，3′ 端末尾以 AG 结束，称为 GT-AG 法则。这一共有序列是真核生物中核内不均一 RNA（hnRNA）的剪接识别信号。

二、侧翼序列

在编码区的两翼，即第一个外显子的上游和最末一个外显子的下游各有一段不编码的 DNA 序列称为侧翼序列（flanking sequence），也称为非编码区。侧翼序列主要包括启动子、增强子和终止子等调控序列，这些 DNA 序列又被称为顺式作用元件（cis-acting element），对基因的表达起着重要的调控作用。

1. 启动子　真核生物启动子（promoter）通常位于基因转录起始点上游 –200bp 内，能与 RNA 聚合酶结合并形成转录起始复合物，启动基因的转录。启动子包括三种重要的保守序列，分别是 TATA 框、CAAT 框和 GC 框。TATA 框通常位于转录起始点上游 –25~–30bp 区域，决定转录的起始位点，是一段高度保守的序列，共有序列是 TATAAAA 或 TATATAT。TATA 框可与基本转录因子 TFⅡD 结合，后者可指导 RNA 聚合酶Ⅱ和其他基本转录因子最终组装成转录起始复合物。CAAT 框与 GC 框位于 TATA 框上游，也是一段保守序列，共有序列分别是 GGCCAATCT（GGTCAATCT）和 GGGCGG，它们与相应转录因子结合能提高或改变转录效率。

2. 增强子　增强子（enhancer）是能增强启动子工作效率的 DNA 序列，可位于启动子上游或下游，但大部分位于上游。不同的增强子序列可结合不同的调节蛋白，以提高基因的转录活性，控制基因在细胞内的表达水平。

3. 终止子　终止子（terminator）由 AATAAA 和一段反向重复序列组成，二者构成转录终止信号。AATAAA 是多聚腺苷酸（poly A）的附加信号；反向重复序列是 RNA 聚合酶停止工作的信号，该序列转录后，可以自身碱基配对，形成发卡式结构，阻碍 RNA 聚合酶的移动，其末尾的一串 U 与模板中的 A 结合不稳定，从而使 mRNA 从模板上脱离，转录终止。

第三节　基因的功能

绝大多数生物的基因化学本质是 DNA，其功能主要包括：储存遗传信息、复制与传递遗传信息、表达遗传信息。

一、储存遗传信息

遗传信息以基因为载体，储存于 DNA 分子碱基对的组成与排列顺序中，可决定细胞内 RNA 和蛋白质等物质的合成。由 n 个脱氧核糖核苷酸对组成的一段 DNA 会有 4^n 种不同的排列组合形式，提供了巨量的遗传信息储存潜力。

二、复制与传递遗传信息

遗传信息的复制与传递是通过 DNA 的自我复制和细胞分裂实现的。DNA 复制是指以亲代

DNA 分子为模板,通过碱基配对合成子代 DNA 的过程。真核生物每个 DNA 分子复制时,有多个复制起点,复制从这些位点同时启动。复制需要 DNA 解旋酶、引物酶、DNA 拓扑异构酶、DNA 聚合酶、DNA 连接酶等,分别在解开 DNA 双螺旋、催化 DNA 延长反应、DNA 链切口处生成磷酸二酯键等过程中发挥作用。DNA 的复制具有以下特点:

1. **双向性**　DNA 复制从起点开始,在 DNA 解旋酶的参与下向两个方向进行解旋。解旋后正在进行复制的 DNA 分子所形成的 Y 形区域称为复制叉(replication fork)。真核生物 DNA 分子每个复制起点产生两个移动方向相反的复制叉。复制完成时,两个相邻复制起点的复制叉相遇并汇合连接。

2. **半保留复制**　DNA 复制时,DNA 双链解旋为单链,每条单链都可作为模板,根据碱基配对原则,指导合成一条新的 DNA 单链。新合成的 DNA 单链与模板单链碱基互补,构成一个完整的子代双链 DNA 分子。子代 DNA 与亲本 DNA 分子完全相同,由于子代双链 DNA 分子其中一条链来源于亲本 DNA,另一条链是新合成的子链,所以 DNA 的这种复制方式称为半保留复制(semi-conservative replication)(图 11-2)。

3. **半不连续复制**　真核生物 DNA 聚合酶只能催化 DNA 链从 5′ 至 3′ 方向合成,新合成的子链只能沿 5′ 至 3′ 方向延长。因此 DNA 复制过程中沿着解旋方向生成的子链 DNA 是连续合成的,合成速度较快、合成较早,称为前导链(leading strand)。另一条子链的复制方向与解旋方向相反,DNA 的合成是不连续的、合成较晚,称为后随链(lagging strand)。后随链在合成时,首先从 5′ 至 3′ 方向合成一段 RNA 引物,在引物的引发下再合成一个 DNA 片段。由此,模板打开一段起始合成一个 DNA 片段,再打开一段再起始合成一个 DNA 片段,因此合成是不连续的,这些新合成的 DNA 片段被称为冈崎片段(Okazaki fragment)。去除 RNA 引物后,由 DNA 聚合酶合成 DNA 以填补留下的缺口,最后由 DNA 连接酶将这些冈崎片段连接起来形成完整的新链。DNA 复制时,前导链的合成是连续的,后随链的合成是不连续的,因此为半不连续复制(semi-discontinuous replication)(图 11-3)。

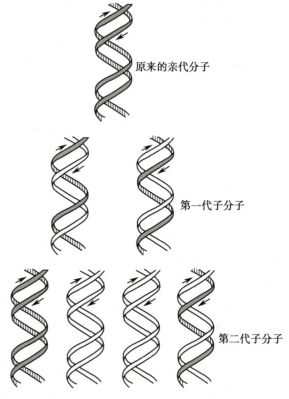

图 11-2　DNA 的半保留复制示意图

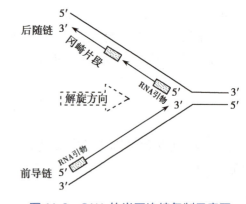

图 11-3　DNA 的半不连续复制示意图

三、表达遗传信息

表达遗传信息即基因表达(gene expression),是指将基因中所储存的遗传信息转变为多肽链的特定氨基酸种类和序列的过程。基因表达包括转录与翻译两个过程。原核生物的转录和翻译是同步进行的,而真核生物的转录在细胞核中进行,翻译在细胞质中进行。

（一）转录

转录（transcription）是指在 RNA 聚合酶的催化下，以基因启动子下游 3′→5′方向的单链为模板，按照碱基配对原则合成 RNA 的过程。转录时作为 RNA 合成模板的单链称为模板链（template strand），相对应的另一条与模板链互补的单链称为编码链（coding strand）。转录的终产物包括 mRNA、tRNA 和 rRNA 等，在真核细胞中，RNA 聚合酶 II 参与 mRNA 的合成。由聚合酶 II 催化生成的初始转录产物是 mRNA 的前体，称为核内不均一 RNA（heterogeneous nuclear RNA，hnRNA），hnRNA 需经过加工才能形成成熟的 mRNA。hnRNA 包括从转录起始点到转录终止点之间的全部转录顺序，其加工成熟的主要过程包括（图 11-4）：

1. 加帽　加帽（capping）是指在初始转录物的 5′ 端加上一个 "7-甲基鸟嘌呤核苷酸" 的帽子结构（m⁷GpppN），这种帽子结构能有效封闭 hnRNA 的 5′ 末端，使其不再连接核苷酸，同时保护 hnRNA 不受核酸外切酶等物质的水解。另外，帽子结构还有利于 mRNA 从细胞核转运到细胞质，使其易于被核糖体小亚基识别与结合。

2. 加尾　加尾（tailing）是指在初始转录物的 3′ 端加上多聚腺苷酸（poly A）尾，又称为 poly A 化。加尾有助于成熟的 mRNA 从细胞核进入细胞质，增强 mRNA 的稳定性，一般认为 poly A 的长度与 mRNA 的寿命成正相关。

3. 剪接　剪接（splicing）是指在酶的作用下，按 GU-AG 法则将 hnRNA 中的内含子的转录产物切除，然后将各个外显子的转录产物逐段连接起来形成成熟 mRNA 的过程。

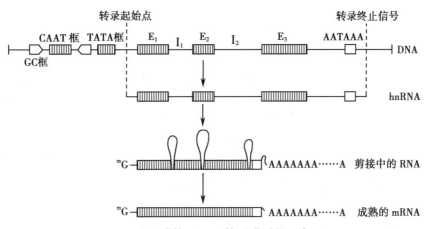

图 11-4　成熟 mRNA 的形成过程示意图

hnRNA 的加工与转录过程同步进行，转录后随即加帽、剪接和加尾，最后形成的成熟 mRNA，又立即转运至细胞质指导蛋白质的合成。

（二）翻译

翻译（translation）是指以 mRNA 为模板指导蛋白质合成的过程。此过程是细胞最为复杂的活动之一，是在核糖体中进行的，可分为起始、延伸与终止三个阶段，每个阶段都涉及许多重要的生化反应。

1. 遗传密码　基因在转录时通过碱基配对可将其储存的遗传信息传递给 mRNA，表现为 mRNA 的碱基排列顺序。mRNA 分子上每三个相邻的核苷酸构成一个三联体，为决定某种氨基酸的编码，称为遗传密码（genetic code）或密码子。例如，UCA 是编码丝氨酸的密码子，AAU 是编码天冬酰胺的密码子。U、A、C、G 四种碱基以三联体形式可以组合成 64 个密码子，其中 61 个密码子共编码 20 种氨基酸（表 11-1）。密码子 AUG 比较特殊，在真核生物中除编码甲硫氨酸外，若位于 mRNA 的翻译起始处，还是肽链合成的起始信号，故称为起始密码子（initiation codon）。UAA、UAG 和 UGA 不编码任何氨基酸，是作为肽链合成的终止信号，称为终止密码子（termination codon）。

表 11-1　密码子表

第一碱基 （5′端）	第二碱基								第三碱基 （3′端）
	U		C		A		G		
U	UUU	苯丙氨酸	UCU	丝氨酸	UAU	酪氨酸	UGU	半胱氨酸	U
	UUC		UCC		UAC		UGC		C
	UUA	亮氨酸	UCA		UAA	终止密码子	UGA	终止密码子	A
	UUG		UCG		UAG		UGG	色氨酸	G
C	CUU		CCU	脯氨酸	CAU	组氨酸	CGU	精氨酸	U
	CUC		CCC		CAC		CGC		C
	CUA		CCA		CAA	谷氨酰胺	CGA		A
	CUG		CCG		CAG		CGG		G
A	AUU	异亮氨酸	ACU	苏氨酸	AAU	天冬酰胺	AGU	丝氨酸	U
	AUC		ACC		AAC		AGC		C
	AUA		ACA		AAA	赖氨酸	AGA	精氨酸	A
	AUG	甲硫氨酸 + 起始密码子	ACG		AAG		AGG		G
G	GUU	缬氨酸	GCU	丙氨酸	GAU	天冬氨酸	GGU	甘氨酸	U
	GUC		GCC		GAC		GGC		C
	GUA		GCA		GAA	谷氨酸	GGA		A
	GUG		GCG		GAG		GGG		G

密码子具有以下几个重要特点：

（1）**通用性**：即从低等生物（如细菌）到高等生物（包括人类）都使用同一套遗传密码。但研究也发现，线粒体与叶绿体有自身特殊的遗传密码子。例如，哺乳动物线粒体的 AUA 不再代表异亮氨酸，而是兼有起始密码子和甲硫氨酸密码子的功能；UGA 不再代表终止密码子，而是编码色氨酸的密码子；AGA、AGG 不是编码精氨酸的密码子，而是终止密码子。

（2）**简并性**：64 个密码子中有 61 个编码氨基酸，而氨基酸只有 20 种，因此除色氨酸和甲硫氨酸只对应 1 个密码子外，其余的氨基酸各对应 2~6 个密码子，像这样一种氨基酸可被几个密码子编码的现象称为遗传密码的简并性（degeneracy）。简并性使遗传密码的第三个碱基具有可变性，可减少基因突变带来的编码氨基酸的改变，有利于保持生物遗传性状的稳定性。

（3）**摆动性**：密码子通过与 tRNA 的反密码子进行配对而发挥翻译作用，但这种配对有时并不严格遵循沃森-克里克（Watson-Crick）碱基配对原则，出现摆动性（wobble）。即反密码子的第一位碱基可与密码子的第三位不同碱基配对，但此时密码子的第一位和第二位碱基与反密码子的第三位和第二位碱基之间仍为沃森-克里克（Watson-Crick）碱基配对，如反密码子第一位的 G 可与密码子第三位的 C 或 U 配对。摆动性使一种 tRNA 能识别多种简并性密码子，有效提高了 tRNA 的使用效率。

（4）**方向性**：密码子中核苷酸的读码方向为 5′ 端至 3′ 端。肽链合成时，mRNA 中密码子的阅读方向也是从起始密码子开始，以 5′ →3′ 的方向逐一阅读，直至终止密码子结束。因此 mRNA 开放阅读框（open reading frame，ORF）中从 5′ 端至 3′ 端密码子的排列顺序决定了肽链中从 N 端到 C 端氨基酸的排列顺序。

（5）**连续性**：遗传密码在 mRNA 上的排列是连续的，两个密码子之间无任何碱基隔开。mRNA 链上碱基的插入或缺失，可造成移码突变，使下游翻译出的氨基酸序列完全改变。

2. **翻译的基本过程** 翻译在细胞质中的核糖体上进行，翻译的基本过程可分为起始、延伸与终止三个阶段。氨基酸只有连接在 tRNA 上形成氨酰-tRNA 才能参与蛋白质的生物合成。tRNA 上的反密码子决定了 tRNA 所携带的氨基酸种类。在翻译过程中，氨酰-tRNA 的反密码子可通过碱基配对的方式识别 mRNA 上的密码子。例如，携带亮氨酸的 tRNA 反密码子 5′-CAG-3′，可以与 mRNA 上编码亮氨酸的密码子 5′-CUG-3′ 互补配对，使其所携带的氨基酸能正确地参与蛋白质多肽链的合成（具体过程参见第五章核糖体）。通过翻译将 mRNA 上连续排列的密码子转变为多肽链中氨基酸的种类和排列顺序，形成了新生多肽链。新生肽链通常并不具有生物学活性，需进一步加工修饰，并正确折叠形成特异性的三维空间结构，形成一个亚单位，再由若干相同或不同的亚单位组合成一个整体的空间构型后才能成为具有生物活性的成熟蛋白质。对新生肽链进行加工修饰的主要方式有 N 端加工、水解修饰、氨基酸残基的化学修饰（如磷酸化、甲基化、乙酰化等）、亚基聚合和辅基连接等。经过加工修饰后的蛋白质能被定向运送到其执行功能的特定地点发挥作用。

四、基因表达的调控

多细胞生物各类体细胞都携带有相同的基因组，而细胞在形态结构与代谢功能上可存在差异，这样的差异是由于机体生长发育细胞分化过程中基因的选择性表达引起的。有些基因几乎能在所有类型的细胞表达，如与糖酵解、DNA 复制、细胞骨架形成有关的基因；而有些基因只在特定细胞的特定发育阶段或特定功能状态下表达，如红细胞中的珠蛋白基因、胰岛细胞中的胰岛素基因等。对基因表达的调控是实现基因差异性表达的关键，它能在特定时间和特定细胞中激活特定基因，使细胞的分化发育严格有序地进行。基因表达调控的失调将引起表达产物的紊乱、细胞生理功能的改变，从而导致细胞分化发育等出现障碍。真核生物基因表达的调控从多层次进行，可分为转录水平调控、转录后调控、翻译水平调控和翻译后调控四个层次。

1. **转录水平调控** 转录水平的调控是真核生物基因表达调控的关键，可通过相关蛋白因子与启动子、增强子和终止子等顺式作用元件的结合来进行。在真核生物中与顺式作用元件特异性结合，并参与调节转录过程的蛋白质统称为转录因子（transcription factor，TF），也称为反式作用蛋白（trans-acting protein）。如转录因子 TFⅡD 能与启动子的 TATA 框识别并结合，再同其他 TFⅡ与 RNA 聚合酶Ⅱ结合形成转录起始复合物，准确地识别转录起始点而启动转录；转录因子 CTF 能与启动子的 CAAT 框识别并结合，可提高基因的转录效率。

2. **转录后调控** 转录后调控主要影响真核生物 mRNA 的结构与功能。转录形成的 hnRNA 需经过加帽、剪接与加尾等修饰加工后才最终形成成熟的 mRNA 分子。这些加工过程可受到调控从而影响基因的表达。如对 hnRNA 的选择性剪接可使同一条 hnRNA 经不同的剪接方式，形成不同的 mRNA，并由此产生多种蛋白质，执行不同的生理功能。

3. **翻译水平调控** 翻译水平调控主要包括翻译起始的调控和微核糖核酸（microRNA，miRNA）的调控。翻译起始的调控可通过对翻译起始因子的调节实现，如对真核起始因子-2α（eukaryotic initiation factor，eIF-2α）的磷酸化可抑制蛋白质合成的起始。miRNA 是一类小分子非编码单链 RNA，它可通过与其靶 mRNA 分子 3′ UTR 的互补配对结合，促使该 mRNA 分子降解或抑制其翻译。

4. **翻译后调控** 翻译后调控主要是对蛋白质进行翻译后的加工修饰。磷酸化修饰最常见。除此之外，糖基化、泛素化、甲基化和乙酰化等也是常见的蛋白质翻译后修饰的方式。翻译后修饰能影响蛋白质的活性，也参与蛋白质的降解和蛋白质之间的相互作用，影响蛋白质在细胞内的分布等，是蛋白质结构和功能调节的一种重要方式。

表观遗传

表观遗传（epigenetic inheritance）是在基因的核苷酸序列不发生改变的情况下，基因功能发生了可遗传的变化，并最终导致表型变化的现象。表观遗传的现象包括DNA甲基化、组蛋白修饰、染色体重塑和非编码RNA调控等，它们可通过对基因转录或翻译过程的调控，影响基因的功能和特性。表观遗传的异常可引起细胞结构与功能的异常，从而诱发多种疾病的发生。表观遗传相关疾病包括脆性X染色体综合征、贝-维综合征（Beckwith-Wiedemann syndrome，BWS）、中枢神经系统发育障碍、代谢紊乱和癌症等。由于表观遗传的异常与多种疾病密切相关，因此随着这些疾病表观遗传机制的阐明，利用表观遗传原理治疗这类疾病显示出巨大的潜力，具有重要的临床意义。

第四节　基因突变

一、基因突变的概念

通常情况下，遗传物质在世代传递的过程中总能保持其结构与功能的一致性，以维持生物遗传性状的稳定。然而，内外环境因素的影响也可使生物的遗传物质发生改变，引起突变。突变可体现为染色体数量与结构的畸变，也可体现为DNA碱基对组成和序列的改变。多数情况下，生物体内的修复系统可及时修复DNA的错误突变，以维持DNA遗传的稳定性。

基因突变（gene mutation）是指DNA分子碱基对组成或排列顺序的改变。基因突变可发生在个体发育的任何阶段的任何细胞，既可发生在体细胞，也可发生在生殖细胞。发生在体细胞的基因突变因不会传递给后代，不会造成后代遗传性状的改变。但突变的体细胞经有丝分裂，可在局部形成突变细胞群，成为肿瘤发生的基础。发生在生殖细胞的基因突变，对突变者本身可能无直接影响，但突变基因可传递给后代，造成后代遗传性状的改变。

二、基因突变的特性

基因突变一般具有以下特性：

1. **多向性**　同一基因可独立地发生多种不同的突变，形成不同的等位基因成员。如某个基因座位上的基因 A 可突变成基因 a_1，也可突变成基因 a_2、$a_3 \cdots a_n$ 等其他等位基因。人类ABO血型由 i、I^A、I^B 三个基因决定，推断其原始基因是 i，在进化过程中，基因 i 突变形成了 I^A、I^B 基因。

2. **可逆性**　基因的突变是可逆的。在自然界中占多数的、在生物学实验中常被作为标准对照的基因称为野生型基因。在野生型基因的基础上发生了突变，新形成的等位基因称为突变型基因。野生型基因可突变形成突变型基因，同时突变型基因也可突变为其相应的野生型基因。前者称为正向突变（forward mutation），后者称为回复突变（reverse mutation）。通常情况下正向突变率总是高于回复突变率。

3. **随机性**　自然界中基因突变的发生是随机的，可发生在DNA分子中的任何碱基序列。但通常情况下，基因突变位点不是随机分布的，DNA不同的位点的突变频率是不同的，某些基因位点突变率总是大大高于平均数，称为突变热点。

4. **稀有性**　突变是偶然事件，虽然基因突变在自然界普遍存在，但总体上基因自发突变的频率是很低的。据估计，人类基因的自发突变率为 $10^{-6} \sim 10^{-4}$ 配子/位点/代，高等生物的自发突变率为

$10^{-8}\sim10^{-5}$/配子/位点/代。

5. 有害性　大多数基因突变是有害的,这是因为生物在长期的自然选择和进化中,已形成了稳定而均衡的遗传性状,基因突变可能改变生物的遗传性状从而产生不利的影响,如引起遗传性疾病或肿瘤的发生。但基因突变的有害性也是相对的,并非所有突变都会对生物个体产生有害影响。

6. 重复性　重复性是指同一个体不同细胞可发生相同的突变,以及相同的突变也可发生在不同个体的现象。

三、基因突变的诱发因素

基因突变可分为自发突变与诱发突变。自发突变(spontaneous mutation)是指在自然条件下,未经人工处理而发生的突变。诱发突变(induced mutation)是指在人为的干涉下,经特殊的人工处理所产生的突变。无论是自发突变还是诱发突变,都是一定的内外环境因素作用于遗传物质的结果。这些能诱发基因突变的各种内外环境因素称为诱变剂(mutagen)。诱变剂种类繁多,根据其性质的不同可分为物理因素、化学因素和生物因素等。

1. 物理因素　物理因素主要包括:

(1)**紫外线**:紫外线是能引起基因突变的常见因素之一,能使 DNA 分子的多核苷酸链碱基序列中相邻的嘧啶碱二聚化,最常见的是形成胸腺嘧啶二聚体(TT)。嘧啶二聚体的形成改变了 DNA 的局部结构,使 DNA 复制至此时,碱基配对错误,引起新合成链中碱基序列的改变。

(2)**电离辐射**:X 射线、γ 射线和 α 粒子等电离辐射能直接作用于 DNA 等生物大分子,可破坏其分子结构,引起 DNA 分子断裂等。同时,电离辐射还可激发细胞内的自由基反应,导致 DNA 分子发生碱基氧化修饰、碱基环结构破坏等。

2. 化学因素　化学因素主要包括:

(1)**羟胺类化合物**:羟胺类化合物是一类还原性化合物,作用于遗传物质可引起 DNA 分子中胞嘧啶(C)发生改变,使其不能与鸟嘌呤(G)正常配对,转而与腺嘌呤(A)配对。经过两次复制,原来的 C-G 碱基对转变为 T-A 碱基对,导致突变发生。

(2)**亚硝酸类化合物**:亚硝酸类化合物能引起 DNA 的碱基脱氨基,造成原有碱基分子结构和性质发生改变。如腺嘌呤(A)脱氨基后衍生为次黄嘌呤,次黄嘌呤不能与胸腺嘧啶(T)配对,转而与胞嘧啶(C)配对。DNA 复制后,原来的 A-T 碱基对将变为 G-C 碱基对。

(3)**芳香族化合物**:该类分子具有扁平的分子构型,能嵌入 DNA 分子中,引起碱基的插入或丢失,导致 DNA 序列的改变。

此外,碱基类似物、烷化剂等也是引起基因突变的化学因素。

3. 生物因素　研究表明,风疹病毒、疱疹病毒、乙肝病毒等多种 DNA 病毒是常见的生物诱变因素,可引起胎儿畸形或肿瘤的发生。细菌和真菌所产生的毒素或代谢产物也具有较强的诱变作用。例如,黄曲霉菌存在于霉变的花生、玉米等作物中,其产生的黄曲霉毒素为一级致癌物,具有强烈的致突变作用,是诱发肝癌的重要因素之一。

四、基因突变的类型及其分子机制

基因突变的类型多样,根据基因结构的改变方式,可将基因突变分为静态突变与动态突变两类,其中静态突变又包括碱基置换与移码突变。

1. 碱基置换　碱基置换(base substitution)是指 DNA 分子多核苷酸链中原有的某一特定碱基或碱基对被其他碱基或碱基对取代的突变形式,又称为点突变(point mutation)。这种突变方式包括转换和颠换两种形式。一种嘌呤被另一种嘌呤取代或一种嘧啶被另一种嘧啶取代称为转换(transition);一种嘌呤被一种嘧啶取代,或一种嘧啶被一种嘌呤取代则称为颠换(transversion)

（图 11-5）。一般情况下，自然发生的突变中，转换多于颠换。碱基置换只涉及单个碱基或碱基对的改变，不影响核苷酸链中碱基的数量，根据其作用对象的不同会产生不同的遗传学效应。如果碱基置换的位点位于基因的编码序列，则会出现四种不同的效应：

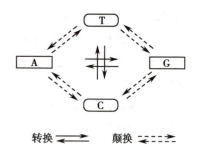

图 11-5 碱基置换示意图

（1）**同义突变**：同义突变（same sense mutation）是指碱基置换使某一密码子的碱基组成发生改变，但编码的氨基酸并没有发生改变，不产生相应的遗传表型突变效应。这是由于遗传密码的简并性所致。如密码子 CCU 编码脯氨酸，当突变为 CCA 后依然编码脯氨酸，整个肽链氨基酸的组成与顺序不发生改变。

（2）**错义突变**：错义突变（missense mutation）是指碱基置换使某一密码子发生改变后编码另一种氨基酸，结果多肽链的氨基酸种类发生改变，产生异常的蛋白质分子。如密码子 CAU 编码组氨酸，当突变为 CAA 后改为编码谷氨酰胺。人类的许多分子病和代谢病就是基因的错义突变造成的。

（3）**无义突变**：无义突变（nonsense mutation）是指碱基置换使原来编码某一氨基酸的密码子变成终止密码子，导致多肽链合成提前终止。这类突变会使多肽链变短，造成多肽链的组成结构残缺，从而使蛋白质功能异常或丧失。如密码子 UAU 编码酪氨酸，当突变为 UAA 后变为终止密码子，多肽链合成在此处提前终止，肽链缩短。

（4）**终止密码突变**：终止密码突变（termination codon mutation）是指碱基置换使原来的一个终止密码子变成编码某个氨基酸的密码子，导致肽链继续延长，直到下一个终止密码子出现才停止合成，形成功能异常的蛋白质分子。如终止密码子 UGA 突变为 UGG 后变为编码色氨酸的密码子，多肽链合成在此处继续进行，肽链延长。

此外，碱基置换如果发生在 DNA 分子的非编码序列区域，也可能引起调控序列或内含子与外显子剪接位点的突变，产生相应的遗传学效应。如调控序列的突变可影响 DNA 的转录效率，从而改变蛋白质的合成速率，影响细胞的正常生理功能。内含子与外显子剪接位点的突变可造成 hnRNA 的错误编辑，导致无法形成正确的 mRNA 分子。

2. 移码突变 移码突变（frame shift mutation）是一种由于基因组 DNA 多核苷酸链中碱基对的插入或缺失，以致自插入或缺失点之后部分或所有三联体遗传密码子组合发生改变的基因突变形式。如果插入或缺失的是 1 个或 2 个碱基对，这将导致插入或缺失位点以后的所有密码子碱基组成发生改变，导致一条或多条肽链的合成障碍或功能缺失，产生严重的遗传学效应改变（图 11-6）。如果插入或缺失的是 3 个或 3 的倍数个碱基对，则可引起核苷酸链中 1 个或多个密码子的改变，进而引起合成的肽链增加或者减少一个或多个氨基酸，突变部位前后的氨基酸顺序不发生变化，称为整码突变（codon mutation），或称为密码子插入或丢失（codon insertion or deletion）。

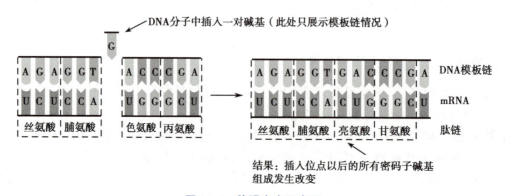

图 11-6 移码突变示意图

3. 动态突变 动态突变（dynamic mutation）是指人类基因组中的短串联重复序列，尤其是基因编码序列或侧翼序列中的三核苷酸重复序列，在世代交替的传递过程中重复次数逐代递增，进而导致某些遗传病发生的突变形式（图11-7）。例如，脆性X染色体综合征是一种常见的X连锁智力低下综合征，研究发现 *FMR1* 基因中三核苷酸（CGG）$_n$ 重复序列的异常扩增是引起该病的主要分子基础，正常情况下（CGG）$_n$ 序列的重复次数为5~50次，而脆性X染色体综合征患者的 *FMR1* 基因中这一拷贝数可达200个以上，并伴有其上游序列的异常甲基化，使该基因不能正常表达，无法合成正常的蛋白质，从而引起疾病的发生。

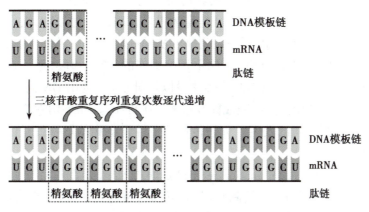

图 11-7　动态突变示意图

研究发现，姐妹染色单体不等交换或重复序列中的断裂修复错位可能是导致基因动态突变的分子机制。除脆性X染色体综合征外，现已发现多种遗传病的发生发展与基因的动态突变有关，如脊髓延髓性肌萎缩、亨廷顿病、强直性肌营养不良等。

五、基因突变的表型效应

基因突变可使DNA分子碱基对组成或排列顺序发生改变，进而影响基因的表达，引起生物表型的改变。根据基因突变对生物个体的影响情况，可将基因突变分为下列几种情况：

1. 中性突变 中性突变是指基因中碱基突变后虽然导致多肽链中相应位置的氨基酸发生变化，但该变化并不引起蛋白质功能的改变，不影响蛋白质或酶的生物活性。一般情况下，这些突变不会产生生物表型的改变。基因碱基置换中的同义突变也属于中性突变。

2. 构成遗传多态性 遗传多态性（genetic polymorphism）是指在同一种群中的某种遗传性状同时存在两种以上不连续的变异型，或同一基因座上两个以上等位基因共存的遗传现象。基因发生错义突变后如果对机体不产生负面影响，而是形成正常人体生化组成的遗传学差异而被保留下来世代传递，则表现出种群的遗传多态性。遗传多态性是形成生物多样性与促进物种进化发展的重要因素，如人类ABO血型系统中的血型差异，HLA系统中的抗原差异等都是基因突变形成的。

3. 有利突变 自然界中大多数基因突变是有害的，但也有少部分基因突变对机体产生有利效应。如 *CCR5* 基因的突变可阻止人类免疫缺陷病毒进入淋巴细胞，使人类产生对HIV感染的抵抗力或延缓HIV感染的发展；携带镰状细胞贫血突变基因的杂合体比血红蛋白正常的个体具有更强的抵抗恶性疟疾的能力。

4. 引起遗传性疾病 基因突变后对机体产生不利影响，导致细胞代谢、发育、分化与分裂异常，引起遗传性疾病的发生。

六、DNA 损伤的修复

基因突变在自然界中普遍存在,为保证基因的稳定性,维持遗传的延续性,生物在漫长的生命演化过程中也进化出多种 DNA 损伤的修复系统,主要包括光复活修复、切除修复、重组修复等。

1. 光复活修复 细胞内普遍存在一种特殊的光复合酶,在波长为 300~600nm 的可见光下,光复活酶能识别并结合 DNA 中由于紫外线照射产生的嘧啶二聚体,形成"酶-DNA"复合物,并利用光能使嘧啶二聚体解聚,DNA 恢复正常构型,这个修复过程称为光复活修复(photoreactivation repair)。光复活修复主要在细菌等低等生物中发现,哺乳动物细胞缺乏光复合酶。

2. 切除修复 切除修复(excision repair)是生物界最普遍的一种 DNA 损伤修复方式,也是人类 DNA 损伤的主要修复途径。该修复需要一系列酶的协同参与,首先由核酸内切酶识别 DNA 的损伤部位并造成一个切口,再在核酸外切酶的作用下切除损伤的 DNA 片段,随后在 DNA 聚合酶的作用下,以正常 DNA 链为模板合成新的 DNA 单链片段以填补切口,再由 DNA 连接酶将新合成的单链片段与原来的单链以磷酸二酯键连接,完成修复过程(图 11-8)。如果切除修复系统有缺陷,则不能修复受损的 DNA,可能引起疾病的发生。如遗传性着色性干皮病的发病就是由于 DNA 损伤切除修复系统的基因缺陷所致。

3. 重组修复 重组修复(recombination repair)是通过 DNA 复制过程中两条 DNA 链的重组交换来完成 DNA 修复的过程。当 DNA 复制到损伤部位时,越过损伤部位,新合成的互补子链中与损伤部位相对应处出现缺口,与此同时另一条子链可以完整地复制;随后未损伤的亲链 DNA 分子与有缺口的子链 DNA 分子发生重组,亲链的核苷酸片段得以补充到子链的缺口上,而亲链上的重组缺口可在 DNA 聚合酶的作用下,以完整的互补子链为模板,合成单链 DNA 片段来填补,最后通过 DNA 连接酶将单链 DNA 片段与亲链连接,完成修复过程(图 11-9)。重组修复虽不能使 DNA 分子的损伤部位被完全去除,但经过多次复制后,机体中损伤 DNA 的比例得以下降。

对于损伤的 DNA 分子,机体除了启动上述修复途径,还可通过其他途径来修复损伤,以使损伤的不利后果降至最低,如 SOS 修复等。值得注意的是,修复系统本身也是受遗传控制的,如果修复

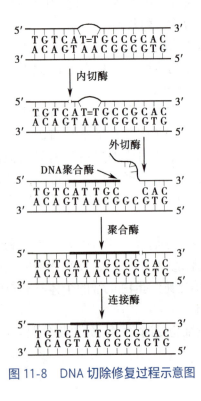

图 11-8　DNA 切除修复过程示意图

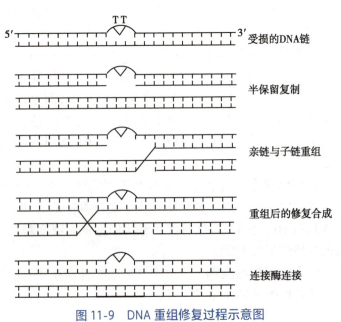

图 11-9　DNA 重组修复过程示意图

系统有先天缺陷或因某种原因进行了错误的修复,将导致突变的持续存在,可能诱发机体的代谢异常或功能障碍,甚至肿瘤的发生。因此 DNA 损伤的修复是维持生命体遗传稳定性和正常生理功能的重要途径,修复系统的障碍与多种疾病密切相关。

思考题

1. 简述真核生物结构基因的结构特点。
2. 试从遗传密码的角度阐述生命的统一性和多样性。
3. 基因的功能有哪些?
4. 基因突变有哪些类型? 基因突变会产生怎样的表型效应?
5. 诱发基因突变的因素有哪些?

ER 11-3

练习题

第十二章 | 单基因遗传与单基因遗传病

教学课件

思维导图

学习目标

1. 掌握系谱及系谱符号的含义,人类单基因遗传病的遗传方式、遗传特征、系谱特点,复等位基因、携带者、交叉遗传等基本概念。
2. 熟悉遗传基本规律的实质及细胞学基础,性状、基因型、表现型等遗传学基本术语,影响单基因遗传病发病的风险因素。
3. 了解人类单基因遗传病的分类及常见病例的临床表现,两种单基因遗传病的联合传递。
4. 学会开展遗传病家系调查和推算单基因病再发风险。
5. 心系国民健康,倡导新时代婚育观,立志服务于国家优化人口发展战略。

情境导入

一对夫妇表型正常,双方父母表型也正常,他们生的第一个孩子(男孩)为色盲,医生询问其家族病史得知,妻子有一个色盲的弟弟,丈夫有一个色盲的哥哥。

请思考:

1. 该家系系谱是怎样的? 家庭成员的基因型有哪些?
2. 该系谱遵循什么遗传规律,有何遗传特点?
3. 如果他们打算生第二个孩子,孩子患色盲的概率有多大?

生物通过繁殖达到种群数量的增多和生命的世代延续,生物性状在世代交替中进行着遗传和变异,而遗传和变异的基础在于基因。分离定律、自由组合定律、连锁与互换定律的相继发现,揭示了基因与性状表达的本质联系。基因决定性状,从基因水平上看,根据控制某一性状的基因数目的多少,可将遗传方式分为单基因遗传和多基因遗传。单基因遗传(monogenic inheritance)指某种性状受一对等位基因控制的遗传方式,遵循孟德尔定律,故又称为孟德尔式遗传。

第一节 遗传的基本规律

孟德尔(Mendel)通过八年的豌豆杂交实验,总结出生物性状是由遗传因子(现称为基因)控制和传递的,并于 1865 年提出了分离定律和自由组合定律。1910 年,摩尔根(Morgan)和他的学生们通过果蝇杂交实验,发现并提出了基因在染色体上呈直线排列的理论,总结出连锁与互换定律。分离定律、自由组合定律、连锁与互换定律称为遗传学三大定律,奠定了现代遗传学的理论基础。这些定律不仅适用于动植物,也适用于人类。

一、遗传学的基本术语

1. 性状 生物体在形态结构及生理、生化等方面的特征被称为性状（character），如人耳垂的形状、眼皮的形态等。同种生物同一性状的不同表现类型称为相对性状，某一性状的表型类型可能有两种或两种以上，如人耳的有耳垂与无耳垂就是一对相对性状，人类 ABO 血型系统中的 A 型、B 型、AB 型与 O 型亦互为相对性状。

2. 表现型与基因型 可观察到的个体的某一性状称为表现型（phenotype），简称表型。控制生物性状的基因组成称为基因型（genotype），一般用斜体英文字母表示。

3. 等位基因 位于同源染色体的相同座位上控制相对性状的基因称为等位基因（allele）。在生物体细胞中，控制性状的基因大多是成对存在的，因此一对等位基因如 D 和 d，在人群中有三种基因型，即 DD、Dd、dd。

4. 纯合体与杂合体 等位基因彼此相同的个体称为纯合体（homozygote），也称为纯合子，如 DD、dd；等位基因彼此不同的个体称为杂合体（heterozygote），也称为杂合子，如 Dd。

5. 显性性状与显性基因 杂合体表现出来的性状称为显性性状（dominant character），控制显性性状的基因称为显性基因（dominant gene），习惯上用大写斜体英文字母来表示，如 D。

6. 隐性性状与隐性基因 杂合体未表现出来的性状称为隐性性状（recessive character），控制隐性性状的基因称为隐性基因（recessive gene），用小写斜体英文字母来表示，如 d。

二、分离定律

1. 性状的分离现象 孟德尔选用豌豆作为实验材料，以相互容易区别又稳定遗传的相对性状作为研究对象进行实验。他首先用纯种的高茎豌豆与矮茎豌豆做亲本（P）进行杂交实验，结果发现子一代（F_1）均表现为高茎，而 F_1 自交产生的子二代（F_2）中出现了性状分离，既有高茎又有矮茎，比例约为 3：1（图 12-1）。

2. 性状分离的遗传学分析与验证 根据豌豆高茎与矮茎性状的分离现象实验结果，孟德尔提出假设：①遗传因子（即基因）控制着性状的表达。②生物遗传的是遗传因子，而不是性状。③在形成配子时，遗传因子相互分开并进入不同的配子中。④雌、雄配子的结合是随机的。豌豆高茎与矮茎属于一对相对性状（图 12-2），高茎属于显性性状，假设基因为 D，矮茎为隐性性状，假设基因为 d，可推断亲本高茎豌豆的基因型为 DD，矮茎豌豆的基因型为 dd，F_1 高茎的基因型为 Dd。F_1 自交后，F_2 则出现三种基因型 DD、Dd、dd，比例为 1：2：1，表型对应为高茎、高茎、矮茎，高茎与矮茎的数量比例为 3：1。

若上述假设正确，将 F_1 高茎豌豆（Dd）与纯合隐性豌豆（dd）进行测交实验（图 12-3），则前者

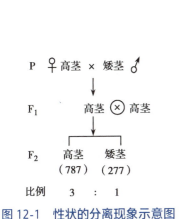

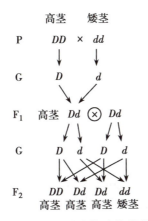

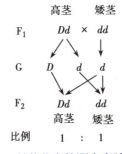

图 12-1 性状的分离现象示意图   图 12-2 性状分离的遗传学分析   图 12-3 性状分离的测交实验示意图

产生 D 和 d 两种配子,后者只产生一种 d 配子,配子随机结合可形成 Dd 和 dd 两种合子,分别发育成高茎豌豆和矮茎豌豆,且两种表型的豌豆数量相等。通过测交实验,孟德尔的实验结果和预期完全相符。

3. 分离定律的实质与细胞学基础 通过对一对相对性状的实验观察,实验结果的统计学处理,科学推论,精确验证,孟德尔总结出了分离定律(law of segregation),即:生物体一对等位基因在杂合状态时独立存在,互不影响;在形成生殖细胞时,等位基因彼此分离,随机分别进入不同的生殖细胞。分离定律的细胞学基础是在减数分裂过程中,同源染色体彼此分离,随机分别进入不同的生殖细胞。

三、自由组合定律

1. 性状的自由组合现象 孟德尔在研究了一对相对性状的遗传规律后,又对两对相对性状的遗传现象进行分析研究。他选用纯种黄色圆滑的豌豆与纯种绿色皱缩的豌豆进行杂交,结果 F_1 都是黄色圆滑的。然后用 F_1 自交,得到 F_2 共 556 粒,表型有 4 种:黄色圆滑(315 粒)、黄色皱缩(101 粒)、绿色圆滑(108 粒)、绿色皱缩(32 粒),比例约为 9:3:3:1。F_2 的 4 种表型中,黄色圆滑和绿色皱缩与亲本性状相同,称为亲本组合(parental combination);黄色皱缩和绿色圆滑是亲本性状的重新组合,称为重组(recombination)。

2. 性状自由组合的遗传学分析与验证 上述两对相对性状由两对等位基因控制,设 Y、y 分别为豌豆种子子叶颜色黄色和绿色的等位基因,R、r 为豌豆种子形状圆滑与皱缩的等位基因。在两对相对性状的杂交中,亲本黄色圆滑豌豆的基因型是 $YYRR$,绿色皱缩豌豆的基因型是 $yyrr$,它们的配子分别是 YR 和 yr,故杂交后 F_1 的基因型是 $YyRr$,表型是黄色圆滑。F_1 自交产生配子时,等位基因分离的同时,非等位基因自由组合,形成数量相等的 4 种配子:YR、Yr、yR、yr,故 F_1 自交后 F_2 有 9 种基因型,呈 4 种表型,表型比例为 9:3:3:1(图 12-4)。

如果以上假设正确,那么将 F_1($YyRr$)与隐性纯合体($yyrr$)测交,则其后代将出现 4 种基因型,即 $YyRr$、$Yyrr$、$yyRr$、$yyrr$,而且数量相等;表型与比例应该是黄圆:黄皱:绿圆:绿皱=1:1:1:1(图 12-5)。孟德尔用测交实验予以验证,实验结果同预期的结果完全一致。

3. 自由组合定律的实质与细胞学基础 根据实验结果及假设,孟德尔总结出自由组合定律(law of independent assortment),即两对或两对以上的等位基因位于非同源染色体上时,在生殖细胞形成过程中,等位基因彼此分离,非等位基因完全独立,以均等的机会随机组合到不同的生殖细胞

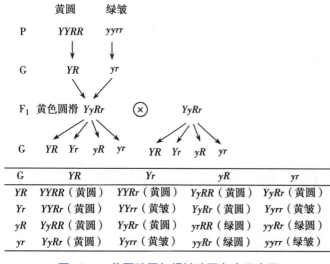

图 12-4 黄圆豌豆与绿皱豌豆杂交示意图

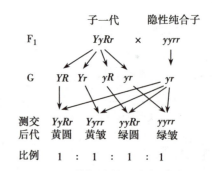

图 12-5 子一代与隐性纯合体测交示意图

中。自由组合定律的细胞学基础是在减数分裂过程中,同源染色体彼此分离,非同源染色体随机组合进入不同的配子中。

四、连锁与互换定律

1. 完全连锁与不完全连锁　科学家在进行两对相对性状的杂交实验时发现,并不是所有的结果都符合自由组合定律。于是有人对孟德尔的遗传定律产生了怀疑。摩尔根和他的学生们以果蝇作为实验材料进行了大量研究,不仅证实了孟德尔遗传定律的正确性,还揭示了遗传的第三个基本定律——连锁与互换定律。

用野生型灰身长翅的果蝇($BBVV$)与突变型黑身残翅的果蝇($bbvv$)杂交,F_1都呈灰身长翅。然后用F_1雌、雄果蝇分别与黑身残翅的果蝇($bbvv$)测交,结果如表 12-1 所示。

表 12-1　F_1 雌雄果蝇测交结果一览表

	完全连锁 灰身长翅♂×黑身残翅♀	不完全连锁 灰身长翅♀×黑身残翅♂
F_2 表型	灰身长翅:黑身残翅=1:1	灰长翅:黑身残翅:灰身残翅:黑身长翅=41.5:41.5:8.5:8.5
特点	只有亲本组合(2种),没有重组	大部分为亲本组合(2种),小部分为重组(2种)

分布在同一条染色体上的基因彼此间是连锁在一起的。F_1雄果蝇连锁的基因在减数分裂时没有发生互换,都随染色体作为一个整体向后代传递,这种现象称为完全连锁(complete linkage);F_1雌果蝇位于同一条染色体上互相连锁的基因有少部分由于互换而重新组合,这种现象叫作不完全连锁(incomplete linkage)(图 12-6)。迄今为止,发现在生物界除雄果蝇和雌家蚕是完全连锁遗传外,其他生物都是不完全连锁。

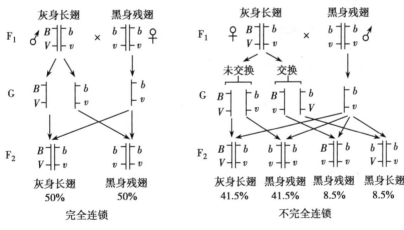

图 12-6　果蝇的完全连锁和不完全连锁示意图

2. 连锁与互换定律的实质与细胞学基础　分布在同一条染色体上的基因彼此间是连锁在一起的,构成一个连锁群,在形成配子的过程中,同一条染色体上的不同基因通常联合传递,称为连锁;但在减数分裂前期Ⅰ,位于同一条染色体上的基因可能由于非姐妹染色单体之间发生片段的交换而重组,构成新的连锁关系,称为互换,这就是连锁与互换定律(law of linkage and crossing over)。连锁与互换定律的细胞学基础是在减数分裂过程中,同源染色体的联会和非姐妹染色单体的交换。

一般来说,同一条染色体上两对等位基因之间距离越远,发生互换的概率越大;反之,发生互换的概率越小。因此根据互换率,即杂交子代中重组类型数占全部子代数的百分率,可以推测两个基因在同一条染色体上的相对位置,从而构建基因连锁图。

第二节　单基因遗传病

单基因遗传病(monogenic disease)指由一对等位基因控制的疾病,简称单基因病。根据致病基因显、隐性的不同和所在染色体种类的不同,可将人类单基因病分为常染色体遗传病和性连锁遗传病,常染色体遗传病分为常染色体显性遗传病和常染色体隐性遗传病,性连锁遗传病分为X连锁显性遗传病、X连锁隐性遗传病和Y连锁遗传病。随着分子生物学、医学遗传学等生命科学研究的飞速发展,被发现的单基因遗传病越来越多。

一、系谱与系谱分析

系谱(pedigree)指从先证者入手,调查某种疾病在一个家族中的发病情况后,将该家族各成员患病情况及其相互关系用规定的符号、按一定的格式绘制成的示意图,也称为家系图。先证者(proband)指某个家系中第一个被发现罹患某种遗传病(或具有某种遗传性状)并由其入手开展遗传学家系调查的成员,系谱中一般用箭头指示。系谱中不仅包括患有同种疾病(或具有同种性状)的个体,也包括家系中其他正常的成员、因各种原因死亡的成员及流产或死胎的情况。绘制系谱常用的符号如图12-7所示。

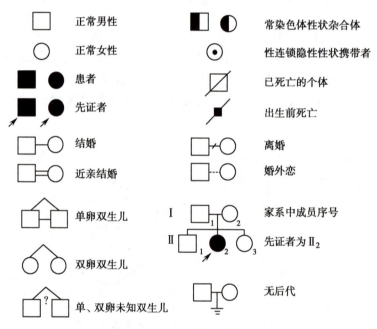

图 12-7　系谱中常用的符号

在研究人类性状遗传规律的方法中,系谱分析是最常用的一种。通过系谱可以对这个家系进行回顾性分析,以便确定所发现的某一疾病(或特定性状)在这个家系中是否有遗传因素的作用及其可能的遗传方式,从而为其他具有相同遗传病的家系或患者提供预防或诊治的依据,亦可用于遗传咨询中个体患病风险的估计和基因定位中的连锁分析等。

二、常染色体显性遗传病

位于常染色体上的显性基因随着常染色体的遗传而传递给后代被称为常染色体显性遗传(autosomal dominant inheritance,AD)。由常染色体上的显性致病基因引起的遗传病称为常染色体显性遗传病(autosomal dominant hereditary disease)。常染色体上的致病基因通常用字母表示,如用 A 表示显性致病基因,用 a 表示隐性正常的等位基因,那么常染色体显性遗传病的基因型有 AA、Aa 两种基因型,正常人的基因型为aa。

人类的致病基因最初都是由正常基因突变来的,而基因突变是稀有事件,其频率介于0.01~0.001,因而常染色体显性遗传病致病基因为纯合体(AA)的概率非常低。因此常染色体显性遗传病患者的基因型通常为杂合体(Aa),纯合体(AA)非常少见。

由于基因表达受到各种内、外环境因素的影响,杂合体有可能出现不同的表现形式,常染色体显性遗传又可分为以下五种类型。

(一)完全显性

完全显性(complete dominance)是指显性基因对等位隐性基因具有完全显性的作用,隐性基因的作用被完全覆盖,患者获得一个显性致病基因,就会表现出最典型的临床症状,以至于显性致病基因杂合体(Aa)的表型与纯合体(AA)的表型几乎完全一样。

并指Ⅰ型的患者常表现为手部或其他部位某些畸形,常在双侧同时发生,呈对称性,以发生在中指、环指间者最多见,有时可有3个、4个或全部手指并指,是完全显性遗传病的典型病例(图12-8)。

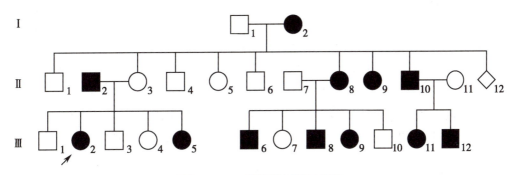

图 12-8 一例并指Ⅰ型的系谱

如果用A表示并指的显性致病基因,用a表示正常指基因,则并指患者的基因型为AA或Aa,正常指个体的基因型为aa。显性致病基因A在杂合状态下是完全显性的,因而基因型为AA和Aa的患者临床表现几乎没有区别。该致病基因在群体中的频率很低,所以临床上绝大多数并指患者的基因型为Aa。如果一个并指患者(Aa)与一个正常人(aa)婚配,则其子女基因型和表型如图12-9所示,有1/2的概率患并指,有1/2的概率正常。也就是说,这对夫妇每生一个孩子都有1/2的可能性为并指患儿。

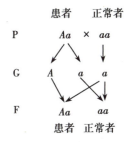

图 12-9 并指患者与正常者婚配示意图

结合以上典型病例,可得出常染色体完全显性遗传病的系谱特点:①男女发病机会均等,由于致病基因位于常染色体上,因而致病基因的传递与性别无关。②可连续遗传,即连续几代都有患者。③患者的双亲中往往有一人患同一疾病,但绝大多数为杂合体。④患者的同胞及子女有1/2的概率患病。⑤双亲无病时,子女一般不患病(只有在基因突变的情况下,才能看到个别病例)。

此外,临床上常见的常染色体完全显性遗传病还有短指(趾)症、牙本质发生不全、神经纤维瘤等。

(二)不完全显性

不完全显性(incomplete dominance)又称为半显性,是指显性基因的作用在杂合体中没有完全表达,部分作用被遮盖,而隐性基因的作用则有一定程度的表达,使得显性致病基因杂合体Aa患者的临床症状比纯合体AA患者的临床症状要轻。因此,在不完全显性遗传病中,杂合体Aa常为轻型患者,显性纯合体为重型患者,隐性纯合体aa为正常人。

软骨发育不全是不完全显性遗传病,致病基因定位于4p16.3。本病纯合体患者AA病情严重,多在胎儿期或新生儿期死亡。而杂合体患者 Aa 在出生时即有体态异常：四肢短而粗，手指平齐，下肢向内弯曲，腰椎明显前突，胸椎后突，头大，躯干相对长，垂手不过髋关节等。这主要是由于长骨骨骺端软骨细胞形成及骨化障碍，影响了骨的生长所致。

当两位轻型患者（Aa）婚配时，其子女基因型和表型如图 12-10 所示，有 1/4 的概率为重型患者（AA），有 1/2 的概率是轻型患者（Aa），有 1/4 的概率是正常人（aa）。

此外，临床上常见的不完全显性遗传病还有 β 地中海贫血、家族性高胆固醇血症等。

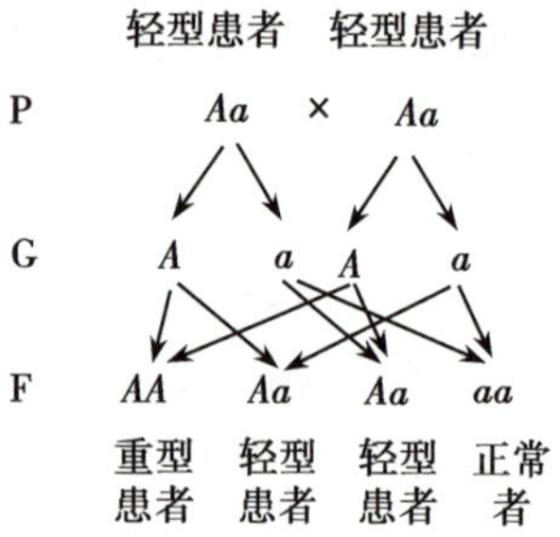

图 12-10 两位软骨发育不全轻型患者婚配示意图

（三）不规则显性

不规则显性（irregular dominance）又称为不完全外显或外显不全，是指某些杂合体中的显性基因由于某种原因而不表现出相应的显性性状，即在携带显性致病基因的杂合体（Aa）中，部分个体表现出相应的症状，部分个体却表型正常。但这种表型正常的杂合体，仍可将该显性致病基因传递给下一代，即可能生出患相应遗传病的后代，因而在系谱中可出现隔代遗传的现象。

显性基因在杂合状态下是否表达相应的性状，常用外显率来衡量。外显率（penetrance）指一定基因型的个体在群体中形成相应表型的比例，一般用百分率（%）来表示。例如，在 50 名杂合体 Aa 中，有 45 名形成了与基因 A 相应的性状，另外 5 名未出现相应的性状，就认为基因 A 的外显率为 45/50×100%=90%。如果外显率为 100% 则称为完全外显，低于 100% 则称为不完全外显，未外显的个体称为钝挫型。一般外显率高的可达 70%~90%，低的仅为 20%~30%。多指症是不规则显性遗传病的典型病例，在手的先天性畸形中最为多见，患者多在小指或大拇指侧有赘指，右手发病率较高。

对于基因型相同的不同杂合体患者（Aa）而言，虽然都有相同的显性基因 A，也都能表现出相应的显性性状，但由于某种原因显性性状的表现程度可能存在差异。如多指症，存在多指数目不一、多出指的长度不一等现象，这种杂合体表现程度的差异一般用表现度表示。表现度（expressivity）指一个基因或基因型在个体中的表达程度，或者说具有同一基因型的不同个体或同一个体的不同部位，由于各自遗传背景的不同，所表达的程度可有显著的差异，常指一种致病基因的表达程度。

外显率和表现度是两个不同的概念。前者阐明了基因表达与否，是"质"的问题，是群体概念；后者是说明在基因表达的前提下，表现程度如何，是"量"的问题，是个体概念。二者在某些显性性状或疾病中可同时存在，既有外显率问题，又有表现度问题，如多指症。

图 12-11 是一多指症的系谱，先证者Ⅲ₂ 患多指症，她的两个子女中有一人为患者，所以Ⅲ₂ 的基因型是杂合体。而Ⅲ₂ 的父母表型均正常，致病基因来源是父亲还是母亲呢？从系谱特点可知，Ⅲ₂ 的致病基因来自父亲Ⅱ₃，这可以从Ⅲ₂ 的伯父Ⅱ₂ 患病得到旁证。Ⅱ₃ 带有的致病基因由于某种原因未能表达，故未发病，但有 1/2 的概率传给下一代，下一代在适宜条件下又可以表现为多指。

临床上常见的不规则显性遗传病还有马方综合征（Marfan syndrome）、成骨发育不全症Ⅰ型等。

（四）共显性

共显性（codominance）指一对等位基因之间没有显性和隐性的区别，在杂合状态下，两种基因的作用同时完全表现出来。

在人类 ABO 血型系统中，AB 血型的遗传就属于共显性

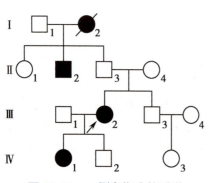

图 12-11 一例多指症的系谱

遗传。ABO 血型决定于三个复等位基因分别为 I^A、I^B 和 i，定位于 9q34，互为等位基因。三个复等位基因可以组成 6 种基因型，每个人的基因型只能是其中一种。在一个群体中，同源染色体的某一基因座位上存在的三种或三种以上类型的等位基因称为复等位基因（multiple alleles）。复等位基因是基因突变多向性的表现。基因 I^A 决定红细胞表面有 A 抗原，基因 I^B 决定红细胞表面有 B 抗原，基因 i 决定红细胞表面既没有 A 抗原又没有 B 抗原。基因 I^A 和 I^B 对 i 都具有完全显性作用，基因 I^A 与 I^B 之间无显性与隐性之分，而表现为共显性。因此基因型 I^AI^A 和 I^Ai 表现为 A 血型，基因型 I^BI^B 和 I^Bi 表现为 B 血型，基因型 ii 表现为 O 血型，而基因型 I^AI^B 则表现为 AB 血型。

根据分离定律，如果知道了双亲的血型，就可以推断子女中可能出现什么血型或不可能出现什么血型。比如父母双方的血型分别为 AB 型和 O 型，如图 12-12 所示，他们子女的血型只能是 A 型或 B 型，不可能是 O 型或 AB 型。如果知道了夫妻双方及孩子中任意 2 人的血型，就可以判断第三人的可能血型。这在亲子鉴定中，可用于解释及排除亲子关系，见表 12-2。

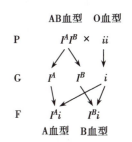

图 12-12　AB 血型个体与 O 血型个体婚配示意图

表 12-2　双亲血型和子女血型的遗传关系

双亲血型	子女可能血型	子女不可能血型	双亲血型	子女可能血型	子女不可能血型
A×A	A、O	B、AB	B×O	B、O	A、AB
A×B	A、B、O、AB	—	B×AB	A、B、AB	O
A×O	A、O	B、AB	O×O	O	A、B、AB
A×AB	A、B、AB	O	O×AB	A、B	AB、O
B×B	B、O	A、AB	AB×AB	A、B、AB	O

（五）延迟显性

延迟显性（delayed dominance）指致病基因的作用在杂合体生命早期不表现出来，只有达到一定的年龄后才表现出相应症状。

亨廷顿病（Huntington Disease）又称为遗传性舞蹈病，是一种典型的延迟显性遗传病，常于 30~40 岁时发病，首发症状常为人格和行为改变。其主要临床表现为进行性不自主的舞蹈样运动，以面部和上肢最明显；随着病情加重，可出现精神症状，主要表现为进行性的智力障碍。

此外，临床上常见的延迟显性遗传病还有脊髓小脑性共济失调 1 型、家族性结肠息肉等。

知识链接

人类 Rh 血型系统

目前发现的人类血型系统有 40 多种，在临床实践中 ABO 血型系统和 Rh 血型系统的临床意义最为重要。Rh 血型系统是 1940 年发现的，因人红细胞上的抗原物质与恒河猴红细胞上的抗原相同得名，包括 Rh 阳性和 Rh 阴性两种血型，前者的红细胞表面含有 Rh 因子，后者没有。Rh 阴性血型在我国相当罕见。有学者认为 Rh 血型系统是由三个紧密连锁的基因座构成的基因复合体，可构成 8 种 Rh 基因复合体，形成 36 种基因型和 18 种表型；另有学者认为它是由单一基因座上的 8 个复等位基因控制，每个等位基因决定一种 Rh 抗原，而每个抗原又包含若干抗原因子，构成 36 种基因型和 18 种表型。

三、常染色体隐性遗传病

位于常染色体上的隐性基因随着常染色体的遗传而传递给后代被称为常染色体隐性遗传（autosomal recessive inheritance，AR）。由常染色体上的隐性致病基因引起的疾病称为常染色体隐性遗传病。由于致病基因为隐性，等位正常基因为显性，致病基因的作用在杂合体中被完全遮盖，不能表现出来，而只有致病基因纯合体才会发病。

白化病是一种常染色体隐性遗传病，患者皮肤呈白色或淡红色，不耐日晒，毛发呈银白色或淡黄色，虹膜及瞳孔呈淡红色并畏光。该病是由于患者黑色素细胞内缺乏酪氨酸酶所致，编码酪氨酸酶的基因定位于11q14-q21。

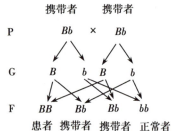

图12-13　两位白化病致病基因携带者婚配示意图

如果用 b 表示白化病的致病基因，用 B 表示正常等位基因，则隐性纯合体 bb 为患者，显性纯合体 BB 为正常者；杂合体 Bb 由于其致病基因 b 的作用被正常基因 B 所遮盖而表型正常，但为隐性致病基因的携带者。所谓携带者（carrier）指携带致病基因但表型正常的个体。因此，临床上所见到的常染色体隐性遗传病患者，其双亲往往都是携带者，如图12-13所示，每个子女都有1/4的概率患病，在表型正常的子女中每人均有2/3的概率是携带者。

常染色体隐性遗传病的系谱特点如下：①男女发病机会均等。②不连续遗传，即系谱中通常看不到本病的连续遗传，患者的分布往往是散发的，有时系谱中仅先证者1位患者。③患者的双亲往往都是该致病基因的携带者。④患者的同胞出生时均有1/4的概率患病，3/4的概率正常，在表型正常的同胞中有2/3的概率是携带者。⑤近亲婚配时，子代发病率高，且亲属关系越近子代发病率越高。

遗传学研究表明，源于共同祖先的家族成员携带相同的隐性致病基因的机会较大，近亲婚配将提高隐性致病基因纯合的频率，其子女中隐性遗传病发病率增大。两个个体之间的亲缘关系远近可用亲缘系数（coefficient of relationship）来表示，即两个具有共同祖先的个体在某一基因位点上携带相同基因的概率。根据亲缘系数的大小可判断个体之间的亲属级别，具体见表12-3。

表 12-3　亲属级别与亲缘系数

亲属级别	与先证者关系的举例	亲缘系数
一级亲属	父母、同胞兄弟姐妹、子女	1/2
二级亲属	祖父母、外祖父母、姑、伯、叔、姨、舅、侄、外甥、外甥女、孙子、孙女、外孙子、外孙女	1/4
三级亲属	曾祖父母、外曾祖父母、曾孙子、曾孙女、外曾孙子、外曾孙女、表兄弟姐妹、堂兄弟姐妹	1/8

假设人群中白化病致病基因携带者的频率为1/70。如图12-14系谱中，若Ⅲ₃与Ⅲ₆婚配，则其子女患病概率为（1/3）×（1/4）=1/12；若Ⅳ₁与Ⅳ₂婚配，则其子女患病概率为（1/2）×（1/6）×（1/4）=1/48；若Ⅲ₆随机婚配，则其子女患病概率为（1/70）×（1/3）×（1/4）=1/840。

临床上常见的常染色体隐性遗传病还有先天性耳聋Ⅰ型、苯丙酮尿症Ⅰ型、高度近视、先天性青光眼、黑蒙性痴呆、尿黑酸尿症、半乳糖血症、镰状细胞贫血、肝豆状核变性和

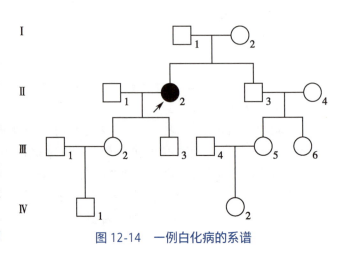

图12-14　一例白化病的系谱

囊性纤维化等。

四、性连锁遗传病

位于性染色体上的基因随着性染色体的遗传而传递给后代被称为性连锁遗传（sex-linked inheritance）或伴性遗传。由性染色体上的致病基因引起的遗传病称为性连锁遗传病，包括 X 连锁显性遗传病、X 连锁隐性遗传病和 Y 连锁遗传病。

（一）X 连锁显性遗传病

位于 X 染色体上的显性基因随着 X 染色体的遗传而传递给后代被称为 X 连锁显性遗传（X-linked dominant inheritance，XD）。由 X 染色体上的显性致病基因引起的遗传病称为 X 连锁显性遗传病。

在 X 连锁显性遗传病中，假定显性致病基因为 A，隐性正常等位基因为 a，则男性患者的基因型为 X^AY，女性患者的基因型有两种，即 X^AX^A、X^AX^a。在 X 连锁遗传中，正常男性仅有一条 X 染色体，故 X 染色体上的基因没有与之对应的等位基因，这种个体称为半合子（hemizygote）。而女性有 2 条 X 染色体，只要其中任何一条带有显性致病基因就会患病，所以人群中女性发病率高于男性。但临床上见到的女性患者绝大多数为杂合体（X^AX^a），因女性纯合体患者的出现有两种可能：一是父母均患病，而这样的婚配方式非常少见；二是基因突变，而基因突变亦为小概率事件。因此，临床上很少见到女性纯合体患者（X^AX^A）。

家族性抗维生素 D 性佝偻病（familial vitamin D-resistant rickets）是 X 连锁显性遗传病的典型病例，该疾病的致病基因 *PHEX* 定位于 Xp22.11，人群发病率约为 1/25 000。它与一般佝偻病的临床表现类似，但致病原因有所不同，其发病原因是肾小管对磷的重吸收障碍，导致血磷降低，尿磷增加，小肠对钙、磷的吸收不良，造成患者的骨质钙化不全而引起佝偻病。患儿多于 1 周岁左右开始发病，可出现 O 形腿、X 形腿、"鸡胸"、漏斗胸、多发性骨折、生长发育缓慢等症状。佝偻病男性患者下肢常出现畸形，病情严重；女性患者仅有骨骼异常，病情较轻。一般根据血液和尿液中磷和钙的测定、X 射线检查和家族史等可以明确诊断，也可通过检测基因的突变情况进行确诊。本病的治疗采用普通剂量的维生素 D 和晒太阳均难有疗效，必须使用大剂量的维生素 D 和磷酸盐才能起到改善的效果，因而称为家族性抗维生素 D 性佝偻病。

如果用 D 表示家族性抗维生素 D 性佝偻病的致病基因，用 d 表示正常等位基因。若一男性患者与一正常女性婚配时，其子女中，女儿均患病，儿子均正常；若一女性患者与一正常男性婚配时，则其女儿和儿子的发病率均为 1/2（图 12-15）。

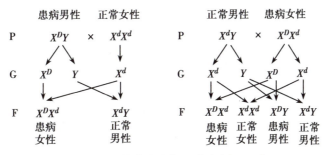

图 12-15　佝偻病患者与正常者婚配示意图

结合以上典型病例，可得出 X 连锁显性遗传病的系谱特点：①女性发病率高于男性，但女性患者的症状可能较轻。②可连续遗传。③患者的双亲中必有一方患同一疾病（基因突变除外）。④交叉遗传，即在 X 连锁遗传中，男性的致病基因只能从母亲获得，也只能传给他的女儿（图 12-16）。

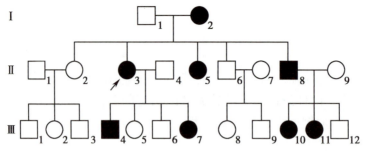

图 12-16　一例家族性抗维生素 D 性佝偻病系谱

临床上常见的 X 连锁显性遗传病还有奥尔波特综合征（又称遗传性肾炎）、色素失调症、高氨血症 I 型、口面指综合征和奥尔布赖特综合征（Albright syndrome）等。

（二）X 连锁隐性遗传病

位于 X 染色体上的隐性基因随着 X 染色体的遗传而传递给后代的遗传方式称为 X 连锁隐性遗传（X-linked recessive inheritance, XR）。由 X 染色体上的隐性致病基因引起的疾病称为 X 连锁隐性遗传病。

在 X 连锁隐性遗传病中，假设隐性致病基因为 b，显性正常等位基因为 B，则男性患者的基因型为 X^bY，女性患者的基因型为 X^bX^b，女性杂合体（X^BX^b）为致病基因的携带者。由于男性为 X 染色体半合子，故男性 X 染色体上只要有致病基因就会患病，而女性在两条 X 染色体上都有同一隐性致病基因时才患病。因此，人群中 X 连锁隐性遗传病的男性发病率明显高于女性。

红绿色盲就是一种 X 连锁隐性遗传病，患者临床表现为视觉不能正确区分红色和绿色。我国汉族人群中男性红绿色盲的发病率约为 7%，女性红绿色盲的发病率约为 0.49%。

红绿色盲是否发病是 X 染色体上两个紧密相连的隐性红色盲基因和隐性绿色盲基因决定的，它们一般是连锁在一起遗传，作为一个遗传单位统称为红绿色盲基因。如果用 b 表示红绿色盲的致病基因，用 B 表示正常等位基因，则一个正常男性（X^BY）与一个红绿色盲女性患者（X^bX^b）婚配时，其子代中女儿均为红绿色盲致病基因携带者，儿子均患病（图 12-17）。患者母亲的致病基因可传给女儿，也可传给儿子。

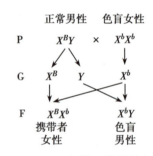

图 12-17　色觉正常男性与红绿色盲女性婚配示意图

当一个红绿色盲男性患者（X^bY）与一个色觉正常女性（X^BX^B 或 X^BX^b）婚配时，如果该女性为纯合体（X^BX^B），则其子代中儿子均正常，女儿色觉均正常但都是红绿色盲致病基因携带者；如果该女性为携带者（X^BX^b），其儿子有 1/2 的概率患病。

如图 12-18 所示，先证者 III₁ 与弟弟 III₄ 均为红绿色盲患者，其母亲 II₂ 肯定为红绿色盲致病基因携带者。先证者的舅舅 II₃ 和姨表弟 III₇ 也都患病，这表明他的姨妈 II₆ 和外祖母 I₂ 都是携带者。

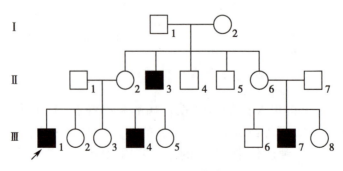

图 12-18　一例红绿色盲系谱

第三代的女性将有 1/2 的概率为携带者。

结合以上病例,可得出 X 连锁隐性遗传病的系谱特点:①男性发病率高于女性,系谱中往往只有男性患者。②隔代遗传,系谱中通常看不到连续遗传。③双亲无病时,儿子可能发病,女儿不会发病。④男性患者的兄弟、舅舅、姨表兄弟、外甥、外孙也有可能患病。⑤交叉遗传。

临床上常见的 X 连锁隐性遗传病还有血友病 A、进行性假肥大性肌营养不良和铁粒幼细胞贫血等。

（三）Y 连锁遗传病

位于 Y 染色体上的基因随着 Y 染色体的遗传而传递给后代的遗传方式称为 Y 连锁遗传（Y-linked inheritance,YL）。由 Y 染色体上的致病基因引起的疾病称为 Y 连锁遗传病。

由于只有男性才具有 Y 染色体,且仅有一条,所以致病基因不论是显性的还是隐性的,都表现出相应的性状。Y 染色体上的基因将随 Y 染色体进行传递,由父亲传给儿子,儿子传给孙子,女性不会出现相应的遗传性状或疾病,也不传递有关基因,因此 Y 连锁遗传又称为全男性遗传。

外耳道多毛症是 Y 连锁遗传病的典型病例。患者到了青春期,外耳道中可长出 2~3cm 的成丛黑色硬毛,硬毛常可伸出耳孔之外。

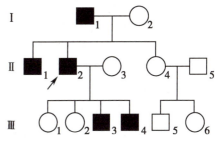

结合图 12-19 可得出 Y 连锁遗传病的系谱特点:①只有男性患者。②患者的父亲和儿子均患病(基因突变除外),女儿全部正常。

目前较为确定的 Y 连锁基因还有睾丸决定基因、无精子基因、箭猪病基因、蹼指基因、H-Y 抗原基因等。

图 12-19　一例外耳道多毛症系谱

第三节　影响单基因遗传病分析的因素

根据基因突变的性质,通常把基因控制的性状分为显性性状和隐性性状两大类。理论上两者在群体中呈现出各自不同而明显可分的分布规律,但也存在着一些例外情况。

一、遗传异质性与基因多效性

表型是由基因型决定的,但同一表型并不一定是一种基因型表达的结果,有可能几种基因型都表现为同一表型。这种表型相同或相似而基因型不同的遗传现象称为遗传异质性（genetic heterogeneity）。由于遗传基础不同,它们的遗传方式、发病年龄、病情以及复发风险等都可能不同。例如,先天性耳聋的遗传方式有常染色体显性遗传、常染色体隐性遗传和 X 连锁隐性遗传三种遗传方式,由此可见先天性耳聋具有高度的遗传异质性。也就是说,两个先天性耳聋患者婚配后可能生出听觉正常孩子,这是由于父母耳聋基因不在同一基因座位所致。先天性耳聋中,属常染色体显性遗传的有 6 个基因座位;属常染色体隐性遗传的分 I 型、II 型,I 型有 35 个基因座位,II 型有 6 个基因座位;属 X 连锁隐性遗传的有 4 个基因座位。例如,父亲基因型为 *aaBB*,由致病基因 *aa* 致先天耳聋,母亲基因型为 *AAbb*,由另一对致病基因 *bb* 致先天耳聋,则其子代基因型为 *AaBb*,表型正常。事实上,大多数遗传病具有遗传异质性,如家族性抗维生素 D 性佝偻病的遗传方式除 X 连锁显性遗传外,还有常染色体显性遗传和常染色体隐性遗传。

基因多效性（gene pleiotropy）是指一个基因可以决定或影响多种性状的现象,也称为一因多效。在生物个体发育过程中,很多生理生化过程都是相互联系、相互依赖的。而基因的作用是通过控制新陈代谢的一系列生化反应影响个体发育从而决定性状的。这些生化反应是按照特定步骤进行的,因此一个基因的改变将影响到其他生化过程的正常进行,从而引起其他性状的相应改变。例如,半乳糖血症是一种半乳糖代谢异常的遗传病,是由于 1-磷酸半乳糖尿苷转移酶缺陷,使得 1-磷酸半乳糖和半乳糖醇沉积而致病,患者除肝脏病变外,还具有智力发育不全等神经系统异常,肾皮质、髓质连接处肾小管扩张,脑部轻微病变等症状,甚至还可出现白内障。

二、从性遗传与限性遗传

从性遗传(sex-controlled inheritance)是指常染色体上的基因在男、女性别中表达的差异化现象,有的在一个性别中表达,而在另一性别中不表达或者表达程度明显不同,又称为性影响遗传。例如,血色病 I 型是由于铁质在各器官广泛沉积造成器官损害所致的一种疾病,主要表现为皮肤色素沉着、肝硬化、糖尿病三联综合征。本病是一种常染色体显性遗传病,但患者大多数为男性,究其原因主要是由于女性月经、妊娠等经常失血以致铁质丢失较多,减轻了铁质的沉积,故不易表现出症状。

限性遗传(sex-limited inheritance)指常染色体上的基因,不管其性质是显性的还是隐性的,由于性别限制其表型只在一种性别得以表现,而在另一性别完全不能表现的现象。这主要是由于男女生理解剖结构的差异而造成的。例如,子宫阴道积水症是一种常染色体隐性遗传病,女性在隐性纯合体时表现出相应的症状,而男性虽然有这种基因,但不能表现出相应的症状。但男性的这些致病基因可以向后代传递,其后代中只有女性才会患病。又如,子宫颈癌也仅见于女性,前列腺癌则仅见于男性。

从性遗传和限性遗传这两个术语很容易混淆,它们之间的区别在于:限性遗传指一种表型只局限于一种性别,而从性遗传指同种表型在两种性别中都存在,只是表现程度存在差异。

三、表型模拟

表型模拟(phenocopy)指由于环境因素的作用,使个体的表型恰好与某一特定基因型所控制的表型相同或相似的现象,又称为表型模写或拟表型。例如,常染色体隐性遗传的先天性耳聋与由于孕妇感染风疹病毒引起的先天性耳聋具有相同的聋哑表型,后者这种由于生物因素引起的聋哑就是表型模拟。由于表型模拟是环境因素造成的,并不是生殖细胞中基因本身的改变所致,因而这种聋哑并不遗传给后代。

四、遗传早现

遗传早现(genetic anticipation)指一些遗传病(通常为显性遗传病)在连续几代的传递中,发病年龄逐代提前、病情程度逐代加重的现象。研究发现,遗传早现现象大多与致病基因中一段不稳定的三核苷酸重复序列有关。例如,脊髓小脑性共济失调是遗传性共济失调的主要类型,是一种常染色体显性遗传病,其发病年龄一般为 35~40 岁,早期症状多为双下肢共济失调,走路摇晃不稳,继而言语不清,小脑及深感觉性共济失调,晚期不能自主独立行走,甚至卧床。在一个家系中,曾祖父 39 岁开始发病,他的儿子 38 岁开始发病,他的孙子 30 岁发病,他的曾孙 23 岁就已瘫痪。又如,强直性肌营养不良、亨廷顿病等都可发生遗传早现。

五、遗传印记

遗传印记(genetic imprinting)指个体的同源染色体或等位基因分别来自不同性别的亲本而表现出不同的表型效应。来自双亲的同源染色体或等位基因,其表达不是均等的,这些等位基因由于在双亲的配子中经过 DNA 甲基化、去甲基化、组蛋白乙酰化等修饰,从而导致在子代的表达是不一样的。换句话说,这些等位基因在传递上是符合遗传学基本规律的,但在基因表达方面受传递双亲性别的影响。

普拉德-威利综合征(Prader-Willi syndrome,PWS)和快乐木偶综合征(Angelman syndrome,AS)是涉及 15q11-q13 区域的染色体缺失的两种完全不同的疾病。当患儿缺失的第 15 号染色体来自父亲时,表现为普拉德-威利综合征,即暴饮暴食、过度肥胖、智力缺陷、行为异常、身材矮小、性腺功能减退;当患儿缺失的第 15 号染色体来自母亲时,表现为快乐木偶综合征,即巨大下颌、呆笑、步态不稳、癫痫和严重的智力低下。这两种综合征的 15 号染色体缺失分别来自父亲和母亲,说明遗传印记所致的相同基因不同表型的可能性。

第四节　两种单基因遗传病的遗传

临床上常常遇到一个患者同时罹患两种单基因病的情况,在分析它们的传递规律时,关键是考虑控制它们的等位基因是否位于同一对同源染色体上。若等位基因分别位于不同的同源染色体上,则遵循自由组合定律传递;若等位基因位于同一对同源染色体上,则遵循连锁与互换定律传递。

一、两种单基因遗传病的自由组合

有这样一对夫妇,丈夫患有并指畸形,妻子正常,生有一个白化病的患儿,他们咨询这个孩子为什么患病? 如果再生孩子,会不会出现同样情况? 该如何分析并合理回答呢?

步骤一:确定并指畸形及白化病的遗传方式。

通过文献资料的查阅,理清并指畸形及白化病的遗传方式,选用适当的遗传规律。并指畸形是常染色体显性遗传病,白化病是常染色体隐性遗传病,并指畸形与白化病属于两种不同类型的遗传病,且两者的致病基因分别位于不同的同源染色体上,所以应该选用自由组合定律。

步骤二:分析家庭成员的基因型。

1. 先单独考虑并指畸形的遗传情况　假设用 A 表示并指畸形的致病基因,用 a 表示正常等位基因,妻子正常可推断其基因型为 aa,由白化病患儿的手指正常判断其基因型也是 aa,而患儿的这两个正常基因 a 一个来自父亲、一个来自母亲,这就说明丈夫必含基因 a,再由丈夫是并指判断其必含致病基因 A,从而可推断出丈夫的基因型为 Aa。

2. 再单独考虑白化病的遗传情况　假设用 b 表示白化病的致病基因,用 B 表示正常基因,则白化病患儿的基因型为 bb,而这两个基因 b 一个来自父亲,一个来自母亲,所以这对夫妇都必含基因 b;由于这对夫妇均未患白化病,所以他们必含基因 B,从而推断这对夫妇的基因型均为 Bb。

3. 综合考虑两种遗传病组合的基因型组成情况　综合推断出丈夫的基因型是 $AaBb$,妻子的基因型是 $aaBb$。

步骤三:遗传学图解分析。

通过遗传学分析判断这对夫妇的子女发病情况,具体情况见图 12-20。

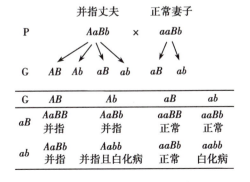

图 12-20　用棋盘法分析两种单基因病的自由组合

步骤四:结论及解释。

若这对夫妇再生第二胎,孩子完全正常的可能性是 3/8,患白化病而不患并指的可能性是 1/8,患并指而不患白化病的可能性是 3/8,同时患并指和白化病的可能性是 1/8。

二、两种单基因遗传病的连锁与互换

有这样一对夫妇,父亲是红绿色盲,母亲表型正常,已生出一个红绿色盲的女儿和一个血友病 A 的儿子,试问他们再生孩子的发病情况如何?已知红绿色盲基因和血友病 A 基因之间交换率是 10%。

步骤一:确定红绿色盲和血友病 A 的遗传方式。

由于红绿色盲和血友病 A 均属于 X 连锁隐性遗传病,即致病基因均位于 X 染色体上,所以可选用连锁与互换定律进行分析。

步骤二:分析家庭成员的基因型。

假设用 b 表示红绿色盲的致病基因,B 为其正常等位基因;h 表示血友病 A 的致病基因,H 为其正常等位基因。由女儿为红绿色盲可以判断,母亲必然是红绿色盲致病基因的携带者;从儿子患血友病 A 判断,母亲也必然是血友病 A 致病基因的携带者,在未发生交换的情况下色盲基因 b 和血友病 A 基因 h 分别位于两条 X 染色体上。

步骤三:遗传学图解分析。

由于母亲的生殖细胞形成过程中,X 染色体上这两对致病基因间发生交换,交换率为 10%,从而可以产生 4 种不同的卵子;父亲可以产生 2 种精子,精卵结合的情况如图 12-21 所示。

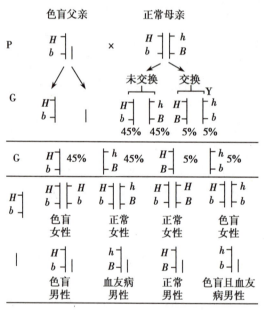

图 12-21　棋盘法分析两种单基因病的连锁与互换

步骤四:结论及解释。

这对夫妇若再次生育,他们所生的女儿中 50% 正常、50% 患红绿色盲,男孩中 5% 正常、45% 患血友病 A、45% 患红绿色盲、5% 同时患红绿色盲与血友病 A。

(钟　焱)

1. 一对夫妇，丈夫是 B 型血，妻子为 AB 型血，丈夫的母亲是 O 型血。这对夫妇的后代可能出现什么血型，不可能出现什么血型？

2. 一位色觉正常的女性，其父亲是色盲患者。若她与一个色盲男性婚配，其子女患色盲的概率分别为多少？若她与一个色觉正常的男性结婚，情况又将如何？

3. 假定 A 是控制视网膜正常的基因、a 为致病基因，而控制人褐眼的基因 B 相对于蓝眼基因 b 是显性的，且 A/a 和 B/b 位于不同对的同源染色体上。则一对基因型均为 $AaBb$ 的夫妇，生育视网膜正常的褐眼孩子的概率是多少？

练习题

第十三章 ｜ 多基因遗传与多基因遗传病

教学课件

思维导图

学习目标

1. 掌握微效基因、多基因遗传病、易感性、易患性、阈值的概念，多基因遗传和多基因遗传病的特点。

2. 熟悉多基因遗传病再发风险的估计。

3. 了解群体发病率、阈值、易患性平均值三者的关系。

4. 学会初步诊断常见多基因遗传病并分析常见多基因遗传病的发病机制，具有基本的健康管理能力。

5. 具有高度的社会责任感和大健康理念，坚持预防为主、防治结合，积极参与健康中国建设。

情境导入

患者，女，19岁，高三学生，因学习紧张，出现失眠、多疑等症状。父母带其就诊，医生诊断为精神分裂症，用利培酮等药物治疗后，患者的精神症状得到改善。

请思考：

1. 精神分裂症属于遗传病吗？

2. 父母无精神分裂症，子女一定不会患此病吗？

人类的许多遗传性状或疾病不是由一对等位基因控制的，而是受多对基因所调控，同时环境因素对性状的形成也起很大的作用。这种性状既受多对基因调控，又受环境因素影响的遗传方式称为多基因遗传（polygenic inheritance）。此类遗传方式导致的疾病就称为多基因遗传病（polygenic disease）。

第一节 多基因遗传

一、质量性状与数量性状

单基因遗传的性状或疾病是由一对等位基因控制的，相对性状之间的差异显著，在一个群体中的分布是不连续的，可以明显地将变异个体分为2~3个亚群，各亚群个体间差异显著，称为质量性状（qualitative character）。例如，白化病这种单基因病，基因型 aa 的个体为患者，基因型 AA 或 Aa 的个体表型正常，明显地表现为患病或正常两种群体，这两种群体的变异分布是不连续的，可以区分为明显的两个峰（图13-1A）。又如，苯丙酮尿症，隐性纯合体 aa 是患者，他们体内苯丙氨酸羟化酶（PAH）活性最低，而显性纯合体 AA 的酶活性最高，杂合体 Aa 的酶活性介于两者之间，可看到三

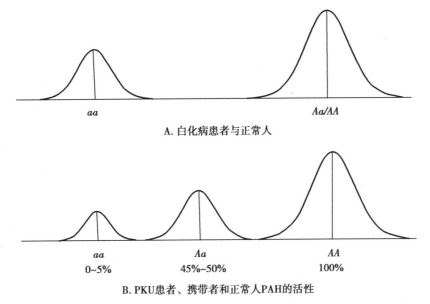

A. 白化病患者与正常人

B. PKU患者、携带者和正常人PAH的活性

图 13-1　质量性状的变异示意图

种变异性状,在群体测量中,可以看到变异分布有三个峰(图 13-1B)。

　　多基因遗传的性状变异在群体中的分布是连续的,只有一个峰,不同个体之间只有量上的差异,没有质的不同。这种由多基因控制、易受环境影响、呈现连续变异的性状称为数量性状(quantitative character)。例如,人的身高在一个随机取样的群体中是由矮到高逐渐过渡的,极矮和极高的个体只占少数,大部分个体接近平均身高。若将此身高变异分布绘成曲线,可以看出变异呈正态分布(图 13-2)。此外,人的体重、肤色、血压、智商和寿命等均属于连续变异的数量性状。数量性状的变异,既受多基因遗传基础的控制,也受到环境因素的影响。

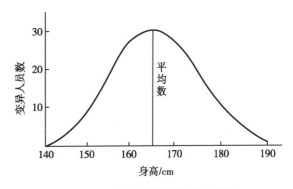

图 13-2　数量性状的变异示意图

二、多基因假说

　　1908 年,瑞典遗传学家尼尔逊·埃尔(Nilsson-Ehle)用红粒和白粒小麦进行杂交实验,对种皮的颜色这一性状进行了大量研究,提出了多基因假说,对数量性状的遗传进行了解释。其主要内容是:

　　1. 有些遗传性状或遗传病的遗传基础不是一对等位基因,而是两对或两对以上的等位基因。

　　2. 每对等位基因彼此之间没有显性和隐性的区分,而呈共显性。

　　3. 这些基因对表型的影响作用微小,所以称为微效基因(minor gene),但是多对微效基因的作用累加起来,可以形成一个明显的表型效应。

　　4. 这些微效基因也是按照孟德尔定律遗传的。在形成配子时,也有基因的分离和自由组合。

　　5. 数量性状除了受多对微效基因的影响外,环境因素也有一定的作用。

三、多基因遗传的特点

　　数量性状的变异既受多对微效基因的控制,也受环境因素的影响。以人的肤色遗传为例,人类肤色遗传估计由 3~5 对基因决定。为了叙述方便,我们假设人类肤色是由 2 对等位基因(AA′、

BB')决定的,A 和 B 决定黑肤色,A' 和 B' 决定白肤色。若纯合体黑肤($AABB$)和纯合体白肤($A'A'B'B'$)婚配,其子女的基因型为 $AA'BB'$,肤色为中间型(中黑);若双亲均为杂合体中黑($AA'BB'$),他们的子女可能会出现5种类型:$AABB$(纯黑肤)、$AABB'$、$AA'BB$(稍黑肤)$AA'BB'$、$AAB'B'$、$A'A'BB$(中黑)、$A'A'B'B$、$A'AB'B'$(稍白肤)、$A'A'B'B'$(纯白肤),比例为 $1:4:6:4:1$(图13-3)。

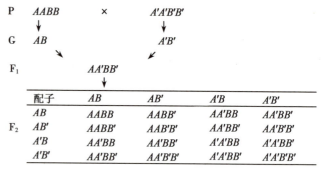

图 13-3　人体正常肤色遗传示意图

P	$AABB$		×		$A'A'B'B'$
G	AB				$A'B'$
F_1			$AA'BB'$		

配子	AB	AB'	$A'B$	$A'B'$
AB	$AABB$	$AABB'$	$AA'BB$	$AA'BB'$
AB'	$AABB'$	$AAB'B'$	$AA'BB'$	$AA'B'B'$
$A'B$	$AA'BB$	$AA'BB'$	$A'A'BB$	$A'A'BB'$
$A'B'$	$AA'BB'$	$AA'B'B'$	$A'A'BB'$	$A'A'B'B'$

上例说明 2 对等位基因决定肤色,后代出现 5 种不同肤色等级,纯黑色和纯白色各占 1/16。由此可见,决定某一性状的基因对数越多,极端类型越少,中间类型越多,如果再考虑环境因素的影响,子代的变异范围将更为广泛。

从上述的叙述中我们可以看出,多基因遗传具有如下特点:

1. 两个纯合的极端个体杂交,子一代都是中间类型,但是个体间也存在一定的变异,这是环境因素影响的结果。

2. 两个中间类型的子一代个体杂交,子二代大部分仍为中间类型,但是变异的范围比子一代更为广泛,有时会出现极端变异的个体,除了环境因素的影响外,微效基因的分离和自由组合对变异的产生具有重要作用。

3. 在一个随机婚配的群体中,变异范围广泛,但大多数接近中间类型,极端变异个体很少。

4. 多基因和环境因素对这种变异都产生作用。

第二节　多基因遗传病

多基因遗传病简称多基因病,是受多对基因和环境因素双重影响而引起的疾病,如某些常见病(冠心病、原发性高血压、糖尿病、哮喘、精神分裂症等)和某些先天畸形(唇裂、腭裂、脊柱裂、无脑儿等)。这些疾病和畸形群体发病率大多超过 0.1%,并出现家族聚集倾向,患者同胞中的发病率远比 1/2 或 1/4 低,为 1%~10%。近亲婚配时,子女患病风险增高,但不如常染色体隐性遗传病那样显著。多基因遗传病是一类在群体中发病率较高、病情较复杂的疾病,无论是病因以及致病机制的研究,还是疾病再发风险的估计,既要考虑遗传因素,也要考虑环境因素。

一、易感性、易患性与发病阈值

(一) 易感性

在多基因遗传病中,若干作用微小但有累加效应的致病基因是个体患病的遗传基础。这种由遗传基础决定一个个体患某种多基因遗传病的风险称为易感性(susceptibility)。易感性仅强调遗传基础对发病风险的作用。

(二) 易患性与发病阈值

在多基因遗传病中,由遗传基础和环境因素共同作用,决定一个个体是否易于患病,称为易患性(liability)。在一定的环境条件下,易患性代表个体所积累致病基因数量的多少。

易患性的变异在人群中呈正态分布,即群体中大部分个体的易患性接近于平均值,易患性很低和很高的个体相对比较少。当一个个体的易患性达到一定限度时就要患病,这个易患性的限度称为阈值(threshold)。阈值的存在就将易患性呈连续变异的群体分为 2 部分:大部分为低于阈值的正常个体,小部分为高于阈值的患者。在一定的环境条件下,阈值代表患病所必需的最少的易患基因的数量(图 13-4)。

(三)易患性变异与群体的发病率

一个个体的易患性高低目前无法测量,一般只能根据他们婚后所生子女的发病情况做粗略估计,但一个群体的易患性平均值却可以根据该群体的发病率予以估计。多基因病的群体易患性呈正态分布,利用正态分布表,从其发病率就可查出群体的阈值与易患性平均值之间的距离,这一距离以正态分布的标准差(σ)作为衡量单位。已知正态分布曲线下的总面积为 1(100%),正态分布中以平均值(μ)为零,在

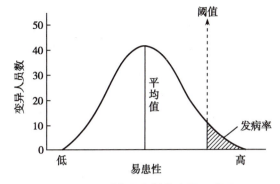

图 13-4 群体易患性的变异示意图

μ±1σ 范围内的面积占曲线内总面积的 68.28%,此范围以外的面积占 31.72%,左侧和右侧各占约 15.86%;在 μ±2σ 范围内的面积占曲线内总面积的 95.46%,此范围以外的面积占 4.54%,两侧各占约 2.27%;在 μ±3σ 范围内的面积占曲线内总面积的 99.74%,此范围以外的面积占 0.26%,两侧各占约 0.13%(图 13-5)。

多基因病易患性的正态分布曲线下的面积代表人群总人数(100%),其易患性变异超过阈值的那部分面积代表患者所占的百分数,即发病率。因此,从一个群体的发病率就可以推知发病阈值与易患性平均值间的距离。例如,冠心病,其群体发病率约为 2.30%,那么易患性阈值与平均值相距 2σ。又如,先天性畸形足,其群体发病率是 0.13%,其易患性阈值与平均值相距 3σ。可见,一种多基因病群体发病率越高,易患性阈值距平均值就越近,其群体易患性平均值也就越高;反之,群体发病率越低,易患性阈值距平均值就越远,其群体易患性平均值也就越低(图 13-6)。

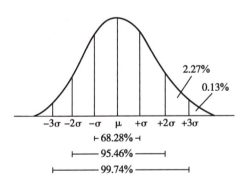

图 13-5 正态分布曲线下面积的分布规律示意图

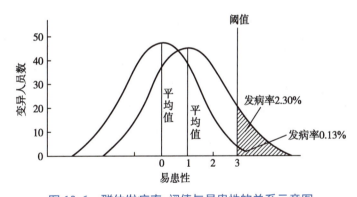

图 13-6 群体发病率、阈值与易患性的关系示意图

二、遗传度

多基因病中,易患性的高低受遗传基础和环境因素的双重影响,其中遗传基础所起作用的大小称为遗传度或遗传率(heritability),一般用百分率(%)表示。如果一种多基因病的易患性完全由遗传基础决定,环境因素不起作用,遗传率就是 100%,这种情况几乎是不存在的。一般遗传率在 70%~80% 就表明遗传基础在决定易患性变异或发病上起主要作用,而环境因素的影响较小。相反,遗传率在 30%~40% 就表明遗传基础的作用不显著,而环境因素在决定易患性变异或发病上起主要作用。表 13-1 列出了一些常见的多基因病和先天畸形的群体发病率和遗传率。

表 13-1　常见多基因病和先天畸形的群体发病率和遗传率

疾病与畸形	群体发病率/%	患者一级亲属发病率/%	遗传率/%
精神分裂症	1.0	10	80
哮喘	4.0	20	80
唇裂±腭裂	0.17	4	76
1型糖尿病	0.2	25	75
先天性髋关节脱位	0.2	先证者:男性 4;女性 1	70
强直性脊椎炎	0.2	先证者:男性 7;女性 2	70
冠心病	2.5	7	65
原发性高血压	4~8	12~30	60
无脑畸形	0.2	2	60
脊柱裂	0.3	4	60
消化性溃疡	4.0	8	37

遗传率可从患者亲属的发病率与一般群体的发病率或对照组亲属发病率的差异中计算出来。

知识链接

心血管疾病,重在预防

《中国心血管健康与疾病报告 2022》数据显示,我国心血管疾病(CVD)患病率处于持续上升阶段,推算全国有 3.3 亿人患心血管疾病,其中有高血压患者 2.45 亿、外周动脉疾病患者 4 530 万、脑卒中患者 1 300 万、冠心病患者 1 139 万、心力衰竭患者 890 万等。死于 CVD 的人口在我国居民死亡构成比中占据首位。应用国家死亡率监测系统分析,我国 CVD 患病年龄标化死亡率从 2005 年的 286.85/10 万下降至 2020 年的 245.39/10 万,但 CVD 死亡人数仍在增加,2020 年较 2015 年增长了 48.06%。CVD 是多基因病,有遗传因素起作用,更受环境因素影响。预防 CVD 发病,一要积极预防和控制高血压、高血脂、高血糖、肥胖等疾病,二要保持健康的生活方式,持之以恒地进行合理膳食、适度运动、控制体重、戒烟限酒,同时保持健康睡眠和心理健康等,可有效减少疾病的发生。

三、多基因遗传病的特点

多基因遗传病与单基因遗传病相比,有明显不同的遗传特点,它符合数量性状的遗传,具有如下特点:

1. 有明显家族聚集倾向。患者亲属的发病率远高于群体发病率,但又低于 1/2 或 1/4,不符合任何一种单基因遗传方式。

2. 随着亲属级别的降低,患者亲属的发病风险迅速降低。群体发病率低的多基因病,这种特征更明显。

3. 近亲婚配时,子女的发病风险增高,但不如常染色体隐性遗传病那样明显,这与多基因的累加效应有关。

4. 发病率有明显的种族或民族差异,这表明不同种族或民族的基因库是不同的。

5. 多基因病的群体发病率一般高于 0.1%。

6. 患者双亲、同胞、子女亲缘系数相同,发病风险相同。

四、多基因遗传病再发风险的估计

多基因病涉及多种遗传基础和环境因素,发病机制比较复杂,难以像单基因病那样准确推算其发病风险。在估计多基因病的再发风险时,应综合考虑以下几个方面:

(一)群体发病率和遗传率与再发风险

多基因病中,患者一级亲属的易患性和群体的易患性均呈正态分布,但数值有较大差异,而阈值却是相同的,这样就表现出患者一级亲属的发病率要比群体患病率高许多。考虑到这个因素,在相当多的多基因遗传病中,当群体发病率为 0.1%~1%,遗传率为 70%~80% 时,可用爱德华兹公式来计算。患者一级亲属的发病率(f)近似于群体发病率(P)的平方根,即 $f=\sqrt{P}$。利用该公式可以估计多基因病的再发风险。例如,唇裂±腭裂的发病率为 0.17%,遗传率为 76%,患者一级亲属的发病率为 $f=\sqrt{0.001\,7}=4.1\%$。

当群体发病率和遗传率不在上述范围,则用图 13-7 查找。

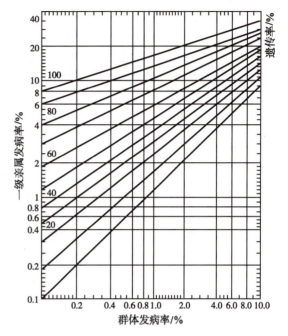

图 13-7 多基因遗传病群体发病率、遗传率与患者一级亲属发病率的关系对应图

(二)家庭中患病人数与再发风险

一个家庭中,患同一种多基因病的人数越多,则再发风险就越高。例如,一对表型正常的夫妇生第一个孩子患唇腭裂的风险与群体相同,是 0.17%;如果他们已生了一个唇腭裂的患儿,则第二个孩子患唇腭裂的风险将为 4%;如果第二个孩子仍为唇腭裂的患儿,表明这对夫妇带有较多的易感基因,他们的易患性更接近阈值,则第三个孩子的再发风险将增加 2~3 倍,上升为 10%。

(三)患者病情的严重程度与再发风险

病情严重的患者,表明其带有较多的易感基因,其父母也带有更多的易感基因,父母的易患性更接近于阈值,再生育子女的患病风险也相应地增高。例如,单侧唇裂的患儿其同胞的再发风险为 2.46%;如果是单侧唇裂并发腭裂,则同胞的再发风险将为 4.21%;若是两侧唇裂并发腭裂,其同胞的再发风险则为 5.74%。

多基因病的再发风险与单基因遗传病不同。在单基因遗传病中,不论病情的轻重如何,只是表现度的差异,不影响其再发风险,即仍是 1/2 或 1/4。

(四)患病率的性别差异与再发风险

当一种多基因遗传病的发病有性别差异时,表明不同性别的易患性阈值是不同的(图 13-8)。这种情况下,群体发病率高的性别阈值低,一旦患病,其子女的再发风险低;相反,在群体发病率低的性别中,由于阈值高,一旦患病,其子女的再发风险高。这是因为在群体发病率低的性别中,患者带有较多的易感基因,超过了较高的阈值而发病,其子女中发病风险将会相应增高,尤其是与其性别相反的后代。相反,在群体发病率高的性别中,患者的子女中发病风险将较低,尤其是与其性别相反的后代。

例如,先天性幽门狭窄是一种多基因病,群体中男性发病率为 0.5%,女性发病率为 0.1%。男性发病率是女性发病率的 5 倍,即男性的易患性阈值低于女性。如为男性患者,儿子的发病风险为 5.5%,女儿的发病风险为 1.4%;相反,如为女性患者,儿子的发病风险为 19.4%,女儿的发病风险为

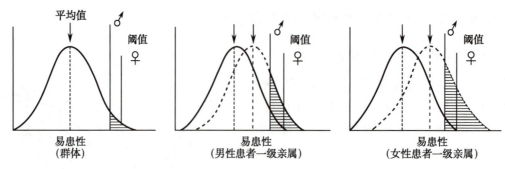

图 13-8 阈值有性别差异时易患性分布示意图

7.3%,表明女性患者比男性患者带有更多的易感基因。

(五)亲属级别与再发风险

随着亲属级别的降低,复发风险也迅速降低。这是由于二级亲属易患性平均值位于一级亲属易患性平均值与群体易患性平均值的 1/2 处;三级亲属的易患性平均值将在二级亲属易患性平均值与一级亲属易患性平均值的 1/2 处,它们表现的是一种几何级数的关系。

综上所述,在估计多基因遗传病的再发风险时,必须考虑各方面的因素,全面分析,综合判断,才能得出较切合实际的结论。

（张云仙）

思考题

1. 举例说明数量性状和质量性状的区别。
2. 简述多基因遗传的特点。
3. 在对原发性高血压患者后代进行发病风险估计时,应考虑哪些影响因素?

ER 13-3

练习题

第十四章 | 人类染色体与染色体病

教学课件

思维导图

学习目标

1. 掌握人类染色体的结构、类型,染色体核型的概念及其分析方法,常见染色体病的临床症状和核型。
2. 熟悉 X 染色质、Y 染色质的概念,莱昂假说,染色体畸变的概念、类型及形成机制。
3. 了解染色体畸变诱因,两性畸形。
4. 学会对常见染色体病进行初步诊断与发病机制分析。
5. 具有人文关怀精神,帮助患者减轻疾患痛苦,关心、关爱染色体病患者。

情境导入

患者,女,38 岁,一年前自然分娩生育一男孩。最近,家人发现男孩个头小、流口水、舌常伸出口外、行动也比同龄孩子迟钝,经医院专业人员检查确诊为 21-三体综合征。

患者怀孕期间曾在当地妇产医院做过产检,在孕 16 周做产前筛查时,查出 21-三体综合征高风险。医生建议患者做羊膜腔穿刺术以排除染色体异常,被患者一家人拒绝。

请思考:
1. 什么是 21-三体综合征?
2. 为什么会得这种疾病?该如何预防?

染色体是生物遗传信息的载体,具有储存、复制和传递遗传信息的功能,并决定生物的生命现象和生命过程。人们对于染色体的研究始于 19 世纪,但直到 1956 年,蒋有兴等人在染色体实验技术改进和发展的基础上才首先确定了人类体细胞染色体数目为 46 条。此后,染色体分析技术很快应用于临床,开创了临床细胞遗传学的新领域。1968 年卡斯佩松(Caspersson)等创立了显带技术。1978 年尤尼斯(Yunis)应用同步培养法,使细胞停留在早中期,显示出更多带型(高分辨显带技术),大大提高了染色体分析的精确性。20 世纪 80 年代末,中期细胞荧光原位杂交、染色体显微切割、染色体涂染等技术的应用,开始从分子水平揭示各种遗传病和肿瘤的本质。

第一节　人类正常染色体

一、人类染色体的形态结构与类型

(一)染色体的形态结构

在细胞增殖周期的不同时期中,处于细胞分裂中期的染色体(中期染色体)的形态结构特征最为清晰,最易于识别和分析。每一条中期染色体均由两条完全相同的染色单体构成,通过一个着丝粒连接在一起,它们互称为姐妹染色单体(sister chromatid),各含一个DNA分子。中期染色体着丝粒处着色浅并内缢凹陷,称为主缢痕(primary constriction)。着丝粒外侧为动粒,是纺锤丝的附着位点,在细胞分裂时与染色体运动有关。以着丝粒为界将染色体纵向分为长臂(q)和短臂(p)。两臂末端各有一个端粒,内含高度重复的DNA碱基序列,起到维持染色体结构稳定性和完整性的作用。在某些染色体臂上也可见到浅染并向内凹陷的区域称为次缢痕(secondary constriction)。人类近端着丝粒染色体短臂末端有一球状结构称为随体(satellite)。随体柄部为缩窄的次缢痕,该部位与核仁形成有关,称为核仁组织区(图14-1)。

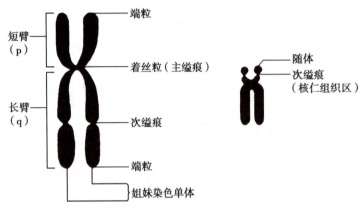

图 14-1　中期染色体形态结构示意图

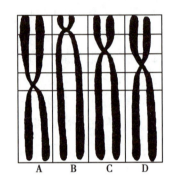

图 14-2　人类染色体类型示意图

A. 中央着丝粒染色体;B. 近端着丝粒染色体;C、D. 亚中着丝粒染色体。

(二)染色体的类型

每条染色体上着丝粒的位置是恒定不变的。根据着丝粒沿染色体长轴所处的位置,可将人类染色体分为三类:

1. 中央着丝粒染色体　着丝粒位置接近中部,位于染色体长轴1/2~5/8处,长臂略长。

2. 亚中着丝粒染色体　着丝粒位置略偏向染色体一侧,位于染色体长轴5/8~7/8处,将染色体分为长、短明显不同的两个臂。

3. 近端着丝粒染色体　着丝粒位置靠近染色体末端,位于染色体长轴7/8~末端,短臂很短(图14-2)。

二、人类染色体核型

(一)丹佛体制

将一个体细胞中的全套染色体按照大小、形态特征和着丝粒的位置进行分组排列所构成的图像称为核型(karyotype)(图14-3)。

1960年,在丹佛(Denver)召开了第一届国际细胞遗传学会议,确定了人类有丝分裂中期染色体的识别、编号、分组及核型描述等一套统一的标准命名系统——丹佛体制(Denver system),以便识别和分析人类染色体。根据丹佛体制,将人类体细胞的46条染色体配对为23对,其中1~22对染色体为男女所共有,称为常染色体(autosome),

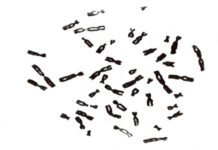

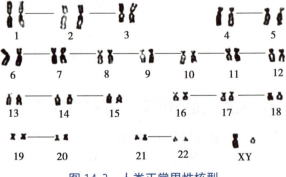

图 14-3　人类正常男性核型

从大到小依次编为1~22号;另外一对染色体与性别决定有关,称为性染色体(sex chromosome)。女性为两条X染色体,男性则为一条X染色体和一条Y染色体。

根据丹佛体制,人类体细胞的23对染色体可分为7个组(A~G),分组情况及其各组特征见表14-1。

表14-1　人类染色体分组与形态特征

组别	染色体编号	大小	着丝粒位置	副缢痕	随体
A	1~3	最大	1、3号中央;2号亚中	1号可见	无
B	4、5	大	亚中	无	无
C	6~12;X	中等	亚中	9号可见	无
D	13~15	中等	近端	无	有
E	16~18	较小	16号中央;17、18号亚中	16号可见	无
F	19、20	小	中央	无	无
G	21、22;Y	最小	近端	无	21、22号有;Y无

在对待测细胞的染色体进行测量计算的基础上,对染色体进行分组、排队、配对,并进行数目、形态结构分析确定其核型的过程称为核型分析(karyotype analysis)。

根据国际体制的规定,核型的描述为:先写染色体总数,再写性染色体组成;若有染色体异常,则需写在最后。例如,正常男性核型为46,XY,正常女性核型为46,XX,21-三体综合征女性患者核型为47,XX,+21。

(二)染色体显带技术

染色体样品必须使用某种染料染色后才能在显微镜下观察。20世纪70年代之前,采用吉姆萨(Giemsa)常规染色,染色体着色比较均匀,此时显示的核型称为非显带核型,只能辨别染色体的数量、相对长度和着丝粒的相对位置等,对染色体细微结构的变化则难以区分。染色体显带技术的出现,能够越来越清楚地显示染色体的结构特征和细微变化。

1.染色体显带技术　经过某种特殊处理或特异性染色后,染色体在其长轴上显示出明暗交替(或颜色深浅不一)带纹的技术叫作显带技术。不同染色体的带纹分布各具特征性,称为带型(banding pattern)。可以利用带型识别每一条染色体并分析其结构的变化。

(1)Q带:1968年卡斯佩松(Caspersson)等首先应用荧光染料喹吖因氮芥(QM)处理染色体标本,在荧光显微镜下发现可以沿染色体臂长轴染出多条宽窄和亮度不一的荧光带纹称为Q带。Q带特征是带纹明显,显带效果稳定,但荧光持续时间短,标本不能长期保存,必须立刻观察并进行显微摄影来保存影像。

(2)G带:将染色体标本经胰蛋白酶、碱或其他盐溶液预处理后,再用吉姆萨染液染色,显示出深浅交替的带纹称为G带。G带在普通光学显微镜下就能观察。G带带型与Q带带型基本相似,在G带上的深染带相当于Q带的亮带,浅染带相当于Q带的暗带。该操作简单,带纹清晰,标本可长期保存,重复性好,是目前使用最广泛的显带技术(图14-4)。

(3)R带:用盐溶液在一定温度下处理一段

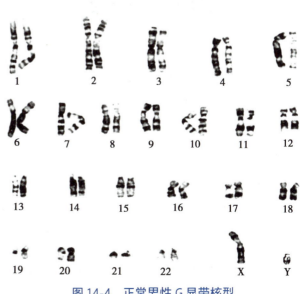

图14-4　正常男性G显带核型

时间,再用吉姆萨染液染色,则可得到另一种带纹,其深浅与 G 带正好相反称为 R 带。由于 G 带显示的染色体末端均浅染,不便观察染色体末端的结构变化,一般 R 带主要用于研究染色体末端是否有缺失或结构重排。

(4)C 带:将染色体标本用热碱处理后,再用吉姆萨染液染色,只在染色体局部深染。染色体着丝粒、副缢痕的结构异染色质部分和 Y 染色体的长臂远端区段通常被染成深色。由于在这些区段存在多态性,即在群体中存在广泛的变异,可用于亲缘分析和着丝粒来源的研究。

(5)T 带:将染色体标本加热处理后再用吉姆萨染液染色,可使染色体末端端粒特异性深染称为T 带,用以分析染色体末端结构有无异常。

(6)N 带:用硝酸银染色,可使近端着丝粒染色体的随体及核仁组织区(NOR)呈现黑色银染称为 N 带。NOR 的可染性反映 NOR 的功能活性,仅具有转录活性的 NOR 可被硝酸银着色。该技术为肿瘤细胞及减数分裂等方面的研究开辟了新途径。

综合人类正常核型的特点,取其平均值,以模式图的方式表示的核型为核型模式图。人类正常染色体 Q 显带和 G 显带核型的模式图见图 14-5。

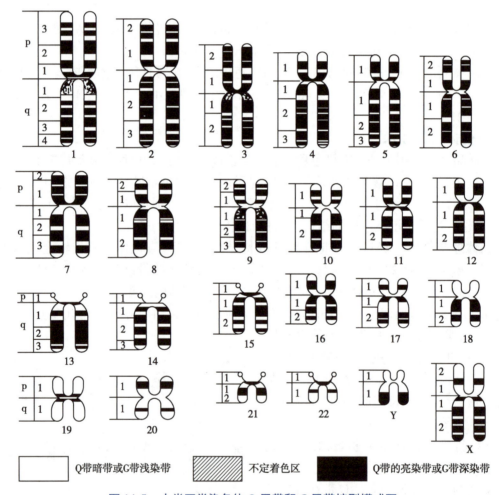

图 14-5　人类正常染色体 Q 显带和 G 显带核型模式图

2. 高分辨显带　传统的染色体制备技术使用分裂中期细胞,由于此时染色体长度较短,难以显示更多的带纹。20 世纪 70 年代后,由于细胞同步化技术和显带技术的改进,人们可以制备早中期、晚前期的染色体标本,这些细长的染色体可以显示更多的带纹。通过这些技术,每个单倍体可以观察到 550~1 250 条甚至更多的带纹,这种技术称为高分辨显带技术(high resolution banding technique)。

3. 染色体带命名的国际体制　显带技术的出现,使辨认染色体的细微结构成为可能。人类细胞遗传学国际命名体系（ISCN）规定了命名每一条显带染色体上各区和带的标准系统。

（1）**界标**：界标（land mark）是染色体上具有显著形态特征、稳定存在的结构区域，是确认显带染色体的重要指标，包括染色体两臂的末端、着丝粒和一些比较恒定的带。

（2）**区**：区（region）是位于两个相邻界标之间的区域。

（3）**带**：每一条染色体都是由一系列的带（band）组成，即没有非带区，每条带借其着色强度或是否发出荧光的差异与相邻的带相互区别。

每条染色体上的区和带均从着丝粒开始，向两端依次编号。描述一个特定的带时，需要写明四个内容：①染色体号。②臂的符号。③区的序号。④带的序号。按顺序书写，无间隔和标点。如图14-6箭头所示为1号染色体、短臂、3区、1带，书写为1p31。

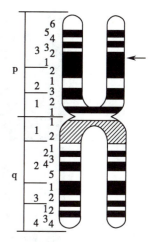

图 14-6　1 号 染 色 体 模式图（示界标、区、带）

（4）**亚带和次亚带**：出现高分辨显带技术后，染色体带又可以再细分为亚带和次亚带。亚带和次亚带的命名也是从着丝粒开始向远端依次编号。书写的原则是在原带的名称后面加一个小数点，然后写上亚带和次亚带的号码，且之间不再用标点隔开。如 1p31.32，表示1 号染色体短臂 3 区 1 带 3 亚带 2 次亚带。

三、性染色质

性染色质是性染色体的异染色质在间期细胞核内显示出的一种特殊结构，包括 X 染色质和 Y 染色质。临床上利用 X 染色质和 Y 染色质检查，可以进行胎儿性别鉴定、性染色体数目畸变遗传病鉴定和法医性别鉴定等。

（一）X 染色质

1949 年，巴尔（Barr）等人在雌猫的神经元细胞核中发现一种浓染小体，直径约为 1μm，但雄猫中却没有这种结构。进一步的实验观察证实，在几乎所有的雌性哺乳动物（包括人类）的间期核都有这种具有性别差异的结构（被称为巴氏小体）。后来研究表明巴氏小体实为 X 染色质。

为什么正常男性细胞没有 X 染色质？为什么女性两条 X 染色体上基因所形成的产物并不比只有 1 条 X 染色体的男性多？ 1961 年，莱昂（Lyon）提出了 X 染色体失活假说，即莱昂假说（Lyon hypothesis），其要点是：

（1）**剂量补偿**：在细胞间期，女性体细胞内的两条 X 染色体只有一条有转录活性，另一条则失去活性。失活的那条 X 染色体浓缩成颗粒状小球紧贴核膜边缘称为 X 染色质（X chromatin）（图14-7）。X 染色体基因产物的量在男性和女性细胞中保持大致相同水平称为剂量补偿作用。一个人无论有几条 X 染色体，均只有一条有转录活性，其他 X 染色体均失活浓缩成为 X 染色质。间期细胞 X 染色质数目等于 X 染色体数目减 1。需要指出的是，近些年的研究表明，失活的 X 染色体上的基因并非全部失活，一部分基因仍保持转录活性，因此 X 染色体数目异常的个体在表型上有别于正常个体，表现出一定的临床症状。

（2）**X 染色体失活发生在胚胎早期**：人类在妊娠约第 16 天时，胚细胞中的两条 X 染色体就有一条开始失活，在此之前所有细胞的 X 染色体都有活性。

（3）**随机失活**：X 染色体的失活是随机的，失活的 X 染色体可以来自父亲也可以来自母亲，二者概率相等。但是，一旦细胞内的一条 X 染色体失活，由此细胞分裂产生的所有后代细胞也总是这一条 X 染色体失活。

（二）Y 染色质

正常男性的间期细胞用荧光染料染色后，在荧光显微镜下细胞核内可见一个圆形或椭圆形、平

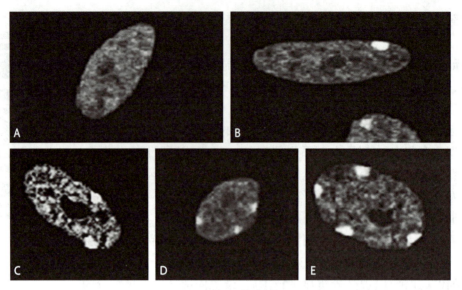

图 14-7　X 染色质

A、B、C、D、E 分别为含 0、1、2、3、4 个 X 染色质。

均直径约为 0.3μm 的强荧光小体,称为 Y 染色质(Y chromatin)。Y 染色质为男性间期细胞特有的结构,是 Y 染色体长臂远端 2/3 区段的异染色质。一个正常的男性细胞中只有一条 Y 染色体,男性体细胞中 Y 染色体的数目与 Y 染色质的数目相同。

第二节　染色体畸变

一、染色体畸变的概念

　　细胞中染色体数目或结构的改变统称为染色体畸变(chromosomal aberration),可分为数目畸变和结构畸变两大类。染色体畸变可以发生在个体的任何细胞、个体发育的任何阶段和细胞周期的任何时期。但畸变发生的部位和时期不同,引起的后果也不相同。在生殖细胞中发生染色体畸变可导致后代表型的改变或引发染色体遗传病;而染色体畸变发生在体细胞中则不会影响或较少影响个体表型,但可能与肿瘤的发生有关。

二、染色体畸变的诱因

　　染色体畸变如果自然地发生,称为自发畸变;人为利用各种不同因素引起的畸变称为诱发畸变。常见的染色体诱变因素与基因突变诱因大致相同,但染色体畸变表现在宏观层面。

(一) 物理因素

　　辐射是最主要的物理诱变因素。人们在工作和生活中,可能接触到各种射线,如 X 射线、γ 线、α 和 β 粒子、中子等,辐射在细胞周期的任何时期都可造成染色体的断裂,进而造成染色体畸变。

(二) 化学因素

　　许多化学药物可以导致染色体畸变,包括烷化剂、核酸类似物、嘌呤、抗生素、硝酸或亚硝酸类化合物、许多农药(如有机磷杀虫剂)等。此外,各种食品添加剂、防腐剂、保鲜剂及工业废物如苯、甲苯、砷等也会引起染色体畸变率的升高。

(三) 生物因素

　　病毒可诱发染色体断裂,如麻疹病毒可导致患者淋巴细胞染色体重排、粉碎或丢失。含有病毒的细胞通常会相互融合形成合胞体,在有丝分裂时形成多极纺锤体。某些微生物毒素如黄曲霉毒素也可以引起染色体畸变。

（四）年龄因素

体内非整倍体细胞的改变发生率随着年龄增长而增加，染色体结构畸变在老年人中更常见。临床上，培养的淋巴细胞对一些化学诱变剂（如烷化剂）的敏感性随着年龄的增长而增加。处于减数分裂前期的初级卵母细胞在母体内存在时间越长，越容易造成染色体不分离，因此高龄产妇生出染色体异常患儿的风险增大。

（五）遗传因素

染色体畸变与某些遗传因素有关。如染色体断裂易发生在遗传型染色体脆性部位，不同的个体对射线和化学诱变剂的敏感性存在很大的差异，一些常染色体隐性遗传病患者的染色体常自发断裂导致染色体不稳定综合征等。近年来的研究表明，可能存在染色体不分离易感基因，使某些个体易分娩三体染色体的后代。

三、染色体畸变的类型

（一）染色体数目畸变

在二倍体生物中，一个正常生殖细胞中的全部染色体称为一个染色体组。正常人的体细胞中含有两个染色体组，称为二倍体（2n）；生殖细胞中含有一个染色体组，称为单倍体（n）。以正常二倍体的染色体数目为标准，染色体数目的增加或减少称为染色体数目畸变（chromosome numerical aberration）。

1. 整倍体畸变　体细胞内的染色体数目在二倍体基础上，以一个染色体组（人 n = 23）为单位的增多或减少，称为整倍体畸变（euploid change）。在人类中，已知有三倍体和四倍体的个体，但只有极少数三倍体的个体能存活到出生，存活者多为二倍体与三倍体的嵌合体。

（1）**三倍体**：在体细胞中有 3 个染色体组（3n），染色体总数为 69 条，每号常染色体都有 3 条，称为三倍体（triploid）。核型有 69，XXX、69，XXY、69，XYY 三种。人类全身性三倍体个体的临床病例罕见，多以流产而告终。

（2）**四倍体**：体细胞中有 4 个染色体组（4n），每号染色体都有 4 条，称为四倍体（tetraploid）。核型为 92，XXXX 或 92，XXYY。四倍体较三倍体更罕见，多为四倍体与正常二倍体核型的嵌合体，来源于染色体的异常加倍。

（3）**多倍体的形成机制**：①双雌受精（digyny）：指次级卵母细胞在减数分裂时由于某种原因未能排出极体，结果形成二倍体卵，二倍体卵与一个正常精子受精后，即可形成三倍体受精卵。②双雄受精（diandry）：有两个精子同时和一个卵受精，形成的受精卵为三倍体。③核内复制（endoreduplication）：在一个细胞周期中，染色体复制了两次，而细胞只分裂一次，就会形成四倍体细胞。④核内有丝分裂（intranuclear mitosis）：细胞分裂间期，染色体正常复制一次，但分裂期时，核膜未破裂，纺锤体没有形成，细胞没有出现染色体分离和胞质分裂，因此成为四倍体细胞。

2. 非整倍体畸变　细胞中染色体数目增加或减少一条或数条，称为非整倍体畸变（aneuploid change）。人类体细胞内染色体总数少于 46 条的，称为亚二倍体；多于 46 条的称为超二倍体。

（1）**单体**：某号染色体少了一条，体细胞内染色体总数为 45 条（2n-1），称为某号染色体单体（monosomic）。整条染色体的缺失会造成严重的后果，即便是最小的 21 号、22 号染色体的单体也难以存活，多见于流产儿和死婴；X 染色体的单体只有少部分能够发育到出生后，表现为先天性卵巢发育不全。

（2）**三体**：某号染色体增加了一条，使体细胞内染色体总数为 47 条（2n+1），称为某号染色体三体（trisomic）。三体在临床染色体病中较常见，如 21-三体和性染色体的三体。同一种染色体的三体和单体相比，三体个体的生存能力要强一些。例如，21-三体和 21-单体相比，21-三体临床表现的疾病严重程度也相对较轻。这说明机体更难承受因遗传物质减少所带来的基因间的失衡。性染色体的三体对机体的危害程度明显轻于常染色体的三体,这可以用 X 染色体的剂量补偿来解释。

(3)多体:体细胞中染色体增加了两条或两条以上,称为某号染色体多体(polysomic)。在临床上只能看到性染色体多体的个体,例如,48,XXXX、48,XXXY 等以及它们与正常核型细胞群的嵌合体。性染色体增加得越多,临床症状越严重。

(4)非整倍体畸变的形成机制:染色体非整倍性改变一般与细胞分裂时染色体不分离或染色体丢失有关。

1)染色体不分离:细胞分裂时某些染色体没有按照正常的机制分离,从而造成两个子细胞中染色体数目的不等分配,称为染色体不分离(non-disjunction)。染色体不分离是超二倍体和亚二倍体形成的主要原因,可分为以下三种情况:

A.减数分裂 I 不分离:指减数分裂后期 I 同源染色体没有彼此分开,同时进入一个子细胞,减数分裂 II 正常。因此,在形成的配子中有一半的配子含有一对同源染色体,配子染色体数目增至 24 条;另外一半配子未得到这对同源染色体的任何一条,染色体数目为 22 条。前者受精后会形成含有三条同源染色体的受精卵,为某号染色体三体受精卵;后者受精则会形成某号染色体单体受精卵(图 14-8)。

B.减数分裂 II 不分离:指减数分裂 I 正常,减数分裂后期 II 两条姐妹染色单体不分离,由此形成分别带有 24 条和 22 条染色体的配子(图 14-8)。

C.有丝分裂不分离:在受精卵卵裂或体细胞有丝分裂时发生的姐妹染色单体不分离现象。不分离的结果造成其中一个子细胞有 47 条染色体(三体),另一个子细胞只有 45 条染色体(单体)。这两种染色体数目异常的细胞各自继续分裂,则在体内分别形成三体和单体的细胞群体。如果第一次卵裂发生染色体不分离,则会形成含有 45 和 47 两种非整倍体核型细胞系的个体;若染色体不分离发生在第二次卵裂或以后的细胞有丝分裂时,则形成 45、46、47 三种不同核型的个体(图 14-9)。但由于具有 45 条染色体的细胞生命力差,在胚胎发育过程中逐渐被稀释直至淘汰,因而多数情况下只能观察到46、47 两种核型的个体。有丝分裂不分离发生得越早,形成染色体数目异常的细胞系占比就越大。

微课:
染色体数目畸变

2)染色体丢失:染色体丢失(chromosome loss)发生在细胞分裂的中期或后期。其可能的机制有:①某条染色体的着丝粒未能与纺锤丝相连,不能被拉向细胞的任何一极。②某条染色体在向一

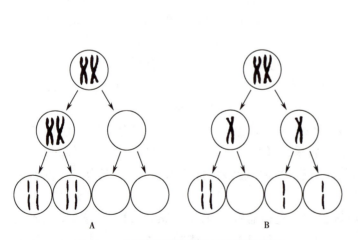

图 14-8　减数分裂染色体不分离示意图
A.减数分裂 I 不分离;B.减数分裂 II 不分离。

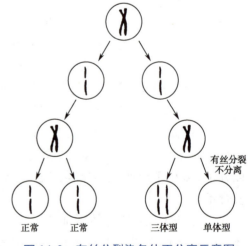

图 14-9　有丝分裂染色体不分离示意图

极移动时,由于移动迟缓,使该染色体没有及时移到细胞一极参与核的形成,而是滞留在胞质中,最终被分解而丢失。分裂后的两个子细胞,一个为缺少一条染色体的单体,另一个为正常二倍体。

(二)染色体结构畸变

染色体的断裂和重接是染色体的重要特性,通常这种自然安排的断裂与重接只发生在减数分裂过程中同源染色体间的片段交换,而且这种交换必须是等位和等价的,以保证配子的正常及多样性。受某些因素影响,减数分裂过程中一旦发生染色体断裂后的片段丢失、错位重接、非等位等价片段交换等情况,便会造成染色体结构畸变,称为染色体重排。发生了结构畸变的染色体称重排染色体。由于物理因素、化学因素和生物因素等的作用,染色体断裂重接也可发生在体细胞中,如果一条染色体发生了断裂,随后在原位重接,称为染色体愈合或染色体重建。染色体愈合将不引起遗传效应。如果染色体发生断裂后,未在原位重接,将导致染色体结构畸变。

人类细胞遗传学国际命名体系(ISCN)制定了有关人类染色体以及染色体畸变等的命名方法。一个有染色体结构畸变的核型描述须包括以下内容:①染色体总数。②性染色体组成。③畸变的类型符号。④受累染色体的序号。⑤断裂点的臂、区、带号。染色体结构畸变的描述分为简式和详式两种。简式描述染色体的结构改变只需用断裂点表示即可,详式描述还要加上重排染色体带的组成和排列顺序。为了能够统一规范地描述各种染色体畸变,国际上对核型分析所使用的术语和符号以及它们的用法等都做了规定,常用的术语和符号见表 14-2。

表 14-2 核型分析常用的术语和符号

符号	含义	符号	含义
A~G	染色体组名	?	染色体或染色体结构未能确定
1,2,3…	常染色体的序号	mat	来自母亲
→	从……到……	min	微小体
/	用来隔开嵌合体的不同核型	mos	嵌合体
ace	无着丝粒断片	p	短臂
cen	着丝粒	pat	来自父亲
chi	异源嵌合体	Ph	费城染色体
:	断裂	q	长臂
::	断裂与重接	qr	四射体
del	缺失	r	环状染色体
der	衍生染色体	rcp	相互易位
dic	双着丝粒染色体	rea	重排
dir	正位	rec	重组染色体
dup	重复	rob	罗伯逊易位
end	内复制	s	随体
fra	脆性部位	t	易位
g	裂隙	tan	串联易位
h	副缢痕	ter	末端
i	等臂染色体	tr	三射体
ins	插入	tri	三着丝粒
inv	倒位	var	变区
mar	标记染色体	;	分开涉及结构重排的染色体
+或-	增加或缺失	( )	其内为结构变化的染色体或断裂点带的名称

常见的染色体结构畸变有：

1. 缺失 当染色体臂发生断裂,断片未发生重接而丢失称为缺失(deletion,del),按断裂和丢失的部位不同,分为末端缺失和中间缺失。

(1)**末端缺失**:一条染色体的臂发生断裂后未进行重接,而形成一条末端缺失的染色体和一个无着丝粒的片段,后者因不与纺锤丝相连而在分裂后期不能向两极移动而滞留在细胞质中,因而经过一次分裂后造成有着丝粒的节段丢失了部分遗传物质,这种情况称为末端缺失(图14-10)。核型简式为46,XX(XY),del(1)(q21),核型详式为46,XX(XY),del(1)(pter→q21)。

(2)**中间缺失**:一条染色体的同一臂内发生两处断裂后,两个断裂点之间的片段丢失,末端片段直接与带着丝粒的染色体部分连接在一起,形成中间缺失的染色体(图14-11)。核型简式为46,XX(XY),del(1)(q21q31),核型详式为46,XX(XY),del(1)(pter→q21∷q31→qter)。

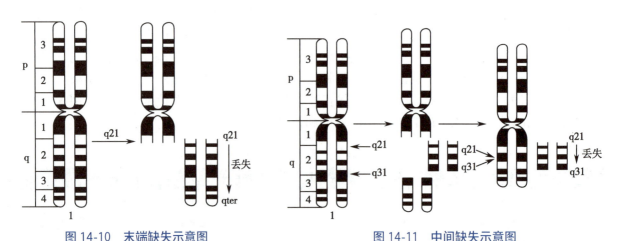

图 14-10　末端缺失示意图　　　　　　　图 14-11　中间缺失示意图

2. 重复 染色体或染色单体发生断裂后形成的断片插入到同源染色体或染色单体中,或者同源非姐妹染色单体发生不等交换,导致同一条染色体的某段连续出现两份或两份以上的结构畸变,称为重复(duplication,dup)。

3. 倒位 一条染色体发生两处断裂,其中间的断片倒转180°后又重接称为倒位(inversion,inv)。倒位按发生部位的不同分为臂内倒位和臂间倒位。

(1)**臂内倒位**:染色体的一个臂内发生两处断裂,中间片段倒转180°后重接,称为臂内倒位。例如,1号染色体在短臂2区2带和3区4带发生断裂,两端点之间的片段旋转180°后重接(图14-12)。核型简式为46,XX(XY),inv(1)(p22p34)。核型详式为46,XX(XY),inv(1)(pter→p34∷p22→p34∷p22→qter)。

图 14-12　臂内倒位示意图

(2)**臂间倒位**:一条染色体的长臂和短臂各发生一处断裂,两个末端断片互换位置重接后形成的染色体重排(相当于中间含有着丝粒的部分旋转180°)称为臂间倒位。例如,4号染色体在短臂1区5带和长臂2区1带发生断裂后互换位置重接(图14-13)。核型简式为46,XX(XY),inv(4)(p15q21)。核型详式为46,XX(XY),inv(4)(pter→p15∷q21→p15∷q21→qter)。

原发的倒位畸变一般没有遗传物质的丢失,只是基因顺序的改变,其个体不表现任何疾患,称为倒位携带者(inversion carrier)。倒位携带者的倒位染色体在生殖细胞减数分裂时常会形成特有的倒位环（inversion loop），若倒位环内发生交换，会产生带有染色体部分缺失和染色体部分重复的各类配子，直接影响受精后的发育，临床上表现为婚后不育、早期流产或娩出染色体病患儿等。

4. 相互易位 两条非同源染色体分别发生一处断裂，相互交换无着丝粒片段后重接，形成两条重排染色体，称为相互易位（reciprocal translocation）。例如，2 号染色体与 5 号染色体分别在长臂的 2 区 1 带和 3 区 1 带断裂后，互换无着丝粒片段后重接，形成相互易位（图 14-14）。核型简式为 46,XY,t(2;5)(q21;q31)，核型详式为 46,XY,t(2;5)(2pter→2q21::5q31→5qter;5pter→5q31::2q21→2qter)。

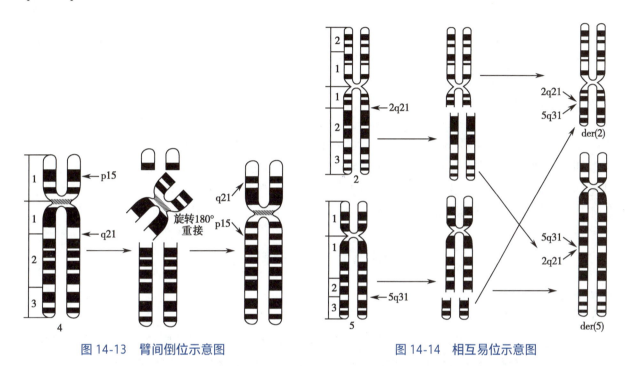

图 14-13　臂间倒位示意图

图 14-14　相互易位示意图

相互易位仅是染色体片段位置的改变，通常不会产生遗传效应，称为平衡易位。带有易位染色体的表型正常的个体称为平衡易位携带者。在人群中平衡易位携带者的比例约为 0.2%。平衡易位携带者在配子发生过程中，产生的异常配子受精后形成异常的合子，会导致流产、死胎或畸形儿发生。

5. 罗伯逊易位 罗伯逊易位（Robertsonian translocation）是指发生在近端着丝粒染色体之间的一种特殊易位，两条近端着丝粒染色体在着丝粒的位置发生横裂，两个染色体的长臂在着丝粒区融合形成一条新的染色体，又称为着丝粒融合。两个短臂也可能发生连接形成一条小染色体，遗传物质很少，一般在以后的细胞分裂中发生丢失。例如 14 号染色体在长臂的 1 区 1 带断裂与 21 号染色体在短臂的 1 区 1 带断裂后形成罗伯逊易位（图 14-15）。核型简式为 45,XX,−14,−21,+t(14;21)(q11;p11)，核型详式为 45,XX,−14,−21,+t(14;21)(14qter→14q11::21p11→21qter)。

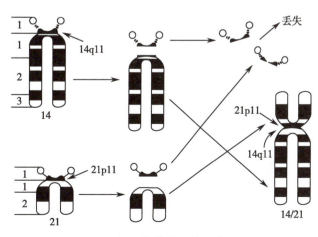

图 14-15　罗伯逊易位示意图

6. 插入 某一条染色体在断裂处有新的染色体片段插入后重接称为插入（insertion, ins）。插入的新片段可以来自同一染色体，也可是其他染色体。插入又可分为正位插入和倒位插入。

7. 等臂染色体 细胞分裂后期染色体的着丝粒发生了异常横裂,形成只有两个短臂和两个长臂组成的两条染色体,显带染色体上可见带纹以着丝粒为中心向远端依次对称排列的情形,称为等臂染色体(isochromosome,i)。

8. 环形染色体 一条染色体的长、短臂同时发生断裂,末端断片丢失后,有着丝粒的长臂和短臂在断裂处相接,形成环状染色体(ring chromosome,r)。

9. 双着丝粒染色体 两条染色体都发生一次断裂末端丢失后,两个有着丝粒的部分相连接,形成一条带有两个着丝粒的染色体称为双着丝粒染色体(dicentric chromosome,dic)。在细胞分裂时,如果这条染色体的两个着丝粒分别被纺锤丝牵拉向细胞的两极移动,则形成染色体桥,阻碍细胞分裂,且容易发生断裂。因此,双着丝粒染色体是一种不稳定结构。

ER 14-4

微课:
染色体结构
畸变

(三) 嵌合体

嵌合体(chimera)是指一个个体内同时存在两种或两种以上不同染色体核型的细胞系。嵌合体产生于卵裂早期的各种染色体数目异常或结构畸变。嵌合体的表型特征不典型,视个体中不同核型细胞的比例和所在的组织器官不同而异。嵌合体的描述方法是将个体中不同细胞系的核型按染色体的数目依次写出,用"/"分隔不同的核型。例如,核型 46,XX/47,XX,+21 表示具有两个染色体数目不同的细胞系的嵌合体,其中一个细胞系是正常女性核型,另一个则是 21 号三体。

第三节　染色体病

情境导入

患者,女,19 岁,身高 140cm,头发略稀疏,后发际低,有颈蹼,胸部扁平,两乳房未见发育,一直无月经来潮,雌激素水平低;自 12 岁起较同龄人身高矮,初中毕业后未再上学,学习成绩不佳。经核型分析发现,患者的核型为 45,X,遗传学诊断为先天性卵巢发育不全。

请思考:

1. 该患者核型形成的原因是什么?

2. 如果该患者患病是由于其母亲的卵子异常引起的,那么异常卵子产生的机制是怎样的?

人类染色体数目或结构畸变所导致的疾病称为染色体病。染色体发生畸变常常累及多个基因,从而使机体表现出多种异常性状。故而,染色体病常被称为染色体综合征(chromosome syndrome)。染色体病的临床特征主要有:先天性多发畸形;智力低下;生长发育滞后,尤其是性发育滞后;导致流产和不育;特殊皮肤纹理。另外,大多数染色体病患者亲代染色体和表型均正常,畸变染色体是由于亲代生殖细胞或受精卵早期卵裂过程中新发生的染色体畸变,这类患者往往无家族史;畸变染色体携带者在生殖细胞减数分裂时会发生更加复杂的染色体畸变,导致死胎、流产或子代罹患染色体病。

一、常染色体病

常染色体病(autosomal disease)是指由 1~22 号常染色体发生数目或结构异常而引起的疾病。常染色体病大约占人类染色体病的 2/3,包括三体综合征、单体综合征以及嵌合体等。常染色体单体综合征的成活个体极为少见,较为常见的是常染色体三体综合征。这种现象说明细胞更能够承受遗传物质的增多而不能耐受遗传物质的减少。迄今为止,涉及每一条常染色体的结构畸变均有发现,而且新的结构异常发现还在增加。

(一) 21-三体综合征

21-三体综合征(21-trisomy syndrome)又称为唐氏综合征(Down syndrome),是人类最常见的染色体病,新生儿发病率为 1/800~1/600。该病由唐(Down)在 1866 年首先描述,1959 勒琼(Lejeune)证实患者体内多出一条 21 号染色体,这是第一个得到证明的由染色体异常导致的疾病。

图 14-16 21-三体综合征患者面容

1.**临床特征** 本病的主要临床表现为生长发育迟缓、不同程度的智力低下和一系列异常体征。智力低下是最突出、最严重的症状。患者呈现特殊面容,如眼距过宽、眼裂狭小、外眼角上倾、内眦赘皮、鼻根低平、外耳小、耳郭低位、硬腭窄小、舌体大且常伸出口外、流涎多,故又被称为伸舌样痴呆(图 14-16)。患者还有肌张力低下、四肢短小、手短宽而肥、第 5 手指因中间指骨发育不良而只有一条指横褶纹、皮纹异常(如 50% 的患者有通贯手);40% 的患者有先天性心脏病;白血病的发病风险是正常人的 15~20 倍;容易发生呼吸道感染;白内障发病率较高。存活至 35 岁以上的患者易出现老年性痴呆。男性患者常有隐睾,未见有能生育者;女性患者通常无月经,但偶有能生育者,并有可能通过 21 号染色体的次级不分离而将此病遗传给下一代。

2.**细胞学特征** 21-三体综合征的诊断依据主要是染色体检查。患者的核型可有三体、嵌合体和易位三种。

(1)**21-三体**:患者的核型为 47,XX(XY),+21,约 90% 的患者属于此类型。多出的 21 号染色体多起源于减数分裂时 21 号染色体不分离,95% 的病例来源于母亲。这种不分离的发生率随母亲年龄的增加而增高(表 14-3)。

表 14-3 母亲年龄与 21-三体综合征发病风险

母亲年龄/岁	每次生育的风险	母亲年龄/岁	每次生育的风险
15~19	1/1 850	35~39	1/260
20~24	1/1 600	40~44	1/100
25~29	1/1 350	45 以上	1/50
30~34	1/800	平均	1/660

(2)**嵌合体**:21 号染色体不分离发生在卵裂早期的有丝分裂时,会造成 46,XX(XY)/47,XX(XY),+21 的嵌合体。依据异常核型的细胞系所占的比例和它们在体内分布的差异,临床症状有重有轻。嵌合体症状轻于典型的 21-三体,在 21-三体细胞比例很小(如小于 9%)的情况下,其表型可能与常人无异。嵌合体约占 21-三体综合征患者的 2%。

(3)**易位**:易位约占 21-三体综合征患者的 8%。患者多余的不是完整的 21 号染色体,而是其长臂片段。此片段是经罗伯逊易位与另一染色体形成的带有 21q 的衍生染色体。从表面上看,患者体细胞中的染色体数仍保持 46 条,但表现出典型的 21-三体综合征症状。以 14/21 易位最常见:患者的核型可为 46,XX(XY),-14,+t(14;21)(p11;q11)。即患者少了一条正常的 14 号染色体,多了一条由 14 号染色体长臂和 21 号染色体长臂融合形成的易位染色体。患者缺失了 14 号染色体的部分短臂,通常它不会引起表型异常;而多出的 21 号染色体部分长臂是造成 21-三体综合征症状的真正原因。患者的易位染色体约 50% 来源于父亲或母亲生殖细胞新发生的突变;

50% 来源于罗伯逊易位携带者的亲代传递,14/21 易位携带者的核型为 45,XX,−14,−21,+t(14;21)(p11;q11)。这是平衡易位的核型,但在减数分裂 I 过程中,会形成四种不同的配子,在与正常的个体婚配后,可形成四种核型的受精卵,包括正常的二倍体核型、平衡易位核型、易位核型和 21-单体核型。易位核型的胚胎一般会发生流产(图 14-17)。

与典型的 21-三体患者不同,易位核型患者的父母多为年轻夫妇。如果双亲之一为罗伯逊易位携带者,则该病的发生可有家族史,应进行遗传咨询,及时检出易位携带者进行婚育指导,避免或降低再发风险。

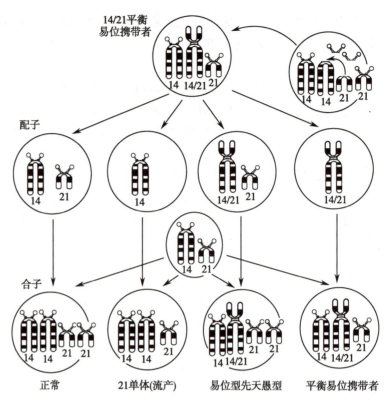

图 14-17 14/21 染色体平衡易位携带者和后代核型示意图

(二) 18-三体综合征

18-三体综合征(18-trisomy syndrome)又称为爱德华兹综合征(Edwards syndrome)。1960 年,由爱德华兹(Edwards)首先描述患者具有一条额外的 E 组染色体,1961 年确定为 18-三体。在新生儿中 18-三体综合征的发病率为 1/8 000~1/3 500。大多数 18-三体的胚胎发生流产,出生后患儿的平均寿命只有 2 个月,个别可存活数年甚至 15 年以上。

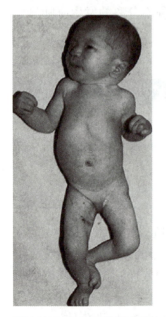

图 14-18 18-三体综合征患儿体征

图 14-19 摇椅样畸形足

18-三体综合征基本特点为:患者的生命力严重低下,多发畸形,生长、运动和智力发育迟缓。其异常表型多种多样,主要有:眼裂小、眼球小、内眦赘皮、耳畸形伴低位、枕骨突出、小颌、唇裂或腭裂、胸骨小;95% 的患者有先天性心脏病,是婴儿死亡的主要原因;手呈特殊握拳姿势:第 2 指和第 5 指压在第 3 指和第 4 指之上;有摇椅样畸形足,即足后跟后突、足掌中部凸出等情况(图 14-18,图 14-19)。

80% 的患者的核型为 47,XX(XY),+18;其余为嵌合体:46,XX(XY)/47,XX(XY),+18;极少数为易位核型。18-三体的产生多是由母亲卵母细胞减数分裂时发生的 18 号染色体不分离所致,高龄孕妇容易生出该核型的患儿。但嵌合体与母亲年龄无关,嵌合体的症状相对较轻。

(三) 13-三体综合征

13-三体综合征(13-trisomy syndrome)又称为帕托综合征(Patau syndrome),由帕托(Patau)在 1960 年首先描述,在新生儿中的发病率为 1/21 000~1/5 000。13-三体综合征患者的畸形比上述两种综合征都严重,99% 的 13-三体胚胎会流产,出生患儿有 45% 在 1 个月内死亡,不到 5% 可活到 3 岁。

13-三体综合征的主要症状是中枢神经系统发育严重缺陷,无嗅脑,前脑皮质缺如(称为前脑无裂畸形);出生体重低、发育迟缓、严重智力低下、小头、小眼球或无眼球、小颌；多数患者有唇裂或伴腭裂及耳低位畸形,常有耳聋；80%的患者有先天性心脏病,1/3的患者有多囊肾,无脾或有副脾,男性有隐睾,女性多有双角子宫及卵巢发育不全；常有多指,有与18-三体综合征相似的特殊握拳姿势和摇椅样畸形足、皮纹异常等。患者的核型80%为47,XX(XY),+13；5%为嵌合体；10%~15%为易位核型,多为13/14的罗伯逊易位,13-三体患儿的出生率与母亲年龄成正相关,而易位核型患儿则多为年轻母亲所生,她们常有流产史。

(四)5p部分单体综合征

5p部分单体综合征(partial monosomy 5p syndrome)是由于患者第5号染色体短臂部分缺失所致,是一种部分单体综合征。1963年由勒琼(Lejeune)首先报道本病,其发病率在新生儿中为1/50 000,是染色体结构畸变综合征最常见的一种类型,女孩发病率高于男孩。

本病最具特征性的特点是患儿的哭声尖细,似猫的叫声,因此又称为“猫叫综合征(cri du chat syndrome)”。其他症状有：生长发育迟缓、智力低下；小头、满月脸、眼距较宽、外眼角下斜、斜视、内眦赘皮、耳低位、小颌；并指、髋关节脱臼、皮纹异常；50%的患者有先天性心脏病等。多数患者可活至儿童期,少数患者能活至成年,均伴有严重智力低下。

核型为46,XX(XY),5p⁻；也有部分是嵌合体。在所研究的病例中,缺失的部分都包含5p15区域,故5p15缺失是造成猫叫综合征的特异性缺失。多数病例是父母生殖细胞中新发生的染色体结构畸变引起的,有10%~15%是平衡易位携带者产生不平衡配子引起的。

二、性染色体病

性染色体病(sex chromosome disease)也称为性染色体综合征(sex chromosome syndrome),是指人类性染色体(X或Y染色体)数目或结构畸变所引起的疾病。这类疾病共同的临床特征主要为性发育不全或两性畸形,其次为原发性闭经、生育力下降和智力低下。

(一)先天性睾丸发育不全

先天性睾丸发育不全(congenital hypoplasia of testis)又称为XXY综合征或克兰费尔特综合征(Klinefelter syndrome)。该病由克兰费尔特(Klinefelter)等首先描述,1959年雅各布(Jacob)和斯特朗(Strong)证实患者的核型为47,XXY,即较正常男性多出一条X染色体。

本病以睾丸发育障碍和不能生育为主要特征。男性发病率为1/850,在男性不育患者中占1/10。患者在儿童期并无明显异常,各种症状在青春期之后开始逐渐显现。表现为身材瘦长、体力较差、第二性征发育不良,如阴茎发育不良,睾丸小或隐睾,曲细精管萎缩并呈玻璃样变性、排列不规则,不能产生精子,因而不育。患者的体征呈女性化倾向,大部分人无胡须、无喉结、体毛稀少,阴毛呈女性分布,皮下脂肪丰富,皮肤细嫩,约25%的个体发育出女性型乳房,患者的性情和体态趋向于女性特点。部分患者有轻度到中度智力障碍,表现为语言能力低下,一些患者有精神分裂症倾向,在男性精神异常患者中本病的发生率约为1%,远高于一般人群中的发病率(图14-20)。

患者的主要核型为47,XXY,占80%,嵌合体占15%,包括46,XY/47,XXY、45,X/46,XY/47,XXY、46,XX/47,XXY、46,XY/48,XXXY等。一般来讲,核型中X染色体数量越多,表现的症状越严重。而嵌合体患者的症状相对较轻,当正常细胞所占比例较大时,患者一侧的睾丸可正常发育并能生育。47,XXY产生于减数分裂时性染色体的不分离,其中60%是母亲的染色体不分离。生出该综合征患儿的风险随母亲年龄的增加而增大。

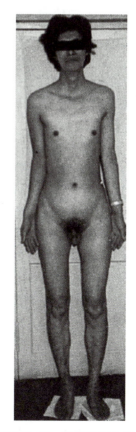

图14-20 先天性睾丸发育不全综合征患者体征

(二) 超 Y 综合征

超 Y 综合征(super Y syndrome)又称为超雄综合征或 XYY 综合征。患者的体细胞中比正常男性的体细胞多出一条 Y 染色体,核型为 47,XYY,所以也称为超雄综合征。男婴儿中发生率为 0.11%,在监狱或精神病院中的男性可检出约 3% 的发病率。患者的体态特点是身材高大,常在 180cm 以上。多数个体有正常的寿命和生活。性征和生育能力一般正常。少数患者有性腺发育不良、隐睾、尿道下裂和不育,偶有轻度智力低下,有社会适应不良、人格异常和暴力倾向。

47,XYY 的核型来源于父亲的 Y 染色体在减数分裂 II 时发生不分离,生成了含有两条 Y 染色体的精子,受精后形成了 47,XYY 核型。

(三) 先天性卵巢发育不全

先天性卵巢发育不全(congenital ovarian dysgenesis)又称为特纳综合征(Turner syndrome)。新生女婴发病率为 1/5 000~1/2 500。其主要症状是患者表型为女性;出生体重低,婴儿期有足淋巴水肿,第 4、第 5 指骨短小或畸形;身材发育缓慢尤其缺乏青春期发育,使得成年身材显著矮小,仅为 120~140cm;后发际低,头发可一直延伸至肩部;50% 的个体出现颈蹼;还可有盾状胸、肘外翻、两乳头间距过宽、皮纹异常等。第二性征发育差,表现为成年外阴幼稚、阴毛稀少、乳房不发育、子宫发育不良、卵巢无卵泡、原发闭经,因而不能生育(图 14-21)。

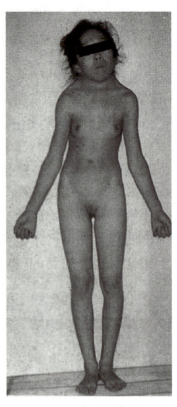

图 14-21　先天性卵巢发育不全综合征患者体征

1. X-单体型　核型为 45,X(约占全部患者的 60%),有以上所述的各种体征。起源于减数分裂 X 染色体不分离,其中 80% 源于父亲生殖细胞的减数分裂。

2. 嵌合体　核型有 45,X/46,XX、45,X/47,XXX 和 45,X/46,XX/47,XXX;还有 45,X 核型的细胞系和 X 染色体结构异常核型的细胞系形成的嵌合体等。嵌合体约占全部患者的 30%,一般症状较轻,有些患者具有生育能力。嵌合体起源于卵裂时的 X 染色体不分离或其他 X 染色体畸变。

该病临床治疗一般是在青春期应用雌激素促使其第二性征发育或改善,促进身高生长。

(四) 超 X 综合征

超 X 综合征(super X syndrome)也称为超雌综合征或 XXX 综合征。这是一种女性常见的性染色体异常遗传病,新生儿中发生率约为 0.1%。但在女性精神病患者中发生率可高至 0.4%。患者个体大多数表型正常,可生育,不构成临床问题。但约 25% 的患者有卵巢功能异常、月经失调、乳腺发育不良、不孕。约 2/3 的患者有轻度智力低下、学习能力差、人际关系不良并有患精神病的倾向。

多数患者的核型为 47,XXX;少数患者的核型为 46,XX/47,XXX。理论上 47,XXX 个体在减数分裂时会产生 23,X 和 24,XX 两种卵细胞,但临床统计患者所生的后代核型多数正常。这可能是因为 24,XX 的卵子不易受精,或多余的 X 染色体总是进入极体而不能形成 24,XX 卵子的缘故。

(五) 脆性 X 染色体综合征

脆性 X 染色体综合征(fragile X syndrome)在男性中发病率为 0.1%~0.2%,仅次于 21-三体综合征。在 X 连锁所致智力发育不全患者中占 1/2~1/3。此病主要发生在男性,女性常为携带者。其核型为 46,Fra(X)(q27.3),Y。脆性 X 染色体综合征的主要症状有:中度到重度智力低下,常伴有大头、方额、大耳、单耳轮、大下颌并前突;语言障碍,性情孤僻;性成熟后睾丸比正常人大一倍以上。

另外,多数患者青春期前有多动症,但随着年龄增长,多动症逐渐减轻(图14-22)。

在低叶酸的培养条件下,男性患者和女性携带者的外周血淋巴细胞中可出现脆性X染色体[fragile X chromosome,Fra(X)],Fra(X)是指在Xq27和Xq28带的交界处有呈细丝样部位,使X染色体长臂末端呈现随体样结构,由于该部位易断裂,故该部位称为脆性部位(fragile site),此病称为脆性X染色体综合征。

男性患者的Fra(X)来自携带者母亲。从理论上讲,由于女性有两条X染色体,所以女性

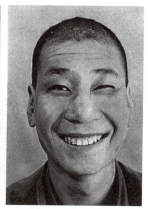

图14-22 脆性X染色体综合征患者面容

杂合体的表现型应该正常,但实际上约有30%的女性携带者表现为轻度智力低下,这一现象可用莱昂(Lyon)的X染色体失活假说来解释。据估计,女性携带者频率为0.5%,这些携带者生育男性患儿的风险可达50%。

三、两性畸形

由染色体畸变和基因突变引起的个体性腺或内外生殖器、第二性征具有不同程度的两性特征称为两性畸形(hermaphroditism)。判别个体性别的依据是存在的性腺组织。有睾丸组织的是男性,有卵巢的为女性。当人体内同时存在睾丸和卵巢两种性腺组织时称为真两性畸形;只存在一种性腺组织,但外生殖器或第二性征具有不同程度的异常特征称为假两性畸形。

1.真两性畸形 真两性畸形(true hermaphroditism)患者体内有男女两种性腺。这两种性腺有不同的存在方式,它们可以彼此单独存在,也可能结合在一起形成卵巢睾,卵巢睾不一定有功能,但从组织学上可以鉴别。约40%的个体身体一侧为睾丸,另一侧为卵巢;约40%的个体一侧是睾丸或卵巢,另一侧为卵巢睾;约20%的个体两侧均为卵巢睾。患者的内外生殖器和各种第二性征不同程度地介于两性之间,社会性别可以是男性也可以是女性,约有3/4的患者自幼被当作男孩抚养。真两性畸形主要有以下几种类型:

(1)46,XX **卵睾型性发育异常**:约占真两性畸形的一半以上。患者一侧有卵巢、输卵管和发育良好的子宫;另一侧有睾丸或卵巢睾,输精管发育不良。外阴为阴茎但有尿道下裂,无阴囊或阴囊内无睾丸,阴毛呈女性分布,外观为女性或男性。有些男性外貌者青春期后有女性乳房发育。一些病例具有家族性,呈常染色体隐性遗传;用*SRY*基因探针给一些散发病例做荧光原位杂交,显示其常染色体或X染色体上具有Y染色体上的*SRY*基因,这是Y染色体片段易位的结果。

(2)46,XY **卵睾型性发育异常**:患者一侧有睾丸,另一侧为卵巢睾;体内有输卵管、输精管和子宫,但均发育不良;有男性生殖器,可有尿道下裂,阴囊内无睾丸,阴毛呈女性分布,外观多为男性,但第二性征呈女性特征。

(3)46,XY/46,XX **嵌合体**:患者内外生殖器均呈现不同程度的两性特征。

(4)46,XX/47,XXY **嵌合体**:多数病例以46,XX核型的细胞系占优势。患者一般有发育异常的男性外生殖器,但第二性征呈女性特征。

(5)45,X/46,XY **嵌合体**:两型细胞常以46,XY占优势,患者内外生殖器均呈现不同程度的两性特征。外观多为女性,但有男性第二性征。

2.假两性畸形 假两性畸形(pseudohermaphroditism)患者体内只存在一种性腺,但外生殖器和第二性征兼有两性特征,或者倾向于相反的性别。根据性腺为睾丸或卵巢,可将其分为:

(1)**男性假两性畸形**:患者核型为46,XY,体内只有睾丸组织。造成两性畸形的原因可有雄激

素合成障碍、雄激素的靶细胞受体异常或促性腺激素异常等。常见的有：

1）特发性男性假两性畸形：为常染色体隐性遗传，患者体内雄激素合成不足而导致性发育异常。

2）雄激素不敏感综合征：又称为睾丸雌性化综合征（testicular feminization syndrome），是一种 X 连锁隐性遗传病，患者呈女性体态，有女性外阴，但无女性内生殖器，睾丸位于腹腔或腹股沟内，后者常被误认为是疝气，血中睾酮含量正常，病因是 X 染色体上雄激素受体基因突变，致使靶细胞对雄激素不敏感，常因无月经或不孕而就诊。

（2）**女性假两性畸形**：患者核型为 46,XX，性腺为卵巢，X 染色质阳性。女性外生殖器有两性特征，常难以确认患者性别。肾上腺性征综合征是造成女性假两性畸形最常见的原因，有多种亚型。该病为常染色体隐性遗传病，发病率为 1/25 000。母亲在怀孕期间不适当地使用孕激素或雄性激素，或者母亲肾上腺皮质功能异常活跃，都可使女胎男性化，造成女性假两性畸形。

（唐鹏程）

思考题

1. 试述非整倍体的形成机制。

2. 21-三体综合征的核型有哪几种？形成的原因有什么不同？

3. 一对夫妇外表正常，由于习惯性流产而进行染色体检查，结果显示男性核型为 46,XY，女性核型为 46,XX,t（4;6）（q21;q31）。请解释流产的原因。

ER 14-5

练习题

第十五章 ｜ 群体中的基因

ER 15-1
教学课件

ER 15-2
思维导图

学习目标

1. 掌握群体、基因频率、基因型频率、近亲婚配、适合度、选择系数、遗传负荷等概念,遗传平衡定律及其应用,基因频率和基因型频率的换算。
2. 熟悉影响遗传平衡的因素和近亲婚配的危害。
3. 了解遗传负荷和平衡多态现象。
4. 学会分析群体的遗传结构和影响因素,能开展与遗传有关的流行病学调查。

情境导入

人类 ABO 血型决定于三个复等位基因 I^A、I^B、i。经调查某地区 2 000 人中,A 血型有 900 人,B 血型有 260 人,AB 血型有 120 人,O 血型有 720 人。

请思考:

1. 基因 I^A、I^B、i 的频率分别是多少?
2. 各种血型基因型的频率分别是多少?
3. 能否推导出各基因型频率与基因频率的关系?

群体(population)或称为种群,是指一群相对独立地生活在某一区域,相互之间具有复杂联系,且能够相互交配并产生具有生殖能力后代的同种生物个体的集合。群体遗传可利用孟德尔定律来分析,所以又称为孟德尔群体。群体是生物繁殖、生物进化和维持生态平衡的基本单位。研究群体的遗传结构及其变化规律的科学称为群体遗传学。研究人类致病基因在人群中的分布、变化规律的科学称为医学群体遗传学或遗传流行病学(genetic epidemiology)。医学群体遗传学的研究资料主要用于遗传咨询和制订遗传筛查项目。

第一节 遗传平衡定律及其应用

群体中的遗传基因和基因型需要保持平衡,才能保证物种稳定地世代繁殖。而一个群体所具有的全部基因或全部遗传信息称为基因库(gene pool)。个体的基因型只代表基因库的一小部分。在实际研究群体的基因变化、了解遗传病的发病率时,主要探讨一对等位基因的存在及其变化情况,即了解其基因频率和基因型频率的变化。

一、基因频率与基因型频率

基因频率(allele frequency)是指一个群体中某一基因在其全部等位基因座位数中出现的频率。基因频率反映了该基因在这一群体中的数量,一个群体中同一基因座位上各等位基因的基因频率之和等于 1。假如一个群体中有 1 对等位基因为 A 和 a，基因 A 的频率为 p，基因 a 的频率为 q，则 $p+q=1$。

基因型频率（genotype frequency）是指一个群体中某一基因型的个体在该群体个体总数中出现的频率。一个群体中，同一基因座位上等位基因的各基因型频率之和也等于 1。假如一个群体中有一对等位基因 A 和 a，则这个群体有基因型为 AA、Aa、aa 的三种个体，设基因型 AA 的频率为 D，基因型 Aa 的频率为 H，基因型 aa 的频率为 R，则 $D+H+R=1$。

对于共显性遗传和不完全显性遗传来说，表型和基因型一一对应，基因型频率可以通过群体中各成员的表型调查得知，而基因频率可以通过基因型频率推算出来。例如，人类 MN 血型系统决定于 1 对等基因 L^M 和 L^N，为共显性遗传，M 血型、N 血型、MN 血型的基因型分别为 $L^M L^M$、$L^N L^N$ 和 $L^M L^N$。在某一地区调查 747 人得知：M 血型有 233 人，N 血型有 129 人，MN 血型有 385 人。则基因型 $L^M L^M$ 的频率为 D=233÷747=0.312，基因型 $L^N L^N$ 的频率为 R=129÷747=0.173，基因型 $L^M L^N$ 的频率为 H=385÷747=0.515。三种基因型的频率之和 D+H+R=0.312+0.173+0.515=1。

设基因 L^M 的频率为 p，基因 L^N 的频率为 q，则：

$$p=(233 \times 2+385)/(747 \times 2)$$
$$=233 \times 2/(747 \times 2)+385/(747 \times 2)$$
$$=D+H/2$$
$$=0.312+0.515/2$$
$$=0.569\ 5$$

同理，$q=R+H/2=0.173+0.515/2=0.430\ 5$。则，$p+q=0.569\ 5+0.430\ 5=1$。

基因频率与基因型频率的换算关系为：$p=D+H/2$；$q=R+H/2$。

对于完全显性遗传，由于显性纯合体（AA）与杂合体（Aa）在表现型上无法区别，其基因频率和基因型频率则要通过遗传平衡定律来计算。

二、遗传平衡定律

数学家哈迪（Hardy）和医生温伯格（Weinberg）运用数学方法研究群体的遗传结构及变化规律，于 1908 年先后得出了一致的结论：一个很大的可以随机交配的群体，在没有突变、选择和大规模个体迁移的条件下，其基因频率和基因型频率在世代传递中始终保持稳定不变。这一结论称为遗传平衡定律（law of genetic equilibrium），又称为哈迪-温伯格定律（Hardy-Weinberg law）。

在一个群体中，假设基因 A 的频率为 p，基因 a 的频率为 q，则 $p+q=1$。根据数学原理，则 $(p+q)^2=1$，展开二项式得到 $p^2+2pq+q^2=1$。其中，p^2 就是基因型 AA 的频率，$2pq$ 是基因型 Aa 的频率，q^2 是基因型 aa 的频率，即 $D:H:R=p^2:2pq:q^2$。这就是遗传平衡公式。如果一个群体中基因型频率与基因频率满足了这一等式，那么这个群体就是一个遗传平衡的群体；如果不相等，就是遗传不平衡的群体。

例如，一个群体有 10 000 人，其中基因型 AA 有 6 000 人，基因型 aa 有 2 000 人，基因型 Aa 有 2 000 人。这个群体是否是一个遗传平衡的群体呢？

经计算得知，基因型 AA 的频率为 D=0.6，基因型 Aa 的频率为 H=0.2，基因型 aa 的频率为 R=0.2。基因 A 与 a 的频率分别为：$p=D+H/2=0.6+0.2/2=0.7$；$q=R+H/2=0.2+0.2/2=0.3$。这里，$p+q=0.7+0.3=1$；$D+H+R=0.6+0.2+0.2=1$。

如果这个群体是遗传平衡的群体，就应该满足 $D:H:R=p^2:2pq:q^2$。而这个群体中，$D:H:R=0.6:0.2:0.2$；$p^2:2pq:q^2=0.7^2:(2 \times 0.7 \times 0.3):0.3^2=0.49:0.42:0.09$。显然 $D:H:R \neq p^2:2pq:q^2$。说明这个群体是一个遗传不平衡的群体。

一个遗传不平衡的群体在随机婚配的情况下，只需要经过一代，就可以达到遗传平衡（表 15-1）。

表 15-1　遗传不平衡群体经过 1 代随机婚配后群体中的基因型频率

		精子	
		基因 A　$p=0.70$	基因 a　$q=0.30$
卵子	基因 A　$p=0.70$	基因型 AA　$p^2=0.49$	基因型 Aa　$pq=0.21$
	基因 a　$q=0.30$	基因型 Aa　$pq=0.21$	基因型 aa　$q^2=0.09$

从表中可以看出,该群体中基因 A、a 的频率仍然是 0.7 和 0.3,经过 1 代的随机婚配后,下一代各基因型的频率发生了变化,基因型 AA、Aa、aa 的频率分别改变为 0.49、0.42 和 0.09,满足了遗传平衡公式 $D:H:R=p^2:2pq:q^2$,这个群体便达到了遗传平衡。在以后的每一代中,只要保持随机婚配,基因频率和基因型频率将不再变化,这个群体将世世代代维持遗传平衡状态。

因此,判断一个群体是否为遗传平衡群体的标志不是基因频率在上下代之间保持不变,而是基因型频率在上下代之间保持不变。上下代之间基因频率不变,基因型频率可能会有变化;基因型频率不变,基因频率一定不变。一个群体,不管其原始的基因频率如何,是否处于平衡状态,只要经过一代随机交配,这个群体就能达到遗传平衡。

三、遗传平衡定律的应用

1. 常染色体隐性致病基因频率的计算　对于常染色体隐性遗传病,只有隐性纯合体(aa)才发病。因此,群体发病率就是隐性纯合体(aa)的频率,即 q^2。通过调查群体发病率,就可以推算出该群体中某遗传病致病基因的频率和各种基因型的频率。

例如,白化病在我国的群体发病率为 1/20 000。设白化病致病基因为 a,则白化病患者基因型为 aa。根据遗传平衡定律,基因型 aa 的频率 $q^2=$群体发病率$=1/20\,000$,可得致病基因 a 的频率 $q=\sqrt{群体发病率}=\sqrt{1/20\,000}=0.007$,其正常等位基因 A 的频率 $p=1-q=0.993$,基因型 AA 的频率 $p^2=0.986$,携带者 Aa 的频率 $2pq≈0.014$。

再如,尿黑酸尿症群体发病率为 1/1 000 000。即隐性纯合体 aa 的频率 $q^2=$群体发病率$=1/1\,000\,000$,可得致病基因 a 的频率 $q=0.001$。其正常等位基因 A 的频率 $p=1-q=0.999$,携带者 Aa 的频率 $2pq=0.001\,998≈0.002$。

通过计算可以看出,当隐性基因频率很低时(q 趋于 0),则 p 趋于 1,$2pq$ 近似于 $2q$。此时,携带者的频率是致病基因频率的 2 倍,即 $2q$;携带者与患者频率之比为 $2pq/q^2=2p/q≈2/q$,即携带者频率是患者频率的 $2/q$ 倍。这意味着隐性致病基因频率越低时,携带者频率对患者的比值越大,说明人群中隐性致病基因几乎都以表型正常的携带者方式存在。因此,人群中携带者的检出,对常染色体隐性遗传病的预防具有重要意义。

2. 常染色体显性致病基因频率的计算　对于常染色体显性遗传病来说,基因型 AA 和 Aa 都表现为患者,群体发病率为(p^2+2pq),进而可推算出正常人 aa 的频率以及基因 A 和 a 的频率。但在实际计算中,往往采用粗略的计算方法。由于致病基因频率 p 很低(p 趋于 0),患者为基因型 AA 的可能性几乎为 0,可以忽略不计,即 $p^2≈0$,则群体发病率≈杂合体患者 Aa 的频率 $H=2pq$。由于 p 趋于 0,q 趋于 1,故群体发病率 $H=2pq≈2p$,得出 $p≈H/2$。即常染色体显性遗传病致病基因频率约等于群体发病率的一半。

3. X 连锁致病基因频率的计算　对于 X 连锁遗传病而言,无论是显性遗传,还是隐性遗传,由于女性性染色体为 XX,其 X 染色体致病基因频率、基因型频率计算方法与常染色体遗传病一致。而男性性染色体为 XY,其 X 连锁致病基因频率即为群体发病率。X 连锁遗传病基因和基因型频率见表 15-2。

表 15-2　平衡群体中 X 连锁基因的基因型与基因型频率

性别	基因型	基因型频率
女性	X^AX^A	p^2
	X^AX^a	$2pq$
	X^aX^a	q^2
男性	X^AY	p
	X^aY	q

例如,男性红绿色盲的发病率为 0.07,则红绿色盲基因频率为 $q=0.07$。

对于罕见的 X 连锁隐性遗传病,由于致病基因 X^a 频率 q 很低(q 趋于 0),其正常等位基因 X^A 频率 $p \approx 1$,人群中男性患者(X^aY)与女性患者(X^aX^a)的比值为 $q/q^2=1/q$,即男性患者远远要多于女性患者,患者几乎全部是男性;女性携带者(X^AX^a)与男性患者(X^aY)比值为 $2pq/q=2p \approx 2$,即女性携带者约为男性患者的 2 倍。

对于罕见的 X 连锁显性遗传病,由于致病基因 X^A 频率 p 很低(p 趋于 0),其正常等位基因 X^a 频率 $q \approx 1$,人群中男性患者与女性患者的比例为 $p/(p^2+2pq)=1/(p+2q) \approx 1/2$,即女性患者约为男性患者的 2 倍。

第二节　影响群体遗传平衡的因素

遗传平衡的群体是一种理想群体,因为这种群体是一个无突变、无选择、无迁移、无限大的随机婚配群体,对人类某些基因如血型基因、酶变异型基因等能够达到这些条件,但是对于单基因遗传病,一些因素就可以影响基因分布或改变基因频率,从而破坏群体的遗传平衡,这些因素包括突变、选择、遗传漂变、迁移、近亲婚配等。

一、突变

突变是自然界中普遍存在的遗传现象,突变会改变基因原本的结构和功能,从而影响突变个体的生存、生殖和群体的遗传结构,打破群体已建立的遗传平衡。

设一个群体中有一对等位基因 A 和 a,其频率分别为 p 和 q。基因 A 可以突变为 a(正向突变),如果每代基因 A 都以固定的突变率 u 突变为基因 a,则群体每一代基因 A 就会减少 pu,而基因 a 则会增加 pu,即基因 A 的频率逐代减小,而基因 a 的频率逐代增大。在群体遗传学上,把群体中基因突变产生的基因频率变化趋势称为突变压(mutation pressure)。由于基因突变具有多向性和可逆性的特点,基因 a 也可以突变为 A(回复突变),如果每代以固定的突变率 v 突变,则会使群体每代基因 a 减少 qv,而基因 A 增加 qv。

当 $pu>qv$ 时,群体中基因 a 的频率会逐代增加,而基因 A 的频率会逐代下降;当 $pu<qv$ 时,则群体中基因 a 的频率会逐代下降,基因 A 的频率会逐代增加。这两种情况都会改变群体原有的基因频率和基因型频率,从而改变群体的遗传结构,打破群体原有的遗传平衡。而当 $pu=qv$ 时,群体中基因 A 和 a 的频率将会保持世代恒定,群体将始终处于遗传平衡状态。

根据公式 $pu=qv,p+q=1$,可以推出 $pu=(1-p)v,pu=v-pv,p=v/(u+v)$;同理可得 $q=u/(u+v)$。从基因频率的表达式可以看出,在只有突变存在而没有选择等其他因素影响的情况下,群体的基因频率完全由等位基因的突变率 u 和 v 的差异来决定,遗传平衡由等位基因的双向突变来维持。

如果基因突变是中性突变,既无益也无害,在群体中几乎看不到选择作用,其等位基因的频率是由双向突变率来维持平衡的。例如,人类对苯硫脲(PTC)的尝味能力是由位于 7 号染色体上（7q34）的苦味味觉感受基因 *TAS2R38* 决定的，属于不完全显性遗传。突变的纯合体（*tt*）失去了对 PTC 的尝味能力，这对人类既没有好处也没有害处，为中性突变，不受选择作用。如果 $u=0.9×10^{-6}$/代，$v=2.1×10^{-6}$/代，则 $q=u/(u+v)=0.9/(0.9+2.1)=0.30$。我国汉族人群中 PTC 味盲基因型 *tt* 的频率为 0.09，味盲基因 *t* 的频率为 0.30，与理论预期值基本符合。

二、选择

选择（selection）是生物在自然环境的压力下优胜劣汰的过程。优胜劣汰、适者生存是生物界永恒的法则。由于基因突变的有害性，突变必然导致选择的发生，突变和选择是两个影响群体遗传平衡的重要因素。由突变产生的个体之间基因型的差异导致的个体生存能力和生育能力的差异是选择的直接原因。选择作用的大小通常用适合度和选择系数来表示。

（一）适合度与选择系数

1. 适合度　适合度（fitness，*f*）是指一个群体中某种基因型个体能够适应环境而生存，并能将其基因传给后代的能力，又称为适应值。它是衡量个体是否能够存活，并通过生殖把基因传递给后代、对后代贡献能力大小的重要指标。在群体中生殖能力最强的个体，其适合度最高。适合度通常用相对生育率，即患者人群生育率和正常人群生育率之比来衡量。

例如，有人在丹麦调查软骨发育不全患者 108 例，他们生育了 27 个子女，他们的 457 个正常同胞生了 582 个子女。如果把正常人的生育率看作 1，则软骨发育不全患者的相对生育率 $f=(27/108)/(582/457)≈0.20$，表明该地区软骨发育不全患者的适合度为 0.2。

2. 选择系数　选择系数（selection coefficient，*s*）是指一个群体中某种基因型个体在自然选择压力下被淘汰的概率，即在选择作用下降低的适合度，又称为淘汰系数。选择压力越大，适合度越低，则淘汰系数越高。如果把适合度 *f* 看作个体将其基因传给后代的比例，那么选择系数 *s* 就是个体没有将其基因传给后代的比例，也就是被淘汰的比例。因此，$s=1-f$。如软骨发育不全患者的适合度为 0.2，其选择系数 $s=1-0.2=0.8$。

3. 选择压力　选择压力（selection pressure）是指选择改变群体遗传结构所产生作用的大小。选择压力可以针对基因，也可以针对基因型，其大小仍用选择系数的值来表示。如某一基因型的选择压力为 $s=1×10^{-3}$，表示 1 000 个这样基因型的个体中有一个个体被淘汰。选择压力越大，致病基因频率在群体中降低的速度就越快。

（二）选择的作用和突变率的计算

1. 选择对显性致病基因的作用和显性致病基因突变率的计算　假设一个群体中有常染色体显性遗传病致病基因 *A*，那么基因型 *AA* 和 *Aa* 个体都有因选择压力而被淘汰的可能。设选择系数为 *s*，每一代中致病基因 *A* 的频率改变为 Δ*p*，计算公式如下：

$$Δp=s(D+H/2)=s(p^2+2pq/2)=s(p^2+pq)=sp(p+q)=sp$$

即通过选择作用，每一代有 *sp* 的显性基因 *A* 被淘汰。

当选择压力增强，患者（*AA*、*Aa*）的适合度 *f* 趋于 0，选择系数 *s* 趋于 1 时，Δ*p* 趋于 *p*，群体中致病基因 *A* 的频率 *p* 经过 1 代后就降为 0，下一代致病基因的频率靠突变来维持。显然，选择对常染色体显性致病基因的作用十分显著。当选择压力放松，*f* 趋于 1，*s* 趋于 0 时，选择对显性有害基因作用降低，显性致病基因得以保留和遗传，使后代致病基因频率和发病率都显著增高，后代有常染色体显性遗传病致病基因主要由遗传而来。

对于罕见的常染色体显性遗传病，由于 *p* 很低，p^2 趋于 0，实际上面临选择的是杂合体患者 *Aa*。每一代中有 *sp* 的基因 *A* 因选择而被淘汰，由于 $p=H/2$，所以每一代被淘汰的基因 *A* 的数量为 *sH*/2。在一个遗传平衡的群体中，群体中的发病率是一定的，致病基因 *A* 的频率也是相对稳定的，被淘汰的基因将由突变进行补充，即致病基因 *A* 的频率就要靠突变（*a→A*）来维持。常染色体显性遗传病

致病基因突变率 $v=sH/2$。因此,通过调查有常染色体显性遗传病患者的适合度和发病率可以计算出显性致病基因的突变率。

例如,有人在丹麦的哥本哈根调查 94 075 名婴儿,其中 10 个婴儿是软骨发育不全患者,发病率为 0.000 106 3,已知本病的适合度 $f=0.2$,选择系数 $s=0.8$。该遗传病显性致病基因突变率 $v=sH/2=0.8 \times 0.000 106 3/2=42.5 \times 10^{-6}$/代。

一些延迟显性遗传病,如亨廷顿病,一般都在生育子女后才发病而面临选择,选择系数很小,所以这类显性致病基因大部分是经亲代传递而来,很少有突变病例。

2. 选择对隐性致病基因的作用和隐性致病基因突变率的计算 假设一个群体中存在常染色体隐性遗传病致病基因 a,那么只有基因型 aa(即患者)才面临选择,每一代中将有 sq^2 的基因 a 被淘汰。在一个遗传平衡的群体中,被淘汰的隐性致病基因 a 将由突变产生的新基因($A \rightarrow a$)来补充,则有突变率 $u=sq^2$。通过调查常染色体隐性遗传病患者的适合度和发病率可以计算出隐性致病基因的突变率。

例如,某地区苯丙酮尿症的发病率为 1/20 000,患者生育率仅为正常生育率的 20%,即 $f=0.2$,$s=0.8$。该遗传病隐性致病基因突变率 $u=sq^2=0.8 \times 1/20 000=40 \times 10^{-6}$/代。

由于致病基因携带者 Aa 不受选择影响,隐性致病基因 a 则能在群体中保留并持续向后代传递,因此选择作用对隐性致病基因是缓慢的、微小的。

在选择压力增强,患者(aa)的适合度 f 趋于 0,选择系数 s 趋于 1 时,群体中致病基因 a 的频率 q 也会降低,但降低的速度相当缓慢。隐性致病基因频率降低的速度可以按照公式 $N=1/q^n-1/q$ 来计算。公式中,N 表示世代数,q^n 表示第 N 代的基因频率,q 表示现在的基因频率。

例如,白化病致病基因 a 在群体中的频率为 0.01,当选择压力增强时,使所有的白化病患者都不能生育($s=1$),在没有新的突变的情况下,要经过多少代才能使群体中白化病致病基因的频率降低一半?代入公式得 $N=1/q^n-1/q=1/0.005-1/0.01=100$。若每代按 25 年计算,这需要经过 2 500 年才能使隐性致病基因频率降低一半。

在选择压力放松,患者(aa)的适合度 f 趋于 1,选择系数 s 趋于 0 时,致病基因频率的上升也非常缓慢。例如,苯丙酮尿症的群体发病率为 1/10 000,隐性致病基因频率为 0.01,突变率为 50×10^{-6}/代,该病可以用代苯丙氨酸饮食方法治疗。假设患者生育率与正常人一样,基因频率要经过 200 代才增加 1 倍,即 $0.01+50 \times 10^{-6} \times 200=0.02$,这时的发病率为 4/10 000,是原来的 4 倍。这种变化要经过 200 代约 5 000 年才能达到。

3. 选择对 X 连锁致病基因的作用和 X 连锁致病基因突变率的计算 对于 X 连锁隐性遗传病,男性患者 X^aY 和女性患者 X^aX^a 将会面临选择压力而被淘汰,而女性基因型 X^AX^a 个体不受选择。由于致病基因 X^a 频率 q 很低,女性患者基因型 X^aX^a 频率 q^2 趋于 0,可以忽略不计。从整个人群来看,男性群体拥有 X 连锁基因的数量占整个人群的 1/3,女性占 2/3。因此,就有 2/3 的致病基因 X^a 以杂合体 X^AX^a 的形式存在于女性群体中,这部分致病基因不受选择的作用;而男性拥有的占总数 1/3 的致病基因 X^a 将面临选择压力,每一代会有 $sq/3$ 的基因 X^a 被淘汰。在遗传平衡的群体中,被淘汰的基因将由突变($X^A \rightarrow X^a$)来补充,则 X 连锁隐性遗传病致病基因 X^a 的突变率 $u=sq/3$。通过调查 X 连锁隐性遗传病男性患者的适合度和发病率可以计算出隐性致病基因的突变率。

例如,血友病 A 在男性中的发病率为 0.000 08,适合度 $f=0.29$,选择系数 $s=0.71$。该地区血友病 A 的致病基因突变率:$u=sq/3=0.71 \times 0.000 08/3=19 \times 10^{-6}$/代。

(三) 选择与平衡多态

平衡多态(balance polymorphism)是指群体中的同一基因座位上存在两个等位基因或两个以上复等位基因的现象。一个群体中,基因频率超过 1%,携带该等位基因的杂合体频率大于 2%,可认为该基因座位具有多态性。不足 1% 的称为罕见变异型。有些致病基因在人群中往往有较高的频率,且在世代传递中始终保持居高不下,形成了遗传平衡状态。由于突变是稀有现象,仅靠突变不足以维持平衡多态中等位基因的最低频率。除了突变之外,一定有其他的补偿机制——选择,来维持这些等位基因较高的频率,才能保持群体的遗传平衡,形成平衡多态。

例如,镰状细胞贫血为 X 连锁隐性遗传病,隐性致病基因 β^S 纯合时表现为镰状细胞贫血 ($\beta^S\beta^S$)。在非洲及地中海一带,镰状细胞贫血患者的发病率高达 4%。因此患者的频率为 $q^2=0.04$,隐性致病基因 β^S 的频率 $q=0.2$,正常基因 β^A 的频率 $p=1-q=0.8$,正常人 ($\beta^A\beta^A$) 的频率 $p^2=0.64$,而致病基因携带者 ($\beta^A\beta^S$) 的频率为 $2pq=0.32$。致病基因纯合体 ($\beta^S\beta^S$) 是致死的,一般在成年前死亡,不会将致病基因 β^S 传给下一代。为什么这一地区的人群中隐性致病基因携带者 ($\beta^A\beta^S$) 的比例会高达 32% 呢?这是由于致病基因携带者 ($\beta^A\beta^S$) 体内细胞的血红蛋白结构特征具有抵抗疟原虫寄生的能力,使其对恶性疟疾的抵抗力高于正常人 ($\beta^A\beta^A$),其适合度高。因此,就可以因选择优势而补偿因纯合体患者死亡所失去的致病基因 β^S,形成了平衡多态。

三、迁移

迁移(migration)是指一个生物群体中的部分个体因某种原因迁入另一个同种生物群体中定居和杂交的现象。迁移引发群体间的基因流动,形成迁移基因流(gene flow)。如果两个群体间某基因频率不同,迁移会改变迁入群体的基因频率,群体间的大规模迁移会形成迁移压力(migration pressure)。迁移压力的大小取决于两个群体之间基因频率的差异大小,及迁移个体数量占迁入群体比例的大小。迁移压力的增加可以使某基因从一个群体有效地扩散到另一个群体中去。如果只是地理位置的迁移定居,并不通婚,那么群体间就不会发生基因流动和遗传结构的变化。迁移后定居通婚,是造成基因频率改变的必要条件。

四、随机遗传漂变

在一个相对封闭的小群体中,由于偶然事件而造成的基因频率在世代传递中随机波动的现象称为随机遗传漂变(random genetic drift),简称遗传漂变。遗传漂变的速度与群体大小成负相关:群体越大,遗传漂变速度越慢;群体越小,遗传漂变速度越快。遗传漂变往往导致一个小群体中某些基因的迅速消失或固定,因而改变群体遗传结构。

遗传漂变常用来说明人类种族间遗传结构的差异。北美印第安人群中,ABO 血型系统基因 I^A、I^B 和 i 的频率分别为 0.018、0.009 和 0.973,O 型血者占 94.69%,但布卢德族(Blood)和西克西恰族(Siksika)印第安人小群体中 A 型血比较常见,基因 I^A 的频率大于 0.5,高于任何其他印第安人群体。这可能是由于原始小群体遗传漂变的结果。可能是这些美洲印第安人部落的祖先从亚洲迁移到美洲时带去了基因 I^A,由于他们不与当地人通婚,小群体内的婚配和世代传递,使基因 I^A 获得了高频率;也可能是这些印第安人最初的基因型全部是 ii(O 型血),基因突变使他们获得了基因 I^A,并在世代传递中得以保存并逐渐增加。

五、隔离

不同种群的个体间不能交配或交配不育或不能产下有繁殖能力的后代,导致种群间不能发生基因交流称为生殖隔离(reproduction isolation)。隔离可使小群体产生建立者效应(founder effect),少数几个祖先个体的基因频率决定了他们后代的基因频率,使群体中的纯合体频率增加,一些异常的基因频率特别高,形成类似近亲婚配的遗传效应,是一种极端的遗传漂变作用。

色盲岛

平格拉普岛（Pingelap）是西太平洋上的一座美丽的环状珊瑚岛，风光旖旎，色彩斑斓。然而这座小岛的闻名于世却是因为岛上居民高发病率的一种罕见遗传病——色盲（全色盲）。世界范围内全色盲患者极为罕见，发病率约为 1/30 000，但在这座小岛上为数不多的居民中发病率却高达 10%，有 1/3 人口是全色盲基因携带者。该岛因此得名"色盲岛"。全色盲患者只能看到明暗程度不同的灰色，视力低下，畏光，昼盲，对光线极度敏感，热带岛屿充足的阳光，让他们几乎不能在室外睁眼。究其根源，这一切都要归咎于 200 多年前的一场灾难。1775 年的一场飓风过后，岛上上千名岛民最后只剩下了 20 人。由于人口少，基因库太小，又长期与世隔绝，始终是群体内部通婚，形成了生殖隔离，不可避免地形成了群体遗传的建立者效应。

六、近亲婚配

（一）近亲婚配与近婚系数

在三代以内有共同祖先的个体之间为近亲，近亲之间的婚配称为近亲婚配（consanguineous marriage，inbreeding）。近亲可得到共同祖先的同一基因，近亲婚配的夫妇双方又可能把同一祖先基因同时传给子女，使子女成为同一祖先基因纯合体的概率增加，导致常染色体隐性遗传病在后代中的发病率明显增加。近亲婚配使后代成为同一祖先基因纯合体的概率称为近婚系数（inbreeding coefficient，F）。近婚系数越大，后代常染色体隐性遗传病发病率就越高，危害就越大。

（二）近婚系数的计算

1. 常染色体基因近婚系数的计算 常染色上每个基因都有 1/2 的可能性传给下一代。人类历史上常见的近亲婚配为表兄妹婚配，这里以表兄妹婚配为例介绍常染色体基因近婚系数的计算。

设一对祖先 P_1、P_2 各有一对等位基因 A_1A_2 和 A_3A_4（图 15-1）。基因 A_1 可经过遗传路径 $P_1 \rightarrow B_1 \rightarrow C_1 \rightarrow S$ 从祖先 P_1 传给后代 S，遗传 3 代，每代遗传概率都是 1/2；基因 A_1 也可以通过 $P_1 \rightarrow B_2 \rightarrow C_2 \rightarrow S$ 遗传路径从祖先 P_1 传给后代 S，也是遗传 3 代，每代遗传概率都是 1/2，S 同时得到基因 A_1 成为纯合体 A_1A_1 的概率是 $(1/2)^3 \times (1/2)^3 = (1/2)^6$；同理，S 同时得到基因 A_2 成为纯合体 A_2A_2、得到基因 A_3 成为纯合体 A_3A_3、得到基因 A_4 成为纯合体 A_4A_4 的概率也都是 $(1/2)^6$。如果不论基因 A_1、A_2、A_3，还是 A_4，只看 S 为纯合体的总概率，就是 $4 \times (1/2)^6 = 1/16$，即表兄妹间的近婚系数 $F = 1/16$。

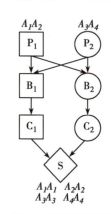

图 15-1　表兄妹婚配常染色体基因的传递示意图

当近亲婚配的夫妻双方有两个共同祖先时，$F = 4 \times (1/2)^n$；当近亲婚配的夫妻双方只有一个共同祖先时，$F = 2 \times (1/2)^n$。公式中，n 为后代得到某一祖先基因成为纯合体所需的遗传代数（家系世代连续传递，只计每代遗传概率为 1/2 的情况）。

同理，可以计算出同胞兄妹、舅甥女或姑侄、半同胞兄妹、二级表兄妹（从表兄妹）间的近婚系数分别是 1/4、1/8、1/8 和 1/64。

2. 性染色体基因近婚系数的计算 由于男性为 X 染色体半合子，近亲婚配对生育的男性没有影响。而女性有 2 条 X 染色体，可以形成某一基因的纯合体。因此，计算 X 染色体连锁基因的近婚系数时，只计算生育女儿的 F 值。女性祖先 X 染色体某一连锁基因传给儿子和女儿的概率均为 1/2；男性祖先 X 染色体连锁基因只能从母亲那里得来，将来也只能传给女儿（概率为 1），而不可能传给儿子（概率为 0）。

（1）**姨表兄妹间的近婚系数**：如图 15-2 所示，P_1 一定将基因 X^{A1} 传给女儿 B_1，概率为 1；B_1 将获得的 X^{A1} 传给儿子 C_1 的概率为 1/2；C_1 也一定将获得的 X^{A1} 传其女儿 S，概率为 1。因此，后代 S（女）通过遗传路径 P_1（男）→B_1（女）→C_1（男）→S（女）获得祖先 P_1 的基因 X^{A1} 的概率为 1×（1/2）×1=1/2，通过遗传路径 P_1（男）→B_2（女）→C_2（女）→S（女）获得祖先 P_1 的基因 X^{A1} 的概率为 1×（1/2）^{2}，S（女）为纯合体 $X^{A1}X^{A1}$ 的概率为（1/2）×（1/2）^{2}=（1/2）^{3}。以此类推，S（女）通过 P_2（女）→B_1（女）→C_1（男）→S（女）遗传路径获得基因 X^{A2} 的概率为（1/2）^{2}，通过 P_2（女）→B_2（女）→C_2（女）→S（女）遗传路径获得基因 X^{A2} 的概率为（1/2）^{3}，S（女）为纯合体 $X^{A2}X^{A2}$ 的概率为（1/2）^{5}；S（女）为纯合体 $X^{A3}X^{A3}$ 的概率也是（1/2）^{5}。因此，姨表兄妹婚配 X 连锁基因的近婚系数 F=（1/2）^{3}+2×（1/2）^{5}=3/16。

（2）**舅表兄妹的近婚系数**：如图 15-3 所示，P_1 的基因 X^{A1} 虽然可以通过 B_1、C_1 传至 S，但却不能通过 B_2 向后传递，故基因 X^{A1} 不能在 S 形成纯合体（概率为 0）。基因 X^{A2} 经 P_2（女）→B_1（女）→C_1（男）→S（女）遗传路径传给 S 的概率为（1/2）^{2}，经 P_2（女）→B_2（男）→C_2（女）→S（女）遗传路径传给 S 的概率为（1/2）^{2}，S 为纯合体 $X^{A2}X^{A2}$ 的概率为（1/2）^{4}；同理，S 为纯合体 $X^{A3}X^{A3}$ 的概率也为（1/2）^{4}。因此舅表兄妹婚配 X 连锁基因的近婚系数 F=0+2×（1/2）^{4}=1/8。

（3）**姑表（堂）兄妹的近婚系数**：如图 15-4、图 15-5 所示，P_1 的基因 X^{A1} 不能传给 B_1，P_2 的基因 X^{A2}、X^{A3} 传至 B_1 后中断，所以姑表（堂）兄妹 X 连锁基因的近婚系数 F 值都为 0。

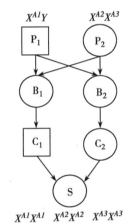

图 15-2　姨表兄妹婚配 X 连锁基因的传递示意图

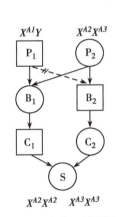

图 15-3　舅表兄妹婚配 X 连锁基因的传递示意图

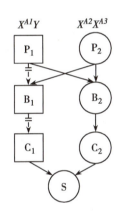

图 15-4　姑表兄妹婚配 X 连锁基因的传递示意图

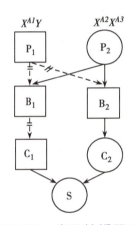

图 15-5　堂兄妹婚配 X 连锁基因的传递示意图

（三）平均近婚系数

平均近婚系数（average inbreeding coefficient，a）即从群体角度来估计近亲婚配的程度，可按公式 $a=\Sigma(M_i \times F_i/N)$ 来计算。公式中，M_i 是某种类型的近亲婚配数，F_i 是相应近亲婚配的近婚系数，N 是群体中婚配的总数。知道 a 值就可比较不同群体中近亲婚配的严重程度。

例如，在一个群体中，有 10 000 例婚配对数，其中 2 例是半同胞兄妹婚配，有 48 例为表兄妹婚配，还有 65 例为从表兄妹婚配，其余的为随机婚配。那么该群体的平均近婚系数 a 的值为：
a=（2×1/8+48×1/16+65×1/64）/10 000=0.000 427

一般认为，a 值达到 0.01 就相当高了。在一些隔离的小群体中，a 值往往较高；而在开放的社会中，a 值一般都很低。

（四）近亲婚配的危害

近亲婚配的危害主要表现为群体中隐性致病基因纯合体患者的频率增高。近亲婚配所生后代是隐性致病基因纯合体的原因有两种：一是近亲婚配，由共同的祖先传递而来；二是由不同的祖先传递而来。在第一种情况下，群体中基因 a 的频率为 q，近婚系数为 F，形成纯合体的概率为 Fq；在第二种情况下，纯合体的概率为（1−F）q^2。两种情况合并计算，近亲婚配产生纯合体的概率为

$Fq+(1-F)q^2=Fq+q^2-Fq^2=q^2+Fq(1-q)=q^2+Fpq$，即近亲婚配比随机婚配产生的隐性纯合体的频率增加了 Fpq。近亲婚配的另一个危害是导致后代隐性纯合体的相对风险增加。这里定义 β 为近亲婚配致隐性纯合体的相对风险，则 $\beta=(q^2+Fpq)/q^2=(q+Fp)/q$。这表明，近婚系数越大，群体中致病基因的频率越低，则近亲婚配导致隐性纯合体的相对风险就越大。再就是近亲婚配导致后代的基因纯合位点增多，打破了人类长期自然繁衍形成的全部基因相互作用、相互制约的遗传平衡关系，使后代出现遗传缺陷、抗病力下降、繁殖力减退、生命早亡等效应。如果近亲婚配成为常见婚配类型或社会普遍现象，势必增加群体的遗传负荷，导致群体适合度降低。

第三节　遗传负荷

遗传负荷（genetic load）是指一个群体由于有害基因或者致死基因的存在而使群体适合度降低的现象。一个群体遗传负荷的大小，一般以平均每个人携带有害基因的数量来表示。

遗传负荷的来源主要包括突变负荷、分离负荷和置换负荷。

一、突变负荷

突变负荷（mutation load）是指由于基因突变产生的有害或致死基因给群体带来的遗传负荷。在一个随机婚配的大群体中，突变负荷是群体基因突变累积产生的后果，突变对群体遗传负荷的影响程度取决于突变形成的有害基因的性质。

基因发生显性致死性突变时，患者死亡使该突变基因不能遗传，不会增加群体的遗传负荷。但如果是显性半致死突变，患者存活，突变基因得以在群体中保留，并有 50% 的机会将半致死基因传递下去，增加群体的遗传负荷。基因发生隐性致死突变会以杂合状态在群体中存留多代，随时可形成隐性纯合体个体导致死亡，使群体的适合度降低，增加群体的遗传负荷。X 连锁基因发生显性致病突变与常染色体基因发生显性致病突变相类似，在选择系数小于 1 的情况下，可相应增加群体的遗传负荷。X 连锁基因隐性致病突变发生在男性全部为患者，发生在女性则与常染色体基因隐性致病突变类似，在一定程度上增加群体的遗传负荷。

二、分离负荷

分离负荷（segregation load）是指有较高适合度的杂合体（Aa）由于基因分离在后代形成适合度较小的纯合体给群体带来的遗传负荷。分离负荷起因于杂合体基因的分离。在某一基因的杂合体 Aa 的适合度比纯合体 AA 和 aa 都高的情况下，两个相同基因型的杂合体婚配，生育的后代可能形成适应度较低的纯合体，从而使群体的平均适合度降低。纯合体的选择系数越大，群体适合度降低越明显，群体遗传负荷增加越显著。

三、置换负荷

置换负荷（substitution load）是指当选择有利于一个新的等位基因置换现有的基因时给群体带来的遗传负荷。原来占优势的某基因型个体由于适应度的降低造成大量的死亡，其频率迅速下降，而其等位基因的其他基因型个体逐渐增多并占据优势，频率迅速上升，结果造成了基因的更替置换。例如，19 世纪英国工业革命时期，曼彻斯特地区由于大气污染，使原来占优势的淡色桦尺蠖（A_2A_2）急剧减少（树干黑化，淡色桦尺蠖易被鸟发现吃掉），而原来数量很少的黑色桦尺蠖（A_1-）由于不容易被鸟发现，慢慢地占据了优势。到了 20 世纪，由于环境污染的治理和生态的恢复，淡色桦尺蠖的数量又很快得到了恢复。

此外，群体遗传负荷的来源还有起因于基因型间不相容的不相容性负荷，由于突变体的迁入而使群体增加不利基因的迁入负荷,由于近亲繁殖而使群体中有害隐性纯合体增加的近交负荷等。

(张云仙)

思考题

1. 什么是遗传平衡定律? 简述影响群体遗传平衡的因素及其作用。

2. 举例说明什么是遗传平衡多态?

3. 一个大群体中,存在 AA、Aa 和 aa 三种基因型,它们的频率分别为 0.1、0.6 和 0.3,那么这个群体中等位基因的频率是多少? 随机交配一代后,等位基因频率和基因型的频率是多少?

4. 禁止近亲婚配的遗传学依据有哪些?

ER 15-3
练习题

第十六章 ｜ 肿瘤与遗传

教学课件　　思维导图

学习目标

1. 掌握肿瘤的概念和主要特征,标记染色体、癌基因、抗癌基因的概念,细胞癌基因的分类及激活机制。
2. 熟悉肿瘤发生的遗传基础,肿瘤的单克隆起源假说和二次打击假说。
3. 了解影响肿瘤发生的因素和肿瘤发生的多步遗传损伤学说。
4. 学会鉴别肿瘤的种类,能够阐明肿瘤发生与遗传的关系。
5. 具有敬佑生命的优良品德和医者仁心的职业素养,关心、关爱肿瘤患者。

情境导入

患者,男,49 岁,因反复腹痛、腹泻、大便带血,症状加重伴恶心、发热 1 周入院检查。病史:2 年前患者无诱因出现腹痛、腹胀、便秘,排柏油样便,诊断为上消化道溃疡,进行了对症治疗。检查发现患者有板状腹,全腹压痛、反跳痛、叩诊呈浊音,无肠鸣音,经结肠镜探查发现患者横结肠、降结肠分布有上百个大小不等的结肠息肉。对息肉进行病理检查发现癌变。经询问得知患者母亲和姐姐均死于结肠息肉、结肠癌,并绘制出家系图(图 16-1)。患者被诊断为家族性多发性结肠息肉、结肠癌。

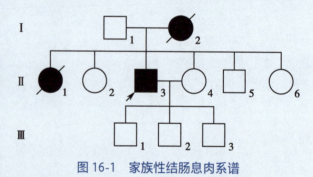

图 16-1　家族性结肠息肉系谱

请思考:
1. 家族性多发性结肠息肉与结肠癌有什么联系?
2. 该病的发病机制是什么?应该怎样预防和诊治?
3. 对于诊断结果,应该怎样与患者及家属进行沟通?

　　肿瘤(tumor)严重威胁患者的机体健康和生命安全,属于体细胞遗传病,是体细胞基因突变所导致的,是遗传因素和环境因素共同作用的结果。肿瘤可分为良性肿瘤和恶性肿瘤。其中恶性肿瘤生长不再受控制,且能够侵入其他邻近组织甚至转移到更远的位置,又称为癌症(cancer)。肿瘤本身不能遗传,但某些恶性肿瘤确实具有一定的遗传性和家族聚集倾向。应用遗传学原理和方法,从遗传方式、遗传流行病学、细胞遗传和分子遗传等不同角度探讨肿瘤的发生与遗传及环境因素之间的关系,找到肿瘤防治途径,形成了一门多学科渗透的新兴学科——肿瘤遗传学(cancer genetics)。

第一节 肿瘤发生的遗传基础

肿瘤的遗传基础十分复杂,目前人类对肿瘤病因的了解依然有限。但可以肯定的是,肿瘤一旦引发,则参与 DNA 损伤修复和维持染色体稳定的基因会进一步发生突变,促进肿瘤发展。此外,环境污染、精神压力增大以及不良的生活方式也能增加肿瘤的发生率。

一、肿瘤的家族聚集现象

(一)癌家族

癌家族(cancer family)是指一个家系的几代中多个成员罹患一种或几种不同类型的恶性肿瘤。肿瘤具有多发性,某些肿瘤(如腺瘤)发病率高、发病年龄低,呈常染色体显性遗传。例如,林奇综合征(Lynch syndrome)。1895 年,沃辛(Warthin)发现某家系腺癌发病率高,于 1913 年首次报道(称为 G 家族)(图 16-2),后经亨塞尔(Henser)在 1936 年的调查以及林奇(Lynch)等人在 1965 年、1971 年、1976 年的连续调查,获得了较完整的资料。到 1976 年,这一家系的 10 个支系共有 842 个后代,其中有 95 名是癌患者。在癌患者中有 48 人患结肠腺癌,18 人患子宫内膜腺癌;13 人为多发性癌;19 人癌发生于 40 岁之前;72 人的双亲之一患癌,男性癌患者 47 人,女性癌患者 48 人,男女癌患者比例为 1:1,这个癌家族总体上符合常染色体显性遗传特点。

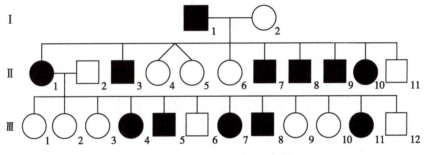

图 16-2 G 家族的部分系谱

(二)家族性癌

家族性癌(family carcinoma)是指一个家族中有多个成员罹患同一类型的癌,通常为常见癌,患者一级亲属发病率远高于一般人群,一般不符合孟德尔式遗传。例如,12%~25% 的结肠癌患者有结肠癌家族史,许多常见肿瘤如乳腺癌、肠癌、胃癌等,虽然通常是散发的,但患者家族成员对这些肿瘤的易感性较高,一级亲属发病率高于一般人群 3~5 倍,具有家族聚集现象。此类癌虽然称为"家族性癌",但不一定具有遗传性,其遗传方式目前尚不明确。

二、肿瘤发病率的种族差异

肿瘤的发病与遗传因素有关,同时与生活环境、生活方式、医疗服务等因素密不可分。由于世界各地区、各民族基因库各不相同并且相对独立,生活环境和生活方式也千差万别,经济发展水平和医疗服务参差不齐,肿瘤发病率存在地区和种族差异。如,研究发现鼻咽癌在新加坡的华人、马来人和印度人的发病率比例为 13.3:3:0.4。黑色人种患骨髓瘤、前列腺癌的风险较高;白色人种更容易患皮肤癌、食管癌、膀胱癌、肺癌;亚洲人种更易患肝癌,我国肺癌发病率最高。

三、单基因病与肿瘤

人类恶性肿瘤中只有少数几种是由单个基因突变引起的,按单基因方式遗传,如视网膜母细胞瘤、肾母细胞瘤、神经母细胞瘤等,这类肿瘤有明显家族遗传倾向,有些患者有肿瘤家族史,父母兄妹易患肿瘤,但肿瘤类型可各不相同。

(一) 视网膜母细胞瘤

视网膜母细胞瘤(retinoblastoma,Rb)是一种起源于光感受器前体细胞的恶性肿瘤,是婴幼儿最常见的眼内恶性肿瘤,常见于 3 岁以下婴幼儿,成人中罕见。我国本病群体发病率为 1/11 300,具有家族遗传倾向,无种族差异和性别差异,临床表现复杂,病程可分为眼内生长期、青光眼期、眼外期和全身转移期,多以白瞳症为首发症状。因婴儿不能自述视力障碍,早期不易被发现,当肿瘤增殖突入到玻璃体或接近晶体时,瞳孔区出现黄光反射、瞳孔散大、白瞳症或斜视而被家长发现。肿瘤生长迅速,易发生颅内及远处转移,常危及患儿生命,早期发现、早期诊断、早期治疗是提高治愈率、降低死亡率的关键。本病可分为遗传型和非遗传型两类,其中遗传型约占 40%,发病年龄早,多在 1 岁半内发病,且多为双侧眼相继发病,有家族史,呈常染色体显性遗传,可连续几代有患者出现;非遗传型占 60%,为体细胞突变,发病年龄晚,多在 2 岁后发病,常为单侧发病,无家族史。

视网膜母细胞瘤的发生与抗癌基因 *RB1* 突变有关,该基因定位于 13q14.2,长达 200kb,有 27 个外显子,转录翻译后合成的蛋白质含有 928 个氨基酸残基,其主要功能是调节细胞周期,抑制细胞从 G_1 期到 S 期的转变。该蛋白质缺乏,细胞将会不停地生长而不发生分化成熟,导致肿瘤发生。

(二) 肾母细胞瘤

肾母细胞瘤(nephroblastoma)又称为维尔姆斯瘤(Wilms tumor,WT),是一种肾脏胚胎性恶性肿瘤,是儿童第二位常见腹部恶性肿瘤,最多见于 3 岁以下儿童,5 岁以上儿童少见,约有 3% 见于成人,男女发病率无明显差异。其主要症状是腹部肿块,多数为一侧发病,3%~10% 为双侧同时或相继发病。成人肾母细胞瘤的临床表现与肾癌患者的临床表现相似,表现为血尿、腰腹痛、腹部肿块等。本病患者 38% 为遗传型,双侧肿瘤较多,发病年龄较早,呈常染色体显性遗传;62% 为非遗传型,多为单侧发病,发病晚,无家族病史。

肾母细胞瘤确切病因尚不清楚,可能与肿瘤抑制基因 *WT1* 的丢失或突变有关,也可能是由于间叶的胚基细胞向后肾组织分化障碍,并且持续增殖造成的。*WT1* 基因位于 11p13,全长 345kb,含有 10 个外显子,转录翻译所形成的 WT1 蛋白可以自主抑制生长诱导基因启动子元件的转录活性。

(三) 神经母细胞瘤

神经母细胞瘤(neuroblastoma,NB)是一种常见于儿童的神经内分泌性肿瘤,起源于胚胎性交感神经系统神经嵴,近半数的 NB 发生在 2 岁以内的婴幼儿,最常见的发生部位是肾上腺,约占40%,还可以发生于颈部、胸腔(19%)、腹腔(30%)、盆腔部位,表现为多发性神经纤维瘤、节神经瘤、嗜铬细胞瘤等。该病低危组婴幼儿患者可自发性地从未分化的恶性肿瘤退变为完全良性肿瘤。该病可分为遗传型和非遗传型两类,遗传型 NB 约占 80%,发病早,常多发,呈常染色体显性遗传不完全外显;非遗传型 NB 发病年龄较晚,常单发。本病可能与位于 1p36.13 的抗癌基因 *NBL1* 突变有关,一次突变可能只干扰神经嵴的正常发育,二次突变便会导致恶性肿瘤的发生。

此外,基底细胞痣综合征、恶性黑色素瘤、家族性腺瘤性息肉病等也属于常染色体显性遗传疾病。

四、多基因病与肿瘤

多基因遗传的肿瘤大多是一些常见的恶性肿瘤,如乳腺癌、胃癌、肺癌、前列腺癌、子宫颈癌等,患者一级亲属的发病率都显著高于群体发病率。多基因遗传肿瘤的发生是遗传因素和环境因素共同作用的结果,多基因突变是肿瘤发生的基础。20 世纪 80 年代末期,通过定位、克隆的方法鉴定了两个乳腺癌相关基因 *BRCA-1* 和 *BRCA-2*,这两个基因在亲代生殖细胞发生突变后,所生女儿一生中患乳腺癌风险为 60%~90%,患卵巢癌的风险为 20%~60%。环境因素在肿瘤发生中往往起重要的作用,如吸烟为肺癌的主要诱因,烟雾中的苯蒽化合物能诱导芳烃羟化酶(AHH)的活性,并在

AHH 作用下转化为具有较高致癌作用的环氧化物,使肺细胞癌变。这种诱导作用大小因人而异,与个体遗传背景密切相关。

全国癌症统计数据

2024 年 2 月 2 日,中国国家癌症中心研究人员在《国家癌症中心杂志》发布的《2022 年中国癌症发病率与死亡率》论文显示:2022 年,我国癌症新发病例约为 482.47 万,总体上男性发病率高于女性,整体癌症粗发病率为每 10 万人 341.75 例,年龄标准化发病率为每 10 万人 201.61 例;新增癌症死亡病例约为 257.42 万,2000—2018 年,癌症总体发病率呈上升趋势,死亡率有所下降。所有癌症的年龄标准化发病率(ASIR)每年增加约 1.4%,年龄标准化死亡率(ASMR)每年下降约 1.3%。排名前五位的新发癌症为肺癌、结直肠癌、甲状腺癌、肝癌和胃癌,占癌症新发病例的 57.42%;排名前五位的癌症死亡为肺癌、肝癌、胃癌、结直肠癌和食管癌,占癌症死亡总数的 67.50%。肺癌仍是我国第一大癌,发病率、死亡率均居于榜首。

五、染色体畸变与肿瘤

染色体畸变引起的遗传病与恶性肿瘤的发生也密切相关,如唐氏综合征患者急性白血病的发病率比正常人群高 15~18 倍;先天性睾丸发育不全患者患乳腺癌的概率比正常男性高 20 倍;一些两性畸形患者如表型为女性而有 XY 核型者,其发育不全的性腺(睾丸的残留组织)易发生精原细胞瘤和性母细胞瘤;费城染色体与慢性粒细胞白血病相关。还有一些具有自发性染色体断裂和重组为特征的常染色体隐性遗传疾病,如毛细血管扩张性共济失调症、着色性干皮病、范科尼贫血和布卢姆综合征等,这些遗传病患者极易发生皮肤癌、白血病和淋巴肉瘤。

(一)肿瘤细胞染色体数目异常

肿瘤细胞多伴有染色体数目异常,大多是非整倍体,其中包括:①超二倍体和亚二倍体:许多肿瘤常见 8、9、12 和 21 号染色体的增多或 7、22、Y 染色体的减少。②多倍体:染色体数目的改变通常不是完整的倍数,故称为高异倍体,如亚三倍体、亚四倍体等。许多实体肿瘤染色体数目在二倍体数上下,或在 3~4 倍数,而癌性胸腔积液的染色体数目变化更大。

即使在一个肿瘤中,各肿瘤细胞的染色体数目变异也不完全相同,甚至差别较大,但大多数肿瘤细胞中都可以见到一两个核型占主导地位的细胞群称为干系(stem line);干系之外的占非主导地位的细胞群称为旁系(side line);干系肿瘤细胞的染色体数目称为众数(modal number)。有的肿瘤没有明显的干系,有的肿瘤则可以有两个或两个以上的干系,与肿瘤起源是单克隆或者多克隆的特性有关。

(二)肿瘤细胞染色体结构畸变

肿瘤细胞染色体结构畸变包括易位、缺失、重复、环状染色体和双着丝粒染色体等。发生结构畸变的染色体又称为标记染色体(marker chromosome)。标记染色体分为两种:一种是只见于少数肿瘤细胞,对整个肿瘤来说不具有代表性,称为非特异性标记染色体;另一种是经常出现在某一类肿瘤,对该肿瘤具有代表性,称为特异性标记染色体。特异性标记染色体的存在支持肿瘤起源于一个突变细胞(单克隆起源)的假说。下面介绍几种重要的特异性标记染色体。

1. **费城染色体** 费城染色体(Philadelphia chromosome)又称为 Ph 染色体,是第一个被发现的肿瘤专属标记染色体,最初认为是 22 号染色体的长臂缺失所致,后经显带证明是易位的结果。易位使 9 号染色体长臂(9q34)上的细胞癌基因 *ABL* 和 22 号染色体长臂(22q11)上的基因 *BCR* 重新组合成融合基因,该基因的表达增高了酪氨酸激酶的活性,这是慢性粒细胞白血病发病的原因。费城染色体的发现具有重要的临床意义:大约95%的慢性粒细胞白血病病例都是费城染色体阳性,因此费城染色体可以作为诊断慢性粒细胞白血病的依据,也可以用于区别临床症状相似,但费城染色体为阴性的其他血液病(如骨髓纤维化等)。有时费城染色体先于临床症状出现,故又可用于早期慢性粒细胞白血病的诊断和预防。另外,费城染色体与慢性粒细胞白血病的预后有关,费城染色体阴性的慢性粒细胞白血病患者对治疗反应差,预后不佳。

2. 14q$^+$染色体   在90%的伯基特淋巴瘤(Burkitt lymphoma,BL)病例中可以看到一条长臂增长的14号染色体(14q$^+$),是8号与14号染色体易位的结果,即t(8;14)(q24;q32),形成了8q$^-$和14q$^+$两个异常染色体。

一些随机存在的特异性标记染色体有视网膜母细胞瘤中的13q14$^-$染色体,脑膜瘤中的22q$^-$染色体或-22染色体,急性白血病中的-7染色体或+9染色体,慢性粒细胞白血病急变中的+8染色体和17q$^+$染色体,结肠息肉中的+8染色体或+14染色体,肾母细胞瘤中的11号染色体短臂缺失(11p13→11p14),黑色素瘤中的+7染色体或+22染色体,小细胞肺癌中的3号染色体短臂中间缺失(3p14→p23),鼻咽癌的t(1;3)(q41;p11)染色体等。也有一些标记染色体不是某一肿瘤所特有的,如巨大亚中着丝粒染色体、巨大近端着丝粒染色体、双微体、染色体粉碎等。

3. 脆性部位   在人类染色体上有一些可遗传的脆性部位与肿瘤细胞染色体异常的断裂点一致或相邻,还有一些脆性部位与已知癌基因的部位一致或相邻,这些脆性部位与肿瘤发生的关系尚未完全阐明。

(三) 染色体不稳定综合征

人类的一些以体细胞染色体断裂为主要表现的综合征统称为染色体不稳定综合征(chromosome instability syndrome),它们往往都具有易患肿瘤的倾向,多具有常染色体隐性遗传、常染色体显性遗传或X连锁隐性遗传特性。

1. 范科尼贫血   范科尼贫血(Fanconi anemia,FA)又称为先天性再生障碍性贫血或先天性全血细胞减少症,是一种儿童时期的骨髓疾病,呈常染色体隐性遗传,临床上相当罕见,群体发病率约为1/350 000。其临床特点为全血细胞减少,进行性骨髓衰竭,有贫血、易疲乏、易出血和易感染等症状,多见皮肤色素沉着或片状红褐色斑,体格、智力发育落后,伴有多发性先天畸形,常见骨骼畸形,如大拇指缺如或畸形、第一掌骨发育不全、尺骨畸形、脚趾畸形、小头畸形等,也可有肾、眼、耳、生殖器等畸形和先天性心脏病等。先天畸形患者儿童期癌症发生的风险性增高,尤其是患急性白血病的风险很高。

范科尼贫血患者的染色体不稳定主要表现在自发断裂明显增多,单体断裂、裂隙、双着丝粒染色体、无着丝粒断片、核内复制都很常见。培养的范科尼贫血患者的细胞也普遍存在染色体不稳定性。目前已经鉴定出FA基因至少有11个互补组,分别定位于不同染色体上。不同互补群在范科尼贫血人群中的比例不同,其中*FANCA*占65%,*FANCC*占15%。范科尼贫血具有遗传异质性,应用基因定位方法,已经确定*FANCA*位于16q24.3,*FANCB*位于Xp22.2,*FANCC*位于9q22.32,*FANCG*位于9p13.3。*FANCG*基因被证明在DNA复制后的修复起着重要的作用,并可能参与细胞周期调控。

2. 布卢姆综合征   布卢姆综合征(Bloom syndrome,BS)又称为侏儒面部毛细管扩张综合征,临床特征为身材矮小、慢性感染、免疫功能缺陷、对日光敏感、面部常有微血管扩张性红斑,患者多在30岁前发生各种肿瘤和白血病。该病多见于东欧犹太人的后裔,发病具有明显的种族差异性,呈常染色体隐性遗传。

染色体不稳定性或基因组不稳定性是布卢姆综合征患者细胞遗传学的显著特征,主要表现在:①体外培养的患者外周血细胞染色体易发生断裂,并易形成结构畸变,淋巴细胞中常出现四射体结构。②染色体断裂部位易发生于同源序列之间,出现频发的姐妹染色单体交换。③断裂性的突变可发生于编码序列,也可能在非编码序列。④患者细胞在分裂间期常可见多个微核结构。

布卢姆综合征基因 *BLM* 定位于 15q26.1,埃利斯(Ellis)等克隆了 *BLM* 基因的全长 cDNA,并发现 *BLM* 基因突变是布卢姆综合征发病的分子基础。

3. 毛细血管扩张性共济失调综合征 毛细血管扩张性共济失调综合征(ataxia telangiectasia syndrome,ATS)是一种较少见的常染色体隐性遗传病,是累及神经、血管、皮肤、网状内皮系统、内分泌等的原发性复合免疫缺陷病,发病率为 1/100 000~1/40 000。其首发症状为小脑性共济失调,1 岁左右即可发病,之后病情进行性加重。毛细血管扩张是另一突出特征,多发生于 3~6 岁,眼、面、颈等部位出现瘤样小血管扩张。其他特征包括对射线的杀伤作用异常敏感,患者常因免疫缺陷死于感染性疾病。

毛细血管扩张性共济失调综合征也是一种染色体不稳定综合征,患者染色体不稳定性增加,有较多的染色体断裂,易患各种肿瘤,在 45 岁之前患肿瘤的概率比正常人群增加三倍,主要是淋巴细胞白血病、淋巴瘤、网织细胞肉瘤等。与该疾病发生发展密切相关的基因 *ATM* 位于 11q22.3,基因全长 150kb,编码序列 12kb,共有 66 个外显子,编码一个有 3 056 个氨基残基的蛋白质。野生型基因具有修复 DNA 损伤、抑制凋亡、调控细胞周期、控制免疫细胞对抗原的反应和阻止基因重排等多种作用。已发现在毛细血管扩张性共济失调综合征患者中,有 100 多种 *ATM* 基因突变形式,分布于整个编码序列,其中绝大多数突变会造成 *ATM* 基因的截断和大片段缺失,从而导致功能失活。

4. 着色性干皮病 着色性干皮病(xeroderma pigmentosum,XP)是一种罕见的起源于上皮外层细胞(鳞状细胞)或内层细胞(基底细胞)的遗传性皮肤病,属于常染色体隐性遗传癌前病变,发病率为 1/250 000。患者皮肤对紫外线辐射高度敏感,出生时皮肤正常,一般在出生 6 个月后发病,常在 20 岁前死亡。初期的皮肤损伤发生在曝光部位,日晒部位早期真皮炎性浸润、表皮角化干燥脱屑、雀斑样色素沉着,呈红斑、色素斑,进而出现皮肤萎缩、毛细血管扩张及小血管瘤;后期癌变,形成血管瘤、基底细胞癌、鳞状细胞癌及纤维肉瘤、恶性黑色素瘤等。

紫外线辐射能使 DNA 嘧啶二聚体核苷酸交联,如 T-T、C-T、C-C 等,加之一些化合物的交联作用或对 DNA 碱基进行化学修饰,使得染色体结构破坏并导致畸变。研究证实,着色性干皮病患者由于体内的核苷酸切除修复(NER)系统 DNA 切除功能缺陷,因而不能修复被紫外线损伤的 DNA,导致细胞死亡或畸变发生,畸变的细胞染色体自发断裂率明显升高,经克隆会发展成肿瘤。

第二节　肿瘤发生的遗传机制

情境导入

患者,女,体检时发现肺部有病灶,复查确诊为肺癌、多发病灶,术后病理证实 3 个病灶均为腺癌,且均为原发性肺癌。该女士住院期间,其一个同胞哥哥因交通事故被送到急诊,检查时发现同样患有多病灶的原发性肺腺癌。经进一步了解,该女士共有兄妹 7 人,父亲早年就因肺癌去世。几年前,该女士另一个同胞哥哥患膀胱癌且已做手术,一个姐姐因胃癌去世。基于这种情况,其另外两个姐妹到医院进行了无症状查体,均证实"肺内多发病变",都进行了手术,术后均证实为"肺腺癌(多中心性)"。唯一没有确诊的大姐已经 80 多岁,待查。

请思考:

1. 该女士家庭多人患癌,是什么现象?

2. 肿瘤发生的原因是什么? 能不能遗传?

3. 怎样对该女士和其家庭成员进行抗癌、防癌指导?

一、肿瘤的单克隆起源假说

肿瘤的单克隆起源假说认为，几乎所有肿瘤都是单克隆起源的，都起源于一个前体细胞，最初是一个细胞的一个关键基因突变或一系列相关事件促使一个细胞向肿瘤细胞方向转化，导致不可控制的细胞增殖，最终形成肿瘤。

对女性 X 连锁基因的分析为肿瘤单克隆起源假说提供了直接证据。女性体细胞中的两条 X 染色体在早期胚胎发育中有一条随机失活，因此每一位女性在细胞构成上是嵌合体，一部分细胞是父源 X 染色体失活，其余细胞则是母源 X 染色体失活。如果两条 X 染色体上的等位基因不同，就可以区分这两种细胞。例如，葡萄糖-6-磷酸脱氢酶基因（G6PD）是 X-连锁基因，在部分人群中存在较高的突变率，杂合体个体一条 X 染色体上有一个野生型 G6PD 基因，另一条 X 染色体上相应的等位基因失活。失活的 X 染色体可以通过依赖于有 G6PD 基因活性的细胞染色检测出来。在研究女性肿瘤时发现，一些恶性肿瘤的所有癌细胞都含有相同的失活的 X 染色体，表明它们起源于同一癌变细胞。另外，淋巴瘤细胞癌都有相同的免疫球蛋白基因或 T 细胞受体基因重排，同一肿瘤中所有肿瘤细胞都具有相同的标记染色体等都证明肿瘤的单克隆起源特性。近年来，对癌组织中突变的癌基因或肿瘤抑制基因进行分子分析也证实了肿瘤的单克隆起源特性。

二、二次打击假说

1971 年，克努森（Knudson）在研究视网膜母细胞瘤的发病机制时提出了著名的二次打击假说（Knudson's hypothesis；two-hit hypothesis）。该假说对一些遗传性肿瘤如视网膜母细胞瘤的发生做出了合理的解释。遗传型视网膜母细胞瘤发病早，并多为双发或多发，这是因为患儿出生时全身所有细胞已经有一次基因突变，只需要在出生后某个视网膜母细胞再发生一次突变（第二次突变），就会转变成为肿瘤细胞，这种事件较易发生。非遗传型视网膜母细胞瘤的发生则需要同一个细胞在出生后积累两次突变，而且两次都发生在同一基因座位，概率很小，所以发病较晚，不具有遗传性，并多为单侧发病。但该座位如果已发生过一次突变，则较易发生第二次突变，这也是非遗传型视网膜母细胞瘤发病不是太少的原因。因此，二次打击假说认为，一些细胞的恶性转化需要至少两次突变。第一次突变可能发生在生殖细胞或由父母遗传得来，为合子前突变，也可能发生在体细胞；第二次突变则均发生在体细胞。该假说的弱点是没能很好地分析肿瘤发生中各种遗传因素和环境因素的影响。

三、癌基因与抗癌基因

（一）癌基因

凡能够使细胞癌变的基因统称为癌基因（oncogene，onc）。

1. 癌基因的功能与分类　癌基因普遍存在于人、动物和一些病毒基因组中。癌基因最早发现于能诱发鸡肿瘤的劳斯肉瘤病毒（Rous sarcoma virus，RSV），该病毒属于 RNA 逆转录病毒。1911 年，劳斯（Rous）发现将鸡肉瘤组织匀浆的无细胞滤液皮下注射到正常鸡体内，可诱发新的肿瘤。后续研究证实，劳斯肉瘤病毒基因组中的基因 Src 具有使正常细胞恶性转化的作用。病毒基因组中能引发动物肿瘤的基因序列称为病毒癌基因（viral oncogene，v-onc）。又发现鸡的正常细胞基因组中存在与病毒基因 Src 同源性很高的基因序列，称为细胞癌基因（cellular oncogene，c-onc）或原癌基因（proto-oncogene）。

能引发肿瘤的病毒包括 DNA 病毒和 RNA 病毒，其中多数为 RNA 逆转录病毒。这两类病毒基因组中都有病毒癌基因存在，不同的是 DNA 病毒癌基因是其本身基因组固有的组成部分，而 RNA 病毒癌基因不是其本身的固有基因，而是通过其特殊的繁殖方式捕获的源自宿主细胞的 DNA 序列，本身不编码病毒结构成分,对病毒复制亦无作用。不同病毒的癌基因结构不同,但他们都能诱发受病毒感染的宿主细胞发生癌变和持续增殖,从而引发肿瘤(表16-1)。

表16-1 逆转录病毒癌基因及其引起的肿瘤类型

逆转录病毒名称	病毒癌基因	起源	肿瘤类型
埃布尔森小鼠白血病病毒	Abl	小鼠	白血病
鸟成红细胞增多症病毒	ErbA	鸡	成红细胞增多症
猫肉瘤病毒	FES	猫	肉瘤
加德纳-拉希德猫肉瘤病毒	FGR	猫	肉瘤
芬克尔-比斯基斯-詹金斯鼠骨肉瘤病毒	Fos	小鼠	骨肉瘤
莫洛尼肉瘤病毒	Mos	小鼠	肉瘤
鸟成髓细胞血症病毒	Myb	鸡	成髓细胞血症
鸟成髓细胞血症病毒 MC29	Myc	鸡	白血病
哈维鼠肉瘤病毒	Hras	大鼠	肉瘤
鸟肉瘤病毒 UR2	Ros	鸡	肉瘤
猴肉瘤病毒	SIS	猴	肉瘤
斯隆·凯特林病毒	Ski	鸡	癌
劳斯肉瘤病毒	Src	鸡	肉瘤
鸡肉瘤病毒 Y73	Yes	鸡	肉瘤

　　细胞癌基因是人和高等动物正常细胞基因组的组成部分,在个体特殊发育阶段能够促进细胞的生长、增殖和分化,对个体的生长发育起着重要的作用,但在个体发育成熟后却不表达或低表达,且表达受到严格控制。当细胞癌基因突变或被异常激活时,由不表达转变为表达状态或由低表达转变为过度表达状态,其基因产物的性质或数量出现异常,从而导致细胞发生恶性转化、侵袭和转移。目前已知的细胞癌基因有100余种,有的编码生长因子、生长因子受体或蛋白激酶,在生长信号的传递和细胞分裂中发挥作用;有的编码DNA结合蛋白,参与基因的表达或复制调控等。按细胞癌基因的产物和功能可将细胞癌基因分为:以SIS为代表的生长因子类,以ERB为代表的生长因子受体类,以SRC为代表的酪氨酸激酶类,以RAS为代表的G蛋白类,以MYC为代表的核内转录因子类等(表16-2)。

表16-2 部分细胞癌基因及其病变诱发的肿瘤

细胞癌基因产物类别	细胞癌基因	基因产物定位	人类肿瘤
1. 生长因子类			
PDGF-β 链	SIS	细胞外	星形细胞瘤、骨肉瘤
FGF 家族成员	INT-2	细胞外	胃癌、乳腺癌、胶质母细胞癌
2. 生长因子受体类			
EGFR 家族	ERB-B1	跨膜	肺鳞状细胞癌、脑膜癌、卵巢癌等
	ERB-B2	跨膜	乳腺癌、卵巢癌、肺癌、胃癌等
	ERB-B3	跨膜	乳腺癌等
Csf-1 受体	FMS	跨膜	白血病

细胞癌基因产物类别	细胞癌基因	基因产物定位	人类肿瘤
3. 酪氨酸蛋白激酶类			
	SRC	细胞膜	结肠癌
	SAR、FPS、FES	细胞膜	肉瘤
	FGR、ROS、YES	细胞膜	肉瘤
	ALE	细胞内	慢性髓细胞性白血病（CML）及急性淋巴细胞白血病（ALL）
4. 信号转导 G 蛋白类			
	H-RAS	膜内侧	甲状腺癌、膀胱癌等
	K-RAS	膜内侧	结肠癌、肺癌、胰腺癌等
	N-RAS	膜内侧	白血病、黑色素瘤等
5. 核内转录因子类			
	C-MYC	核内	伯基特淋巴瘤、神经母细胞瘤等
	L-MYC	核内	小细胞肺癌
	N-MYC	核内	小细胞肺癌
6. 其他	*BCL-2*	线粒体膜	淋巴瘤

2. 癌基因激活机制　在病毒、化学致癌物、核辐射等致癌因素作用下，细胞癌基因可以通过突变、基因扩增及染色体重排方式被激活，这些机制或改变原癌基因的结构或增加其表达量。

（1）**突变**：各种类型的基因突变如碱基置换、缺失或者插入都有可能激活原癌基因。例如，细胞癌基因在射线或化学致癌剂作用下，可能发生单个碱基置换，即点突变，突变后表达会产生异常的基因产物；也可由于点突变使基因失去正常调控而过度表达。逆转录病毒基因组含有长末端重复序列（LTR），内含功能较强的启动子。当逆转录病毒感染细胞时，LTR 插入到细胞癌基因附近，进而启动下游邻近基因的转录，使细胞癌基因被异常激活，导致细胞癌变。

（2）**基因扩增**：细胞癌基因通过复制而使其拷贝大量增加，由癌基因编码的蛋白因此过度表达，从而激活并导致细胞恶性转化。细胞癌基因扩增通常在某一特定染色体区域复制时才发生，该区域产生一系列重复 DNA 片段，肿瘤细胞 G 显带技术染色显示该染色体区带呈均匀无带纹的浅染区，称为均染区（HSR）。染色体区域复制扩增形成大量的 DNA 片段释放到胞质中，经 DNA 染色，呈连在一起的双点样形状，称为双微体（DM）。在人类肿瘤中，约 95% 的病例有 DM 或 HSR。

（3）**染色体重排**：染色体重排可导致细胞癌基因在染色体上的位置发生改变，一旦移至一个强大的启动子或增强子附近而被异常激活，便导致异常表达；易位也可改变细胞癌基因的结构，使之与某高表达的基因形成融合基因，造成细胞癌基因的异常表达。

（二）抗癌基因

抗癌基因（antioncogene）亦称为肿瘤抑制基因（tumor suppressor gene）、抑癌基因或隐性癌基因，是一类抑制细胞过度生长与增殖从而遏制肿瘤形成的基因。与癌基因相比，肿瘤抑制基因的发现与分离较晚。20 世纪 70 年代初，研究发现正常细胞与肿瘤细胞融合后的杂交细胞不具备肿瘤细胞的表型，正常细胞的染色体可以逆转肿瘤细胞的表型，表明在正常细胞中可能含有调节细胞生长、抑制肿瘤形成的基因，即抗癌基因。一般来说，在细胞增殖调控中，大多数细胞癌基因具有促进作用（正调控作用），而抗癌基因则具有抑制作用（负调控作用）。这两类基因相互制约、相互协调，维持细胞的生长发育和增殖分化。细胞癌基因的激活与过度表达可使细胞无序增殖和去分化导致癌变，而抗癌基因的丢失或失活使其与细胞癌基因的协调拮抗作用失衡，也可以导致肿瘤的发生。1986~1987 年，研究人员首次鉴定分离到第一个抗癌基因——人视网膜母细胞瘤基因 *RB1*。目前已知的部分抗癌基因见表 16-3。

表 16-3　部分抗癌基因及其恶性变引发的肿瘤

抗癌基因	染色体定位	编码蛋白质功能	相关遗传性肿瘤综合征	有细胞突变的恶性肿瘤
RB1	13q14	转录调控因子；E2F 结合区	视网膜母细胞瘤	视网膜母细胞瘤、骨肉瘤、乳腺癌、小细胞肺癌、前列腺癌、膀胱癌、胰腺癌、食管癌等
P53	17P13.1	转录因子；调控细胞周期和细胞凋亡	利-弗劳梅尼综合征	存在于约 50% 不同类型的肿瘤中（前列腺癌、肺癌、肝癌、脑癌等）
P16	9p21	细胞周期蛋白依赖性激酶抑制剂	恶性黑色素瘤、胰腺癌	存在于 25%~30% 不同类型的肿瘤中（乳腺癌、食管癌、肾癌等）
WT1	11p13	转录因子，抑制细胞增殖	11p 缺失综合征、德尼-德拉什综合征	肾母细胞瘤
NF1	17q11.2	负调控 G 蛋白	神经纤维瘤病 I 型	神经纤维瘤、黑色素瘤
APC	5q21	与微管结合，调节胞质中 β-CATENIN 蛋白的水平	家族性腺性结肠息肉、加德纳综合征、特科特综合征	结肠癌、纤维样肿瘤
BRCA-1	17q21	DNA 修复、调控转录	家族性乳腺癌	卵巢癌、乳腺癌
VHL	3p21.3	调控蛋白质稳定性	冯·希佩尔-林道病	肾癌、血管细胞瘤
PTEN	10q23.3	抑制信号转导	多发性错构瘤综合征、幼年性息肉综合征散发病例	肺癌、甲状腺癌、子宫内膜癌

四、肿瘤转移基因与转移抑制基因

（一）肿瘤转移基因

肿瘤转移基因（tumor metastatic gene）是肿瘤细胞中可诱发或促进肿瘤细胞本身转移的基因。肿瘤细胞转移过程的每一步都分别受到不同类型的肿瘤转移基因的调控，这些基因编码的产物主要涉及各种黏附因子、细胞外基质蛋白水解酶、细胞运动因子、血管生成因子等。

1989 年，埃布拉利泽（Ebralidze）等在鼠乳腺肉瘤细胞株中分离出一种与肿瘤转移密切相关的基因——转移基因 Mtsl（其编码的蛋白分子由 101 个氨基酸组成），继而又分离出人的转移基因 MTSL。他发现鼠的转移基因 Mtsl 与人的转移基因 MTSL 十分相似，它们编码的蛋白质仅有 7 个氨基酸不同。MTSL 的基因产物可改变蛋白质的水解活性，使黏附蛋白分子活性降低，导致肿瘤细胞从原发部位脱落，继而促进肿瘤细胞侵袭和转移。研究资料表明，至少有 10 余种癌基因具有诱发或促进癌细胞转移的潜能，如 MYC、RAS、MOS、RAF、FMS、SRC、FOS、ERB-B2 等。

（二）肿瘤转移抑制基因

肿瘤转移抑制基因（tumor metastasis suppressor gene）是一类能够抑制肿瘤转移但不影响肿瘤发生的基因，这类基因能够通过编码的蛋白酶直接或间接地抑制具有促进转移作用的蛋白，从而降低癌细胞的侵袭和转移能力。目前已知的肿瘤转移抑制基因仅有 10 余种，主要包括参与细胞重要生理活动调节的基因，如 NM23；基质蛋白水解酶抑制因子基因，如 TIMP、PAI 等；增加癌细胞免疫原性的基因，如 MHC 等。

肿瘤转移抑制基因 Nm23 是斯蒂格（Steeg）等人于 1988 年从小鼠黑色素瘤 K1735 细胞系中分离到的一种与肿瘤转移能力相关的 cDNA 克隆基因，研究人员发现其在高转移癌细胞中低表达，而在低转移或不转移的癌细胞中高表达。用 DNA 转染的方法，*Nm23* 可使原来高转移的癌细胞转移能力明显降低。随后在人的肿瘤细胞中发现了 *NM23* 的同源序列 *NM23-H1* 和 *NM23-H2*，均定位于 17q21.23。目前，已发现 *NM23* 在胃癌、膀胱癌、乳腺癌、肠癌等具有转移潜能的肿瘤细胞中呈低表达，在结肠癌中 *NM23* 的低表达与肿瘤状态和远距离转移紧密相关。因此，检测 *NM23* 表达程度可以判断肿瘤有无转移，对临床治疗具有指导意义。

五、肿瘤发生的多步骤遗传损伤学说

1983 年，温伯格（Weinberg）等人就提出癌的发生是两种以上癌基因独自而又分阶段合作的过程。例如，用癌基因 *Ras* 转染体外培养的大鼠胚胎成纤维细胞，不能使之转化为肿瘤细胞；只有将 *Ras* 与癌基因 *Myc* 共同转染，才能产生一个完整的癌细胞表型。由此提出，在细胞癌变过程中，不同的阶段需要不同癌基因的激活，癌细胞表型的最终形成需要这些被激活癌基因的共同表达。这个观点后来得到越来越多的实验结果证实，并逐步发展为被人们普遍认同的多步骤致癌假说，也称为多步骤遗传损伤学说。

多种癌基因在细胞癌变中的协同作用及在细胞转化中的可能途径还不十分清楚。多步骤致癌假说认为，细胞癌变多阶段演变过程中，不同阶段涉及不同的肿瘤相关基因的激活与失活，这些基因的激活与失活在时间和空间位置上有一定的次序。在起始阶段，细胞癌基因激活的方式主要表现为逆转录病毒的插入和细胞癌基因点突变，而演进阶段则以染色体重排、基因重组和基因扩增等激活方式为主。不同肿瘤在发生时其癌基因活化途径并不相同，其变化形式可概括为两个方面：一是转录效率发生改变。如在强启动子插入和 DNA 片段扩增等激活方式下，癌基因转录活性增高，继而产生过量的与肿瘤发生有关的蛋白质，导致细胞向恶性表达转化，这类癌基因激活中主要是量的变化而没有质的改变。二是转录产物的结构发生变化。在基因点突变和基因重组等激活方式下，癌基因结构异常或者癌基因摆脱了调控基因控制出现异常表达，从而导致细胞恶性转化，这类癌基因激活涉及质变。总之，各种癌基因的异常表达（包括量变和质变），导致细胞分裂与分化的失控，通过多因素参与、多阶段演变而转化为肿瘤细胞。

（张春斌）

思考题

1. 什么是癌基因和抗癌基因？
2. 有关肿瘤发生的遗传机制有哪些主要学说？
3. 简述细胞癌基因的异常激活方式。
4. 举例说明什么是特异性标记染色体？简述费城染色体的形成机制和其检出的临床意义。

ER 16-3

练习题

第十七章 | 分子病与先天性代谢缺陷

教学课件

思维导图

学习目标

1. 掌握分子病、血红蛋白病、先天性代谢缺陷的概念以及血红蛋白的组成。
2. 熟悉常见的异常血红蛋白病、地中海贫血、先天性代谢缺陷等疾病的类型、临床表现及分子基础。
3. 了解人体血红蛋白的特异性变化、珠蛋白基因的结构特点及表达。
4. 能区别各类分子病与先天性代谢缺陷,阐明其发病机制。
5. 具有探索精神和创新意识,致力于精准医疗、基因治疗研究,守护人民健康。

情境导入

α 地中海贫血是由于血红蛋白 α 珠蛋白基因 *HBA* 缺失或缺陷使血红蛋白 α 链的合成受到抑制而引起的溶血性贫血。患者常表现有头晕、气促、面色苍白、体力差等贫血的症状。本病主要分布在热带和亚热带地区,在我国南方比较常见。

请思考:
1. 为什么在孕中晚期用胎儿脐带血进行血红蛋白电泳可检查 α 地中海贫血?
2. α 地中海贫血的预防措施主要有哪些?

人体内蛋白质的合成是由结构基因控制的,基因突变可导致其编码的蛋白质或酶发生相应的改变。如果这种改变轻微而无害,可造成正常人体生理、生化特征的遗传差异,形成蛋白质或酶的多态性。如果这种改变较严重,突变的基因通过改变多肽链的质和量,使相应的蛋白质结构或功能出现缺陷,可引起机体功能障碍而导致疾病。根据突变基因编码的蛋白质功能不同,可将这类疾病分为分子病和先天性代谢缺陷。

第一节 分 子 病

一、分子病的概念及类型

分子病(molecular disease)是由于基因突变导致蛋白质分子结构或合成量的异常,从而引起机体功能障碍的一类疾病。习惯上,把酶蛋白分子催化功能异常引起的疾病归属于先天性代谢缺陷,而把除了酶蛋白以外的其他蛋白质异常引起的疾病称为分子病。

1949 年,鲍林(Pauling)等人首先证明了镰状细胞贫血患者红细胞中含有一种异常血红蛋白,并由此在世界上首次提出"分子病"的概念。随着研究的深入,迄今已经发现了许多类型的分子病。根据各种蛋白质的功能差异,分子病可分为:

1. 血红蛋白病 血红蛋白是一种结合蛋白,是红细胞的主要成分之一。而人体血液中的红细胞是携带、运输氧气和二氧化碳的载体。因此,基因突变引起血红蛋白分子结构或合成数量的异常可引起血红蛋白病,如镰状细胞贫血。

2. 血浆蛋白病 血浆蛋白是血液中含量高、种类多、功能重要的一类蛋白质,在体内起着运输物质、凝血和免疫防御等作用。基因突变引起血浆蛋白异常导致的疾病称为血浆蛋白病,如血友病。

3. 膜转运蛋白病 一些小分子物质进出细胞,需要通过细胞膜特异性蛋白的主动转运系统来完成。若转运系统中的载体蛋白缺陷,就会影响物质代谢,从而引起膜转运蛋白病,如肝豆状核变性。

4. 受体蛋白病 受体是能够接受外来信息的一类特殊蛋白质。信号分子与特异性受体结合后,会引起细胞的一系列反应,特异性地改变细胞的代谢过程。基因突变引起编码的受体蛋白结构异常、减少或缺失,导致受体功能障碍的疾病称为受体蛋白病,如家族性高胆固醇血症。

此外,分子病还有胶原蛋白病、免疫蛋白病等。

二、血红蛋白病

血红蛋白病(hemoglobinopathy)是指由于珠蛋白基因突变导致珠蛋白分子结构或合成量异常所引起的疾病。据世界卫生组织(WHO)报告,全世界至少有1.5亿人携带血红蛋白病致病基因。该病是严重危害人类健康的常见病之一,是人类孟德尔式遗传病中研究最深入、最透彻的分子病,是研究人类遗传病分子机制的最好模型。

(一)正常血红蛋白的组成和发育演变

1. 血红蛋白的组成 血红蛋白(hemoglobin, Hb)由珠蛋白和血红素辅基组成。血红蛋白分子是由4个亚单位构成的球形四聚体,每个亚单位由1条珠蛋白肽链和1个血红素辅基构成(图17-1)。4条珠蛋白肽链中2条是类 α 链(α 链和 ζ 链),由141个氨基酸组成;另外2条是类 β 链(ε、γ、δ 和 β 链),由146个氨基酸组成。类 α 链和类 β 链的不同组合,构成人类常见的几种血红蛋白,即 Hb Gower I($\zeta_2\varepsilon_2$)、Hb Gower II($\alpha_2\varepsilon_2$)、Hb Portland($\zeta_2\gamma_2$)、HbF($\alpha_2\gamma_2$)、HbA($\alpha_2\beta_2$)和 HbA$_2$($\alpha_2\delta_2$)。

2. 血红蛋白的特异性变化 在人体不同发育阶段,血红蛋白的种类不同,各种血红蛋白先后出现,并且有规律地相互更替(图17-2)。

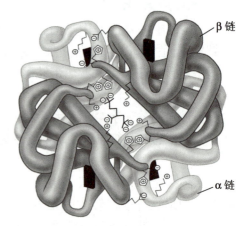

图 17-1 血红蛋白 A 结构示意图

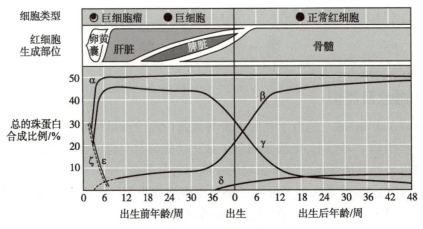

图 17-2 血红蛋白出现及更替规律

在胚胎发育时期合成 Hb Gower Ⅰ、Hb Gower Ⅱ 和 Hb Portland。胎儿期（从妊娠 8 周至出生）主要是 HbF。成人有三种血红蛋白:HbA(约占 97.5%)、HbA$_2$(约占 2%)和 HbF(约占 0.5%)(表 17-1)。不同的血红蛋白,其携氧、释氧的能力不同,因此珠蛋白基因在不同发育阶段的特异性表达,对维持机体正常的生理功能具有重要意义。不仅珠蛋白基因的表达具有发育阶段特异性,合成珠蛋白的造血组织器官也随发育阶段的演变而发生特异变化——胚胎期主要在卵黄囊,胎儿期在肝、脾,成人期则主要在骨髓。珠蛋白的合成转变与个体发育阶段的特异性关系,反映了珠蛋白基因在表达的时空遗传控制上具有精确的协调性。

表 17-1　不同发育阶段正常人体血红蛋白组成

发育阶段	血红蛋白类型	分子结构
胚胎	Hb Gower I	$\zeta_2\varepsilon_2$
	Hb Gower II	$\alpha_2\varepsilon_2$
	Hb Portland	$\zeta_2\gamma_2$
胎儿	HbF	$\alpha_2^G\gamma_2$
	HbF	$\alpha_2^A\gamma_2$
成人	HbA	$\alpha_2\beta_2$
	HbA$_2$	$\alpha_2\delta_2$

(二)人类珠蛋白基因及其表达

1. 珠蛋白基因的结构　人类珠蛋白基因是基因组中最具代表性的基因之一,也是研究人类基因组结构与功能相关性的理想材料。人类珠蛋白基因分为 α 珠蛋白基因簇和 β 珠蛋白基因簇。

(1)**α 珠蛋白基因簇**:α 珠蛋白基因簇位于 16p13.3(图 17-3),排列顺序为 5′-HBZ-HBZP1-HBM-HBAP1-HBA2-HBA1-HBQ1-3′,全长 30kb。HBA1 与 HBA2 之间相距 3.7kb。HBZ、HBA2、HBA1 为功能基因,HBZP1、HBM、HBAP1 为假基因。HBZ 为胚胎型基因,HBA1 与 HBA2 为成年型基因,HBQ1 基因功能不明。由于每条 16 号染色体上均有 2 个 HBA 基因(HBA2、HBA1),因此二倍体细胞中共有 4 个 HBA 基因,每个 HBA 基因几乎产生等量的 α 珠蛋白链。

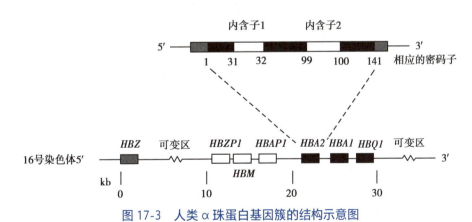

图 17-3　人类 α 珠蛋白基因簇的结构示意图

(2)**β 珠蛋白基因簇**:β 珠蛋白基因簇位于 11p15.5(图 17-4),排列顺序为 5′-HBE1-HBG2-HBG1-HBBP1-HBD-HBB-3′,总长度为 70kb。HBE1、HBG2、HBG1、HBD、HBB 为功能基因,HBBP1 为假基因,HBE1 为胚胎型基因,HBG2 和 HBG1 为胎儿型基因,HBD、HBB 为成年型基因。

α 和 β 珠蛋白基因簇中各基因都具有相似的结构,即含有 3 个外显子和 2 个内含子(IVS1 和 IVS2)。α 珠蛋白基因 HBA 中的 IVS1 长 117bp,位于 31 和 32 密码子之间,IVS2 长 149bp 或 142bp,位于 99 与 100 密码子之间。β 珠蛋白基因 HBB IVS1 长 130bp,位于 30 与 31 密码子之间,IVS2 长

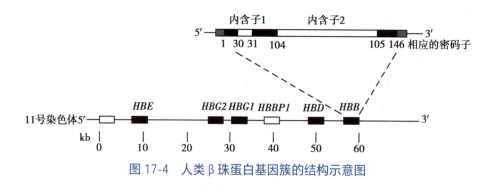

图 17-4　人类 β 珠蛋白基因簇的结构示意图

850bp，位于 104 与 105 密码子之间。

2. 珠蛋白基因的表达　珠蛋白基因的表达受到精确的调控，表现出典型的组织特异性和时间特异性，表达的数量呈现合理的均衡性。胚胎早期（妊娠后 3~8 周），卵黄囊的原始红细胞发生系统中，类 α 珠蛋白基因簇中的 *HBZ*、*HBA* 基因和类 β 珠蛋白基因簇中的 *HBE*、*HBG* 基因表达，进而形成胚胎期血红蛋白 Hb Gower Ⅰ、Hb Gower Ⅱ 和 Hb Portland。胎儿期（妊娠 8 周至出生），血红蛋白合成的场所由卵黄囊转移到胎儿肝、脾中，类 α 珠蛋白基因簇的表达基因由 *HBZ* 全部变成 *HBA* 基因；而类 β 珠蛋白基因簇的表达基因由 *HBE* 全部转移到 *HBG* 基因，形成胎儿期血红蛋白 HbF（$\alpha_2\gamma_2$）。成人期（出生后），血红蛋白主要在骨髓红细胞的发育过程中合成，主要是 α 基因和 β 基因表达，其产物组成主要是 HbA（$\alpha_2\beta_2$）。正常人体中 α 珠蛋白肽链和 β 珠蛋白肽链的分子数量相等，构成 HbA（$\alpha_2\beta_2$），类 α 和类 β 珠蛋白肽链的平衡是维持人体正常生理功能所需要的。

（三）血红蛋白病的种类及其分子基础

血红蛋白病可分为两大类，即异常血红蛋白病和地中海贫血。前者是血红蛋白分子的珠蛋白肽链结构异常，引起血红蛋白功能上的改变；后者是珠蛋白肽链合成速率的降低，导致 α 链和非 α 链合成的不平衡，进而患者出现溶血性贫血。在分子水平上的研究表明，异常血红蛋白病和地中海贫血的分子基础是共同的，都是由于珠蛋白基因的突变或缺陷所致。

1. 异常血红蛋白病　珠蛋白基因突变会引起血红蛋白结构异常，其中约 60% 临床上无症状，称为异常血红蛋白（abnormal hemoglobin）；40% 的结构异常会产生不同程度的临床症状，称为异常血红蛋白病。据统计，到目前全世界已报道了超过 750 余种异常血红蛋白。国内共发现 70 余种，其中 31 种是世界首报。在我国分布较广、发生频率较高的异常血红蛋白有 HbE（$\beta^{26Glu\rightarrow Lys}$），HbD$_{Punjab}$（$\beta^{121Glu\rightarrow Gln}$），HbG$_{Chinese}$（$\alpha^{30Glu\rightarrow Gln}$）和 HbQ$_{Thailand}$（$\alpha^{74Asp\rightarrow His}$）等。

（1）常见的异常血红蛋白病

1）镰状细胞贫血：镰状细胞贫血（sickle cell anemia）是人类发现的第一种血红蛋白病，在非洲和北美黑色人种中发病率较高。该病是由于患者 β 珠蛋白基因 *HBB* 的第 6 位密码子由 GAG 突变为 GTG，致使 β 链 N 端第 6 位谷氨酸被缬氨酸取代，成为异常血红蛋白，即 HbS，导致电荷改变，在脱氧情况下 HbS 聚合，使红细胞发生镰状变化。本病为常染色体隐性遗传，纯合体（$\alpha\alpha\beta^S\beta^S$）症状严重，可产生血管阻塞危象，阻塞部位不同可引起不同部位的异常反应，如腹部疼痛、脑血栓等，另有严重溶血性贫血及脾大等症状。杂合体（$\alpha\alpha\beta^A\beta^S$）一般不表现出临床症状，但在氧分压低的情况下可引起红细胞镰状变化，称为镰状细胞性状。

2）不稳定血红蛋白病：不稳定血红蛋白病（unstable hemoglobin disease）是由于 α 珠蛋白基因 *HBA* 或 β 珠蛋白基因 *HBB* 突变，导致血红蛋白分子结构不稳定的血红蛋白病。已知的不稳定血红蛋白有 100 多种。不稳定的血红蛋白易降解为单体，血红素易脱落，失去血红素的珠蛋白链容易沉淀形成不溶性的变性珠蛋白小体称为海因茨小体（Heinz body），附着于红细胞膜使之失去可塑性，不易通过脾而破坏,产生溶血。不稳定血红蛋白病多为常染色体显性遗传,主要表现是溶血性贫血,其程度轻重不一,感染和某些药物(如磺胺等)可诱发急性发作,出现乏力、头晕、面色苍白、黄疸、脾大等症状;重者可发生溶血危象而危及生命。

3)血红蛋白 M 病:血红蛋白 M 病(hemoglobin M disease)是由于异常的血红蛋白分子中,与血红素铁原子连接的组氨酸或邻近的氨基酸发生了替代,使铁原子呈稳定的高铁(Fe^{3+})状态,由此产生的高铁血红蛋白影响了正常的携氧功能,使组织细胞缺氧,产生发绀症状。家族史显示血红蛋白 M 病为常染色体显性遗传。如 HbM_{Boston}($\alpha^{58His \rightarrow Tyr}$),$\alpha$ 链第 58 位的组氨酸被酪氨酸取代,占据了血红素铁原子的配基位置,使铁原子呈稳定高铁状态,丧失了血红素与氧结合的能力,导致组织缺氧,患者呈现发绀症状并导致继发性红细胞增多。

4)氧亲和力改变的异常血红蛋白病:这类病是由于肽链上氨基酸替代而使血红蛋白分子与氧的亲和力增高或降低,导致运输氧的功能改变而引起。如 Hb Rainer($\beta^{145Tyr \rightarrow Cys}$),与氧亲和力增高,输送给组织的氧量减少,导致红细胞增多症;如 Hb Kansas($\beta^{102Asn \rightarrow Thr}$),与氧亲和力降低,则使动脉血的氧饱和度下降,严重者可引起发绀症状。

(2)异常血红蛋白病的分子基础:异常血红蛋白的产生是珠蛋白基因突变的结果,涉及碱基置换、移码突变、整码突变、融合突变等主要突变类型。

1)碱基置换:超过 90% 的异常血红蛋白病是珠蛋白基因发生碱基置换的结果,其中错义突变最常见,如镰状细胞贫血。无义突变和终止密码突变也可导致异常血红蛋白病,如 Hb Mckees Rocks 和 Hb Constant Spring。

2)移码突变:如 Hb Wayne 是由于 α 链第 138 位丝氨酸的密码子 UCC 丢失 1 个 C,致使其 3′ 端碱基顺序依次位移,重新编码,第 142 位终止密码变为可读密码,使翻译到 147 位才终止。

3)整码突变:如 Hb Catonsville 是由于 α 珠蛋白基因 *HBA* 第 37 与 38 密码子间插入了 1 个谷氨酸的密码子而导致。

4)融合突变:指编码两条不同肽链的基因在减数分裂时发生了错误联会和非同源性交换,结果形成两种不同的融合基因(fusion gene),两个基因各自融合了对方基因中的部分顺序,而缺失了自身的一部分顺序。如 Hb Lepore 的 α 链氨基酸顺序正常,其类 β 链是由 δ 链和 β 链连接而成,肽链的 N 端为 δ 链氨基酸顺序,C 端为 β 链氨基酸顺序,故称为 $\delta\beta$ 链。而对应的融合基因,见于 Hb Anti-Lepore,其 N 端为 β 链氨基酸顺序,C 端为 δ 链氨基酸顺序,称为 $\beta\delta$ 链(图 17-5)。

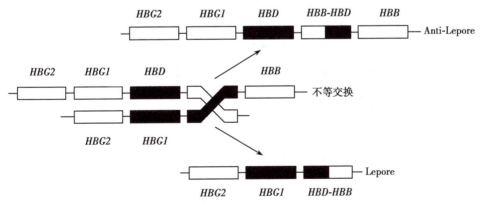

图 17-5 血红蛋白融合基因的形成机制示意图

2.地中海贫血 地中海贫血(thalassemia)是由于某种珠蛋白基因突变或缺失,导致相应珠蛋白肽链的合成速率降低或完全不能合成,造成珠蛋白生成数量失去平衡而引起的溶血性贫血,也称为珠蛋白生成障碍性贫血。本病因最早发现于地中海地区而得名,于 1925 年首次被库利(Cooley)描述,是人类常见的单基因遗传病,广泛存在于世界各地,有两种主要类型:α 地中海贫血和 β 地中海贫血。

（1）α **地中海贫血**：α地中海贫血（α thalassemia）是由于α珠蛋白基因 *HBA* 缺失或缺陷使α链的合成受到抑制而引起的溶血性贫血。本病主要分布在热带和亚热带地区，在我国南方比较常见。在人类16号染色体短臂上有2个连锁的α珠蛋白基因 *HBA*，对一条16号染色体来说，如果2个基因都发生突变或缺失，称为$α^0$地中海贫血；如果只有1个基因突变或缺失，称为$α^+$地中海贫血。

不同类型的α地中海贫血患者，体内缺失α珠蛋白基因 *HBA* 数目各不相同。一般来说，缺失的α基因越多，病情越严重。根据临床表现的严重程度，一般将α地中海贫血分为四种类型（表17-2）：

表 17-2　α地中海贫血的类型及比较

临床类型	基因型	基因型类型	症状
巴氏胎儿水肿综合征	$--/--$	$α^0$地中海贫血纯合体	胎儿水肿
血红蛋白 H 病	$α-/--$	$α^0$地中海贫血和$α^+$地中海贫血双重杂合体	溶血性贫血
轻型（标准型）	$--/αα$	$α^0$地中海贫血杂合体	轻度贫血
	$α-/α-$	$α^+$地中海贫血纯合体	轻度贫血
静止型	$α-/αα$	$α^+$地中海贫血杂合体	无症状
正常人	$αα/αα$	/	/

1）巴氏胎儿水肿综合征（Bart hydrops fetalis syndrome）：此型地中海贫血患者为2条16号染色体上的4个α基因全部缺失或缺陷，基因型为$α^0$地中海贫血纯合体（$--/--$），完全不能合成α链，故不能形成胎儿HbF，而正常表达的γ链会自身形成四聚体（$γ_4$）称为血红蛋白巴特（hemoglobin Bart，Hb Bart）。Hb Bart对氧的亲和力非常高，因而释放到组织的氧减少，造成组织严重缺氧，致使胎儿全身水肿，引起胎儿宫内死亡或新生儿死亡。本症患儿为常染色体显性纯合体，父母均为$α^0$地中海贫血杂合体（$--/αα$），他们若再生育，则胎儿有1/4的机会患巴氏胎儿水肿综合征，1/4为正常儿，1/2为$α^0$地中海贫血杂合体。

2）血红蛋白H病（hemoglobin H disease）：此病是$α^0$地中海贫血和$α^+$地中海贫血的双重杂合体（$--/-α$，或$--/αα^T$，或$--/αα^{cs}$，$α^T$、$α^{cs}$都为有缺陷的基因），即患者有3个α基因 *HBA* 缺失或缺陷，仅能合成少量的α链，β链相对过剩并自身聚合成四聚体HbH（$β_4$）。HbH极不稳定，易被氧化而解体形成游离的单链，沉淀积聚形成包涵体，附着于红细胞膜上，使红细胞失去柔韧性，导致中度溶血性贫血。此病在东南亚较多，在非洲大陆和地中海地区罕见。

3）轻型α地中海贫血也称为标准型α地中海贫血：此型地中海贫血为$α^0$地中海贫血杂合体（$--/αα$）或$α^+$地中海贫血纯合体（$α-/α-$），患者均缺失2个α基因 *HBA*，间或有轻度贫血，我国南方最多见的是$α^0$地中海贫血杂合体。轻型α地中海贫血患者（$--/αα$）之间婚配，生育巴氏胎儿水肿综合征患儿的可能性为1/4。

4）静止型α地中海贫血：此型地中海贫血患者仅缺失1个α基因，为$α^+$地中海贫血杂合体（$α-/αα$）。这样的个体往往无临床症状。静止型α地中海贫血与某些轻型α地中海贫血（$--/αα$）个体婚配，有1/4的机会生育HbH病患儿。

引起α地中海贫血的基因改变主要有两类，即 *HBA* 基因缺失型和 *HBA* 基因非缺失型。前者较常见，缺失型可以是一条16号染色体上的 *HBA1* 和 *HBA2* 基因全部缺失，或是其中一个基因缺失，有时缺失只涉及基因的部分关键片段。非缺失型可以是各种类型的基因突变，例如，碱基置换使多肽链的氨基酸发生置换,导致肽链不稳定;mRNA 3′端加尾信号 AATAAA 突变为 AATAAG,使 mRNA 加工过程中不能加上 poly A 尾巴,不能将成熟 mRNA 运送到胞质中,结果 α 链不能合成。

(2)**β 地中海贫血**:β 地中海贫血(β thalassemia)是由于 β 珠蛋白基因(*HBB*)的缺失或缺陷致使 β 珠蛋白链的合成受到抑制而引起的溶血性贫血。完全不能合成 β 链的称为 β^0 地中海贫血,能部分合成 β 链的称为 β^+ 地中海贫血。本病在我国南方各省多见,四川、贵州、广东、广西等地发病率可达 1%~2%。

临床上一般将 β 地中海贫血分为以下三类:

1)重型 β 地中海贫血:患儿在出生时症状不明显,因为从胎儿到婴儿时血红蛋白的转换仍未完成,β 珠蛋白链的缺乏未引起后果。然而,在出生后的第 1 年中,患儿血红蛋白产量持续下降,出现明显的贫血症状。患儿生长发育不良,肤色苍白、腹泻、反复发热和由于肝脾大而腹部逐渐膨隆。患者通常是 β^0 地中海贫血、β^+ 地中海贫血、$\delta\beta^0$ 地中海贫血的纯合体(β^0/β^0、β^+/β^+、$\delta\beta^0/\delta\beta^0$),或者是 β^0 地中海贫血和 β^+ 地中海贫血双重杂合体(β^+/β^0)。这类患者几乎不能合成 β 链或合成量很少,故极少或无 HbA。而 γ 链的合成相对增加,使 HbF 升高。由于 HbF 较 HbA 的氧亲和力高,在组织中不易释放出氧,致使组织缺氧。缺氧的组织促使红细胞生成素大量分泌,刺激骨髓的造血功能,使红骨髓大量增生,骨质受侵蚀致骨质疏松,可出现"地中海贫血面容"(头颅大、颧突、塌鼻梁、眼距宽、眼睑水肿)。由于 β 链合成障碍,相对过剩的 α 链在红细胞膜上沉积,改变膜的通透性,引起溶血性贫血,需靠输血维持生命。如不治疗,患者通常在 10 岁以前由于严重的贫血、虚弱和感染而死亡。

2)轻型 β 地中海贫血:此类患者是 β^0 地中海贫血、β^+ 地中海贫血或 $\delta\beta^0$ 地中海贫血的杂合体。由于尚能合成相当数量的 β 链,故症状较轻,贫血多不明显或轻度贫血。其特点是 HbA_2 比例增高(可达 4%~8%),也可有 HbF 升高。

3)中间型 β 地中海贫血:患者通常是某些 β 地中海贫血变异型的纯合体,如 β^+ 地中海贫血纯合体,其症状介于重型与轻型 β 地中海贫血之间,故称为中间型 β 地中海贫血。

现已发现超过 200 种的分子损伤与 β 地中海贫血相关,其中约 90% 是点突变,为 1 个或几个碱基的增加或缺失。主要的突变类型有:

1)转录调节序列突变:这类突变主要发生在启动子的 TATA 框,突变后,患者只能合成少量 β 珠蛋白肽链,导致 β 地中海贫血。

2)RNA 加工和修饰信号序列突变:转录初始产物 hnRNA 形成功能性 mRNA 过程中,与剪接、带帽、加尾有关的信号序列发生突变,便不能产生正常的 mRNA,如外显子-内含子接头序列突变、多聚腺苷酸附加信号 AATAAA 突变,均导致 β 地中海贫血。

3)编码序列突变:编码序列突变涉及错义突变、无义突变、移码突变、起始密码突变等多种类型,编码序列突变后往往形成无功能的 mRNA 或降低了 mRNA 的稳定性,从而不能合成正常的 β 珠蛋白肽链,导致 β 地中海贫血。

第二节　先天性代谢缺陷

先天性代谢缺陷(inborn error of metabolism)是由于基因突变导致某种酶蛋白的分子结构或合成量异常,从而引起机体代谢途径严重阻断或紊乱的一类疾病,也叫遗传性代谢病或遗传性酶病。目前已发现 2 000 多种先天性代谢缺陷,其中 200 多种病的酶缺陷已清楚,其遗传方式多为常染色体隐性遗传,少数为 X 连锁隐性遗传或常染色体显性遗传。

一、先天性代谢缺陷发生的一般原理

绝大多数先天性代谢缺陷是由于酶活性降低引起的,仅少数表现为酶活性增高。一般而言,下

列情况均可引起先天性代谢缺陷的发生：①基因突变引起酶的活性降低甚至缺失,使其所催化的代谢途径受阻,导致代谢终产物缺乏,引起疾病,如白化病等。②酶的异常导致底物不能被催化成产物而累积在体内导致疾病的发生,如黏多糖累积症等。③酶的缺乏使中间产物大量蓄积、排出,引起疾病,如尿黑酸尿症、半乳糖血症等。④酶的异常使某代谢反应受阻,其前体物质积累而代偿性进入旁路代谢,产生正常代谢中不会出现的副产物,导致疾病的发生,如苯丙酮尿症。⑤有些代谢过程中,代谢产物对整个反应具有反馈调节作用,当酶活性降低甚至缺失时,该代谢产物减少,出现其反馈调节功能失常,如自毁容貌综合征等。⑥基因突变改变了酶蛋白分子的结构,直接影响它与辅酶的相互作用,引起该酶活性降低而导致疾病,这类辅酶多数为维生素,故这类疾病又被称为维生素反应性遗传病,如同型胱氨酸尿症等。⑦基因突变导致个别酶活性增高,引起代谢产物增多而致病,临床上这类疾病较少见,如痛风等。

二、先天性代谢缺陷的分类

先天性代谢缺陷种类繁多,根据代谢物的生化性质,可将其分为氨基酸代谢病、糖代谢病、核酸代谢病、脂类代谢病等。

先天性代谢缺陷在临床上可以是无症状的,如戊糖尿症;可以是在一定外界因素诱发下才出现症状的,如葡萄糖-6-磷酸脱氢酶缺乏症,只有在进食蚕豆或服用伯氨喹类药物后,出现血红蛋白尿、黄疸、贫血等急性溶血反应,故又被称为蚕豆病;也可以是不经诱发便呈现持续症状的,其中轻度的患者可以长期存活,甚至达到正常人的存活年龄;症状严重的往往导致死亡,如脂类贮积症的患儿一般会在婴儿期死亡。

(一) 氨基酸代谢病

氨基酸代谢病是氨基酸代谢过程中的酶遗传性缺乏所引起的氨基酸代谢缺陷(图 17-6),如苯丙酮尿症、尿黑酸尿症等。

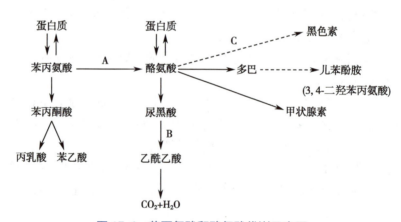

图 17-6 苯丙氨酸和酪氨酸代谢示意图

A. 丙氨酸羟化酶缺乏导致苯丙酮尿症;B. 尿黑酸氧化酶缺乏导致尿黑酸尿症;C. 酪氨酸酶缺乏导致白化病。

1. 苯丙酮尿症 苯丙酮尿症(phenylketonuria, PKU)是造成智力低下的常见原因之一,也是治疗效果较好的代谢病之一,呈常染色体隐性遗传,其群体发病率在我国约为 1/11 800。苯丙酮尿症是由于基因突变导致肝细胞中苯丙氨酸羟化酶(PAH)活性降低或完全丧失,致使苯丙氨酸不能转化成酪氨酸而在体内积累,过量的苯丙氨酸经旁路代谢产生苯丙酮酸、苯乳酸、苯乙酸等,这些旁路代谢产物由尿液和汗液排出,使患儿体表、尿液有特殊的"鼠尿味"。旁路代谢产物的累积可抑制 L-谷氨酸脱羧酶的活性,影响 γ-氨基丁酸的生成,同时苯丙氨酸及其旁路代谢产物还可抑制 5-羟色胺脱羧酶活性,使 5-羟色胺生成减少,从而影响大脑的发育。酪氨酸不足,加之过多的苯丙氨酸抑制酪氨酸脱羧酶的活性,使黑色素合成减少,患者的毛发和肤色较浅。

苯丙氨酸羟化酶基因 *PAH* 定位于 12q23.2,cDNA 全长 90kb,有 13 个外显子、12 个内含子。该基因主要在肝中表达。苯丙酮尿症患儿出生时无明显症状,如能早期明确诊断,给予低苯丙氨酸饮食,可使智力发育正常。

2. 尿黑酸尿症 尿黑酸尿症(alkaptonuria,AKU)是由于尿黑酸氧化酶缺乏,使尿黑酸不能被最终氧化而从尿液排出。尿液刚排出时无色,但与空气接触后,其中大量的尿黑酸被氧化,尿液迅速变成黑色。本病的发病率为 1/1 000 000~1/250 000。患者在新生儿期,生后不久就发现尿布中有紫褐色斑点,洗不掉,日久渐呈黑褐色;在儿童期,尿黑酸尿是唯一的特点;成人期,除尿黑酸尿外,尿黑酸在结缔组织沉着,导致褐黄病,表现为皮肤、耳郭、面颊、巩膜等处弥漫性色素沉着,如累及关节,则形成褐黄病性关节炎。

本病呈常染色体隐性遗传,致病基因 *HGD* 定位于 3q13.33。

3. 白化病 白化病(albinism)是一组较为常见的皮肤及其附属器官黑色素缺乏所引起的疾病,临床上主要分为Ⅰ型和Ⅱ型,完全不能合成黑色素者为白化病Ⅰ型,能部分合成黑色素者为白化病Ⅱ型。

(1)白化病Ⅰ型:正常情况下,人体黑色素细胞中的酪氨酸在酪氨酸酶催化下,经一系列反应,最终生成黑色素。白化病Ⅰ型患者体内,由于酪氨酸酶基因 *TYR* 缺陷,故不能催化酪氨酸转变为黑色素前体,最终导致代谢终产物黑色素缺乏而呈白化症状。患者皮肤、毛发、眼睛缺乏黑色素,全身白化,终身不变;视网膜无色素,虹膜和瞳孔呈现淡红色,羞明怕光,眼球震颤,常伴有视力异常;对阳光敏感,暴晒可引起皮肤角化增厚,易诱发皮肤癌。该病发病率为 1/20 000~/10 000,我国总体发病率约为 1/18 000,呈常染色体隐性遗传,基因 *TYR* 定位于 11q14.3。白化病致病基因长 50kb,含 5 个外显子和 4 个内含子,目前已发现 20 余种点突变。

(2)白化病Ⅱ型:白化病Ⅱ型患者本身酪氨酸酶基因正常,但缺乏酪氨酸透过酶,导致酪氨酸不易进入黑色素细胞,进而影响黑色素的生成而呈轻度白化。患者毛发呈赤黄或淡黄,黑色素合成随年龄增大而有所增加。

知识链接

加罗德与先天性代谢缺陷

加罗德(Garrod)是一位医生,他在临床工作中先后遇到了与代谢相关的四种疾病——尿黑酸尿症、胱氨酸尿症、白化病和戊糖尿症。1902—1908 年,加罗德(Garrod)对这四种疾病进行了详细研究,指出这些疾病都是由于某一代谢途径中的某一酶促反应发生遗传性障碍所造成,首先提出了"先天性代谢缺陷"概念。尿黑酸尿症是由于患者与生俱来地缺少某种酶,导致这种酶负责代谢的某些化学物质在机体内积聚并随尿液排出,从而使尿液颜色变深。加罗德(Garrod)的这一论断,直到 1948 年发现先天性高铁血红蛋白血症是由于黄递酶缺乏,以及 1952 年证明糖原贮积症Ⅰ型是由于葡萄糖-6-磷酸酶缺乏后,才得以证实。

加罗德是第一个将人类疾病、生化代谢与遗传学联系在一起的科学家。

(二)糖代谢病

糖代谢病是由于糖类合成或分解过程中遗传性酶缺乏所引起的疾病,如半乳糖血症、糖原贮积症等。

1. 半乳糖血症 半乳糖血症(galactosemia)是由于遗传性酶缺乏引起的糖类代谢病,它可分为经典型半乳糖血症、半乳糖血症Ⅱ型和半乳糖血症Ⅲ型。半乳糖的代谢途径见图 17-7。

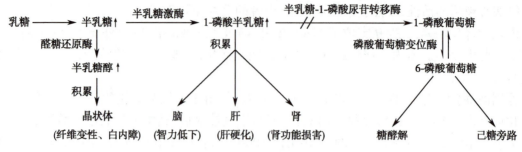

图 17-7　半乳糖代谢途径示意图

经典半乳糖血症是由于半乳糖-1-磷酸尿苷转移酶（GALT）遗传性缺乏，导致半乳糖-1-磷酸在脑、肝、肾等器官积累而引起的。患儿出生后乳类喂养数日，即出现呕吐或腹泻。1周后逐渐出现肝大、黄疸、腹水。1~2个月内，积累在晶状体的半乳糖，在醛糖还原酶的作用下转变成半乳糖醇，可使晶状体变性浑浊，形成白内障。如不控制乳类摄入，数月后患儿出现明显智力低下，大多数患儿于新生儿期因感染死亡。本病呈常染色体隐性遗传，新生儿发病率为 1/60 000~1/40 000。半乳糖-1-磷酸尿苷转移酶基因 GALT 定位于 9p13.3。

半乳糖血症 II 型为半乳糖激酶（GALK）缺乏引起，致病基因 GALK1 定位于 17q25.1，致病基因 GALK2 定位于 15q21.1-q21.2。半乳糖血症 II 型的病情比经典半乳糖血症轻。有的患儿肝脾大，无黄疸，有的患儿黄疸明显，（青年型）白内障常见。智力发育正常或迟缓，血中半乳糖浓度增高，尿内出现半乳糖和半乳糖醇，无氨基酸尿和蛋白尿。

半乳糖血症 III 型由尿苷二磷酸半乳糖-4-表异构酶（GALE）缺乏引起，该酶基因 GALE 定位于 1p36.11。其临床表现多变，可无临床症状或类似经典半乳糖血症。半乳糖血症 II 型、III 型均为常染色体隐性遗传病，它们的发病率较经典半乳糖血症低。

2. 糖原贮积症　糖原贮积症（glycogen storage disease，GSD）是一组由糖原合成或分解过程中酶缺乏引起的疾病。糖原是由许多葡萄糖组成的带分支的大分子多糖，主要存在于肝和肌肉中。糖原的代谢过程涉及多种酶的复杂酶促反应，其中任何一种酶的缺乏均可致病。糖原贮积症可分为 13 型（表 17-3），此类疾病的发病机制可以糖原贮积症 I 型为例说明。糖原贮积症 I 型是由于基因

表 17-3　糖原贮积症的分型

型别	酶缺乏	致病基因	基因定位	累及器官和主要临床症状
0	糖原合酶 2	GYS2	12p12.1	肝、肌肉；空腹低血糖，高血酮、肌痉挛
I	葡萄糖-6-磷酸酶	G6PC1	17q21.31	肝、肾；肝、肾大，低血糖，酸中毒
II	α-葡萄糖苷酶	GAA	17q25.3	全身性或肌肉；心脏扩大，呼吸衰竭
III	淀粉-α-1,6-葡糖苷酶、4-α-葡糖苷转移酶	AGL	1p21.2	全身性、肝、肌肉；肝大，中等低血糖和酸中毒
IV	1,4-α-葡聚糖分支酶	GBE1	3p12.2	全身性；肝硬化、肝大，肌张力低
V	肌糖原磷酸化酶	PYGM	11q13.1	肌肉；运动时肌肉痉挛
VI	肝糖原磷酸化酶	PYGL	14q22.1	肝；肝大、中等低血糖和酸中毒
VII	肌磷酸果糖激酶	PFKM	12q13.11	肌肉、红细胞；运动时肌肉痉挛
VIII	葡萄糖-6-磷酸异构酶	GPI	19q13.11	肝；肝大，生长缓慢
IX	磷酸甘油激酶	PGK1	Xp21.1	肌肉；痛性痉挛、肌红蛋白尿
X	磷酸甘油变位酶	PGAM2	7p13	肌肉；易疲劳、肌无力、肌红蛋白尿
XI	乳酸脱氢酶	LDHA	11p.15.1	肌肉；运动不耐受、肌痛、肌红蛋白尿
XII	3′,4′-cAMP 依赖性激酶			肝、肌肉；肌糖原升高

突变导致葡萄糖-6-磷酸酶（G6PD）缺乏引起的，在新生儿期和婴儿早期，有易激怒、肤色苍白、发绀、喂养困难、低血糖、抽搐及肝大等症状；患儿 5~6 岁后以出血、感染为主要症状。本病为常染色体隐性遗传病，葡萄糖-6-磷酸酶催化亚单位 1 基因 *G6PC1* 定位于 17q21.31。

（三）核酸代谢病

核酸代谢过程中需要的酶有遗传性缺陷，会使体内的核酸代谢异常而发生核酸代谢病，如莱施-奈恩综合征、着色性干皮病等。

莱施-奈恩综合征（Lesch-Nyhan syndrome）也称为自毁容貌综合征，患者缺乏次黄嘌呤鸟嘌呤磷酸核糖转移酶，此酶催化 5-磷酸核糖-1-焦磷酸上的磷酸核糖基转移到鸟嘌呤和次黄嘌呤上，使之成为鸟嘌呤核苷酸和次黄嘌呤核苷酸（肌苷酸），这两种核苷酸和腺嘌呤核苷酸可反馈抑制嘌呤前体 5-磷酸核糖-1-胺的生成。如果此酶缺乏，则鸟嘌呤核苷酸和次黄嘌呤核苷酸合成减少，反馈抑制减弱，嘌呤合成加快，致使尿酸增高、代谢紊乱而致病。

患者临床症状有高尿酸血症、高尿酸尿症以及痛风症状等，伴有智力低下和强迫性自身毁伤行为（如常咬伤自己的嘴唇、手和足趾）。患者大多在儿童时期死于感染和肾功能衰竭，很少活到 20 岁以后。

本病呈 X 连锁隐性遗传，发病率约为 1/38 000。次黄嘌呤鸟嘌呤磷酸核糖转移酶基因 *HPRT1* 定位于 Xq26.2-q26.3，已发现 50 多种突变。

（李荣耀）

思考题

1. 比较分子病和先天性代谢缺陷的主要异同。
2. 试述镰状细胞贫血的发病机制及主要临床症状。
3. 试查阅资料概括葡萄糖-6-磷酸脱氢酶缺乏症患者的饮食注意事项，并从宣教的角度和层次解释原因。

ER 17-3
练习题

第十八章 | 遗传病的诊断、治疗与预防

ER 18-1
教学课件

ER 18-2
思维导图

学习目标

1. 掌握常见遗传病的诊断和预防原则。
2. 熟悉遗传病治疗的原则和基本方法。
3. 了解遗传病基因诊断、治疗的临床应用及发展前景。
4. 学会开展遗传咨询,具备良好的人际沟通能力。
5. 树立以患者为中心的理念,具有诚实守信、平等尊重、保密守密的职业美德。

情境导入

患儿,男,6岁,有反复自发性或轻微损伤后出血不止的现象。患儿父母均正常,怀疑患儿患血友病,于是带他到医院就诊。

请思考:

1. 如何诊断该患儿是否患血友病?
2. 如果该患儿确诊为血友病,该怎样进行治疗?
3. 患儿父母若想再生育后代,应给予怎样的指导?

随着人类基因组计划的完成和人类基因组后计划研究的不断深入以及分子生物学技术的发展,人们对于遗传病的病因、发病机制有了更加深入的认识,遗传性疾病的诊断、治疗和预防取得了显著进展。这对于缓解遗传病患者的痛苦、有效地降低遗传病的发病率、提高人口素质具有重要的意义。

第一节 遗传病的诊断

遗传病的诊断是临床医生经常面临的问题,也是开展遗传咨询和遗传病防治工作的基础。由于遗传性疾病的种类多,有的症状与非遗传性疾病的症状相似,确诊一种疾病是否为遗传病,往往是比较困难的。因此对遗传病的诊断除采用一般疾病的诊断方法外,还须辅以遗传学特殊的诊断方法,如系谱分析、细胞遗传学检查、基因诊断等。遗传病的特殊诊断往往是确诊的关键。根据诊断时期的不同,遗传病的诊断分为产前诊断、症状前诊断和现症患者诊断三种类型,前两种诊断可以较早地发现遗传病患者或携带者,有效减少遗传病患儿出生或及早治疗以控制疾病进程。

一、临床诊断

临床诊断是指对遗传病的现症患者诊断(diagnosis of current patients),就是医生根据患者的临床症状、家系分析和相关的遗传学检查结果,对患者做出明确诊断。

(一) 病史采集

大多数遗传病有家族聚集现象,因此病史资料的采集尤为重要。病史采集的关键是真实性和完整性,除一般病史外,还应注重患者的家族史、婚姻史和生育史。

1. 家族史　主要了解本病在家族(包括直系和旁系亲属)成员中的发病情况,根据家族史绘制系谱,初步分析该病是否为遗传病以及可能的遗传方式。

2. 婚姻史　了解患者双亲的结婚年龄、婚配次数、配偶健康状况以及是否为近亲结婚等。

3. 生育史　着重了解生育年龄,子女数目及健康状况,有无流产、早产、死产、畸形儿分娩史,新生儿死亡及分娩过程中有无异常情况(产伤、窒息等),母亲妊娠早期有无致畸因素接触史等。此外,还要特别注意是否有收养、过继、非婚生育等情况。

(二) 症状和体征

症状和体征是遗传病诊断的重要线索。遗传病的症状和体征与其他疾病既有共同性,也有其本身的特殊性。如智力低下这一症状,既可以是由脑炎引起,也可以是许多遗传性疾病表现出的症状。每一种遗传病往往都有它特有的综合征,如染色体病患者常表现为智力低下、发育迟缓、多发畸形,还要注意患者的身体发育快慢、智力发育水平、性器官及第二性征发育状况、肌张力以及啼哭声是否正常等。

当然,单凭症状和体征要做出准确诊断是相当困难的,但可以得出对疾病的初步判断,为进一步确诊选择其他检查指明方向。

(三) 生物化学检查

生物化学检查简称生化检查,生化检查是遗传病诊断中的重要辅助手段,包括临床生化检查和针对遗传病的特殊检查,主要是对由于基因突变所引起的酶和蛋白质进行定性和定量分析,对单基因病和先天性代谢病进行诊断。

目前已知的多种遗传性代谢病中,一般由于基因突变、基因缺失、基因表达失调或翻译后加工修饰缺陷所致。目前临床主要对酶活性和代谢产物进行检测,以血液和尿液为主要检材,可采用滤纸片法和显色反应进行检测。随着对遗传病发病机制认识的不断深入和检测方法的改进,生化检测将更加简便、快捷。

(四) 产前诊断

产前诊断(prenatal diagnosis)又称为宫内诊断,是指对胎儿是否患有某种遗传病或先天畸形做出明确诊断,是预防遗传病患儿出生的重要手段。

1. 产前诊断的对象　根据遗传病的危害程度和发病率,可将产前诊断的对象排列如下:①夫妇之一有染色体畸变,特别是平衡易位携带者,或生育过染色体病患儿的夫妇。②35 岁以上的孕妇。③夫妇之一有开放性神经管畸形,或生育过这种畸形患儿的夫妇。④夫妇之一有先天性代谢缺陷,或生育过这种患儿的孕妇。⑤X 连锁遗传病致病基因携带者孕妇。⑥有习惯性流产史的孕妇。⑦羊水过多的孕妇。⑧夫妇之一有致畸因素接触史的孕妇。⑨有遗传病家族史,又系近亲结婚的孕妇。应当注意,已出现先兆流产、妊娠时间过长以及有出血倾向的孕妇不宜做产前诊断。

2. 产前诊断的主要方法

(1) 胎儿镜检查:胎儿镜检查(fetoscopy)又称为羊膜镜检查(amnioscopy),为妊娠晚期妊娠胎膜完整时,以窥镜插入宫颈,在强光照射下观察羊水的色和量的方法,以了解胎儿是否受到缺氧的威胁。正常羊水为淡青色或乳白色,混有胎脂;若混有胎粪,则为黄绿色甚至棕黄色。胎儿镜检查的最佳时间是妊娠 18~20 周。由于操作困难,容易引起并发症,其在临床应用上受到限制。

(2) B 型超声检查:B 型超声检查是目前最常用的非创伤性检查,主要用于胎儿外形畸形和明显内脏器官形态异常的诊断,如神经管畸形、脑积水、无脑畸形、唇裂、腭裂、先天性心脏病、肢体缺陷、先天性单侧肾缺如等的诊断。

（3）**羊膜腔穿刺术**：羊膜腔穿刺术（amniocentesis）是目前常用的产前诊断方法，即在 B 超的监护和引导下，用细针刺入羊膜腔，无菌抽取胎儿羊水（图 18-1），对羊水中的胎儿脱落细胞进行培养，进行染色体、基因和生化分析，主要适用于诊断染色体病、神经管缺陷及基因突变引起的遗传病。羊膜腔穿刺操作一般在妊娠 16~24 周进行，此时羊水最多，穿刺时不易伤及胎儿，发生感染、流产的风险相对较小。

（4）**绒毛膜绒毛吸取术**：绒毛膜绒毛吸取术（chorionic villus sampling，CVS）是在 B 超监护下，用特制的取样器，从孕妇阴道经宫颈进入子宫，沿子宫壁到达取样部位后，吸取绒毛（图 18-2）。绒毛样本可用于诊断染色体病、代谢病、生化检测和 DNA 分析。绒毛膜绒毛吸取术一般于妊娠 11~13 周进行。

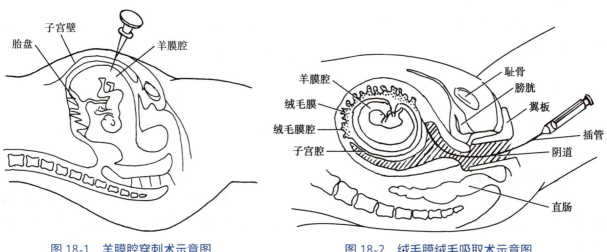

图 18-1　羊膜腔穿刺术示意图　　　　图 18-2　绒毛膜绒毛吸取术示意图

（5）**无创 DNA 产前检测**：无创 DNA 产前检测是取孕妇静脉血，利用 DNA 测序技术对母体外周血浆中的游离 DNA 片段（包含胎儿游离 DNA 片段）进行测序，并将测序结果进行生物信息学分析，可以从中得到胎儿的遗传信息，从而检测胎儿罹患由染色体异常等引起疾病的可能性的方法。相对于有创产前检测，抽取母体外周血进行检测更易于被孕妇接受，具有重要的临床意义。

（6）**植入前遗传学诊断**：植入前遗传学诊断（preimplantation genetic diagnosis，PGD）是指用分子或细胞遗传学技术对体外受精的胚胎进行遗传学诊断，确定胚胎正常后再将胚胎植入子宫。PGD 技术能将产前诊断的时限提早到胚胎植入之前，是遗传病产前诊断的重大突破。

二、遗传学检查

（一）系谱分析

系谱分析是确定遗传病遗传方式的一个非常重要的手段。为保证系谱分析能得出正确的结论，在绘制系谱过程中应注意以下几点：

1. 注意系谱的完整性、准确性和系统性　一个完整的系谱应有三代以上家庭成员的患病资料、婚姻状况及生育情况，对家系各成员详细记录，不遗漏关键信息，对已故成员亦要尽可能考虑死因。还应注意患者或代述人是否因有顾虑而提供虚假资料，如不提供非婚生子女、同父异母、同母异父、养子女等信息，必然造成系谱失真的情况，必要时应对患者及家属进行实验室检查和其他辅助检查，使诊断更加可靠。

2. 分析显性遗传病时，应注意延迟显性、不完全显性等情况　某些显性遗传病存在外显不全会导致隔代遗传现象，应注意区别，防止误判为隐性遗传，对那些年龄尚轻的家庭成员也要充分注意。

3. 注意新发生的基因突变　当系谱中除先证者外找不到其他患者，从系谱中难以判断遗传方式时,不仅要考虑隐性遗传,还应考虑是否发生了新的突变。

4.要注意显性遗传与隐性遗传概念的相对性 同一种遗传病可因观察指标的不同而得出不同的遗传方式,从而导致错误估计。

5.要考虑某些疾病的遗传异质性 由于遗传异质性的存在,可能将不同遗传方式的遗传病误认为同一种遗传病。

(二)细胞遗传学检查

细胞遗传学检查是从形态学角度直接观察染色体是否出现异常的检查方法,也是辅助诊断和确诊染色体疾病的主要方法,主要包括染色体检查和性染色质检查。

1.染色体检查 染色体检查主要是核型分析,即通过血液或组织培养制备染色体标本,经技术处理后进行形态学方面的观察分析,是确诊染色体病的主要方法。随着染色体显带技术的应用,特别是高分辨染色体显带技术的发展,人们能够更准确地发现和确定更多的染色体数目和结构的异常。检查标本主要来自外周血、胎儿的脐带血、绒毛细胞、羊水中胎儿脱落的细胞和皮肤等各种组织。

染色体检查的指征包括:①有明显智力障碍者。②生长迟缓或伴有其他先天畸形者。③夫妇之一有染色体异常,如平衡结构重排和嵌合体等。④家族中已有染色体异常或先天畸形的个体。⑤多发性流产妇女及其丈夫。⑥原发性闭经和女性不育者。⑦无精子症和男性不育者。⑧两性内外生殖器畸形者。⑨疑为唐氏综合征的患儿及其父母。⑩原因不明的智力低下并伴有大耳、大睾丸和多动症者。⑪35 岁以上的高龄孕妇。

2.性染色质检查 性染色质检查包括 X 染色质检查和 Y 染色质检查。检查材料可取自皮肤或口腔黏膜上皮细胞、女性阴道上皮细胞、羊水细胞及绒毛膜细胞等。性染色质检查可以确定胎儿性别以助于 X 连锁遗传病的诊断,判断两性畸形以及协助诊断由于性染色体数目异常所致的性染色体病。

(三)皮肤纹理分析

皮肤纹理是指人类皮肤某些特定部位如指(趾)、掌(跖)上出现的纹理图形。人体皮肤由表皮和真皮两部分组成,真皮乳头向表皮突起形成许多整齐的乳头线称为嵴线,嵴线间的凹陷部分称为沟,皮嵴和皮沟就形成皮纹。皮纹于胚胎第 14 周形成,具有个体特异性和一旦形成终身不变的高度稳定性等特点。人类的皮纹属多基因遗传,皮纹的形成是遗传因素和环境因素共同作用的结果。

近年来,随着对染色体病的深入研究,发现皮纹变化与某些染色体异常、先天性疾病及不明原因的综合征有一定相关性,因而皮纹分析可作为遗传病特别是某些染色体病的辅助诊断手段(图 18-3,图 18-4)。例如,21-三体综合征患者有 50% 为通贯手,atd 角大于 55°(均值为 64°)。但是这种变化是非特异性的,绝大多数遗传病并没有皮纹的变化。因此皮纹分析在遗传病诊断中只能作为一种辅助诊断手段或疾病初筛的参考,确诊时必须结合临床诊断及染色体检查,方可得出正确结论。

普通型　　　　通贯掌　　　　悉尼掌　　　　变异Ⅰ型　　　　变异Ⅱ型

图 18-3　掌褶纹类型示意图

三、基因诊断

基因诊断是利用分子生物学技术,检测体内 DNA 或 RNA 在结构或表达水平上的变化,从而对疾病做出诊断。与传统的诊断方法相比,基因诊断可直接从基因型推断表型,越过基因产物(酶和蛋白质)直接检测基因最终做出诊断,具有取材方便、针对性强、特异性强、灵敏度高、适应范围广等特点。基因诊断不仅适用于现症患者,也可在发病前做出症状前诊断,也可用于检出携带者,还可对有遗传病风险的胎儿做出生前基因诊断。基因诊断不受基因表达的时空限制,也不受取材细胞类型和发病年龄的限制,为分析某些延迟显性的常染色体显性遗传病提供了可能。该项技术还可以从基因水平了解遗传异质性,有效地检出携带者。目前基因诊断早已进入临床应用,不仅用于遗传性疾病,而且用于一些感染性疾病和肿瘤的诊断。

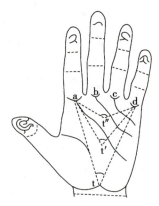

图 18-4　手掌纹及 atd 角示意图

(一)限制性片段长度多态性

当 DNA 顺序上发生变化而出现或丢失某一限制性内切酶位点,使酶切产生的片段长度和数量发生变化称为限制性片段长度多态性(restriction fragment length polymorphism,RFLP)。任何一个基因内外大片段的缺失、插入以及基因重排,即使不影响到限制性内切酶位点的丢失或获得,也很可能引起限制性内切酶图谱的变化,使限制性内切酶酶切片段的大小和数量发生变化,因而这类基因突变可以通过限制性内切酶酶切或结合基因探针杂交的方法找到突变。

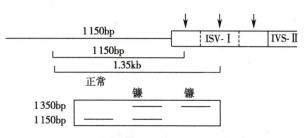

图 18-5　镰状细胞贫血的基因诊断示意图

例如,镰状细胞贫血的基因诊断(图 18-5)。该病是因 β 珠蛋白基因 *HBB* 缺陷引起,呈常染色体隐性遗传。正常基因的第 6 位密码子发生了由 GAG→GTG(A→T)的变化,形成了突变基因,可用限制性内切酶 Mst Ⅱ 检测出来。基因突变使正常存在的 Mst Ⅱ 切点消失,引起肽链长度改变,使正常情况下存在的 1.1kb 及 0.2kb 的条带变成 1.3kb(纯合体患者)条带。

(二)聚合酶链反应

聚合酶链反应(polymerase chain reaction,PCR)是模拟体内条件下 DNA 聚合酶特异性扩增某一 DNA 片段的技术,可在 2~3 小时内使特定的微量基因或 DNA 片段在体外扩增数十万乃至百万倍。PCR 模板 DNA 可来自细胞、头发、血斑、精液、已固定过或经石蜡包埋的标本。PCR 具有灵敏度高,特异性好,操作方便,结果准确可靠,反应快速等优点。PCR 还经常结合其他技术进行基因诊断,如 PCR-ASO(PCR-等位基因特异性寡核苷酸探针杂交)、PCR-RFLP(PCR-限制性片段长度多态性连锁分析)、RT-PCR(荧光定量 PCR)等。

(三)DNA 测序

DNA 测序(DNA sequencing)技术就是测定 DNA 中碱基的顺序。如高通量桑格测序(Sanger sequencing)可用来检测基因的突变部位和类型,是目前最基本的检测基因突变的一种方法,大多数单基因遗传病都可通过对相关候选基因进行 PCR 扩增、回收、纯化及测序,寻找致病的突变位点。

(四)DNA 芯片

DNA 芯片(DNA chip)也叫基因芯片(gene chip)或 DNA 微阵列(DNA microarray),是一种高效准确的 DNA 序列分析技术,近年来发展十分迅速。其基本原理是核酸杂交。DNA 芯片技术既可以检测基因突变,又可以检测基因的多态性,特别适用于多个基因、多个位点的同时检测。这项技术目前处于发展和优化阶段,已经有多种针对遗传性疾病、肿瘤检测的 DNA 芯片用于临床诊断。

DNA 分析的创始人

简悦威(Yuet Wai Kan),医学遗传学家,1936 年生于中国香港,1996 年当选中国科学院外籍院士。他是 DNA 分析的创始人,首先测定 α 地中海贫血患者的珠蛋白链杂交程度以确定 α 地中海贫血患者的 α-基因缺失情况,发现镰状细胞贫血限制性内切酶长度多态性,并将此应用于基因诊断与产前诊断。他是细胞特异性基因转移的创始人,首先实现了红系细胞特异性基因转移,采用红细胞生成素多肽与逆转录病毒载体外壳蛋白组成嵌合蛋白,从而实现特异性基因转移,受到国际基因治疗领域的广泛关注。

第二节 遗传病的治疗

就多数遗传病而言,目前尚无有效的根治方法。通常情况下,遗传病的治疗只能是改善或矫正患者的临床症状,减轻患者的痛苦,延长患者的生命。随着分子生物学、医学遗传学的发展,基因治疗使某些遗传病的治疗取得了突破性进展,为治疗遗传病带来了光明的前景。遗传病的治疗方法大致可分为手术治疗、药物治疗、饮食治疗和基因治疗四类(表 18-1)。

表 18-1 遗传病常用治疗方法

治疗方法		适应证
外科手术治疗		手术修复:唇裂、腭裂、肢端缺陷畸形(并指、多指、分裂手、裂足) 去脾术:球形细胞增多症 结肠切除术:多发性结肠息肉
药物及饮食疗法	禁其所忌	苯丙酮尿症(PKU),半乳糖血症,亮氨酸、异亮氨酸和缬氨酸枫糖尿症,半乳糖激酶缺乏症,葡萄糖-6-磷酸脱氢酶缺乏症
	补其所缺	补胰岛素:胰岛素依赖型糖尿病 补生长激素:垂体性侏儒症 补凝血因子Ⅷ:血友病 A 补各种酶制剂:溶酶体贮积症、乳清酸尿症、先天性肾上腺皮质增生症
	去其所余	肝豆状核变性,家族性高胆固醇血症,血色病
基因治疗		腺苷脱氨酶缺乏症、血友病 A、血友病 B、α₁ 抗胰蛋白酶缺乏症、β 地中海贫血、苯丙氨酸羟化酶缺乏症、囊性纤维化症、嘌呤核苷磷酸化酶缺乏症、鸟苷酸氨甲酰转移酶缺乏症、精氨酸琥珀酸合成酶缺乏症、葡萄糖脑苷脂酶缺乏症、次黄嘌呤-鸟嘌呤磷酸核糖转移酶缺乏症

一、手术治疗

1. **手术矫正** 手术矫正是手术治疗的主要手段,包括对受损器官的修补与切除,如先天性心脏畸形可进行手术矫正;对唇裂、腭裂可进行手术修补及缝合;对家族性结肠息肉患者的息肉,睾丸女性化患者的睾丸,应手术切除;对两性畸形患者进行手术矫正;对遗传性球形红细胞增多症患者可进行脾切除等。近几年来,手术矫正已应用到先天性代谢缺陷病的治疗中。例如,对家族性高胆固醇血症患者进行回肠-空肠旁路手术后可减少肠道的胆固醇吸收,使患者血清胆固醇水平降低。

2. 器官和组织移植 随着免疫学知识和技术的迅速发展,免疫排斥问题得到控制,有针对性地进行组织和器官移植是治疗某些遗传病的有效方法。肾移植是迄今最成功的器官移植,副作用较其他器官移植小。目前已开展了糖尿病、家族性多囊肾、奥尔波特综合征、先天性肾病综合征和淀粉样变性等10多种遗传病患者的肾移植。α_1 抗胰蛋白酶缺乏症患者进行肝移植治疗后,血液中的 α_1 抗胰蛋白酶达到正常水平;神经鞘磷脂贮积症患者进行肝移植后,患者脑脊液、血浆和尿中神经鞘磷脂有所增加,从而减少了神经鞘磷脂在脏器中的堆积,使得症状缓解。对于免疫缺陷病可以通过骨髓移植重建免疫功能,能够取得一定的疗效。对于1型糖尿病患者进行胰腺移植,能使血糖恢复到正常。

二、药物治疗

药物治疗是通过药物的作用来缓解遗传病患者病情的一种手段。其治疗原则是"补其所缺,去其所余"。根据治疗时期不同可分为产前治疗、症状前治疗和现症患者治疗。

1. 产前治疗 某些遗传病在胎儿出生前进行药物治疗,可大幅度地减轻胎儿出生后的遗传病症状。例如,产前诊断确诊羊水中甲基丙二酸含量增高,提示胎儿可能患甲基丙二酸症,会造成新生儿发育迟缓和酸中毒,在出生前和出生后给母体和患儿注射大量的维生素 B_{12} 能使胎儿和婴儿得到正常发育。又如,羊水中 T_3 异常增高,则提示胎儿可能患有甲状腺功能减退,给孕妇服用甲状腺素,可改善胎儿的发育,若出生后继续给患儿服用,可使其得到正常发育。

2. 症状前治疗 对于某些遗传病,采用症状前药物治疗也可以预防遗传病病症发生而达到治疗效果。如发现患儿有甲状腺功能减退,可给予甲状腺素制剂终身服用,以防止患儿智力和体格发育障碍。对于苯丙酮尿症、枫糖尿症、同型胱氨酸尿症或半乳糖血症等遗传病,若对新生儿进行筛查,能在症状出现前做出诊断,并及时给予治疗,可获得最佳疗效。

3. 现症患者治疗

(1)**激素代替疗法**:对某些因 X 染色体畸变引起疾病的女性患者,可补充激素,以改善体格发育,特别是副性征的发育;乳清酸尿症患者,可给予肾上腺皮质激素,使患者智力、体格发育得到改善;先天性肾上腺皮质增生症患者,可给予类固醇激素;垂体性侏儒症患者,可给予生长激素;糖尿病患者,注射胰岛素可以使症状得到明显的改善。

(2)**补缺**:有些遗传病是因某些酶或蛋白质缺乏引起的,如给予补充可使症状得到明显改善,达到治疗的目的。例如,先天性丙种球蛋白缺乏症患者,给予丙种球蛋白制剂,可使感染次数明显减少。

(3)**去余**:对"毒性"产物堆积或吸收过多造成损害的遗传病患者,可用药物除去这些多余的产物或抑制其生成,患者症状即可得到明显改善。例如,家族性高胆固醇血症患者,用考来烯胺(消胆胺)能促进胆固醇转化为胆酯,从胆道排出。又如,可用血浆置换和血浆过滤法替换含高胆固醇的血液。

(4)**酶疗法**:给患者体内输入纯化酶制剂是酶补充疗法的重要途径。如线粒体遗传病一般表现为氧化磷酸化能力下降或者氧化-抗氧化能力被破坏,造成机体供能不足,对这类疾病的治疗常采用酶补充疗法,如用辅酶 Q 或辅酶 Q 与琥珀酸盐协同治疗眼肌病可取得一定的疗效;新生儿非溶血性高胆红素 I 型是常染色体显性遗传病,患者因肝细胞内缺乏葡萄糖醛酸尿苷转移酶,造成胆红素在血中滞留而引起黄疸、消化不良等症状,如服用苯巴比妥,能诱导肝细胞滑面内质网合成此酶,症状即可消失。

(5)**维生素疗法**:有些先天性代谢缺陷是酶反应辅助因子——维生素合成不足,或是缺陷的酶与维生素辅助因子的亲和力降低导致的。因此,给予相应的维生素可以纠正代谢异常。例如,叶酸可治疗先天性叶酸吸收不良等。

三、饮食疗法

饮食治疗的原则是"禁其所忌",即针对因代谢过程紊乱而造成的底物或前体物质堆积的情况,制订特殊的食谱或配以药物,以控制底物或前体物质的摄入量,降低代谢物的堆积,达到治疗的目的。

1. 产前治疗 目前,医学遗传学技术能根据系谱分析或产前诊断对多种遗传病胎儿进行确诊,有些遗传病如果在患儿母亲怀孕期间就进行饮食疗法,会使患儿症状得到有效改善。例如,对患有半乳糖血症风险的胎儿,在孕妇的饮食中限制乳糖和半乳糖的摄入量而代替以其他的水解蛋白,胎儿出生后再禁用母乳和牛乳喂养,患儿会得到正常发育。

2. 现症患者治疗 1953 年,比克尔(Bickel)等首次用低苯丙氨酸饮食疗法治疗苯丙酮尿症患儿,治疗后患儿体内苯丙氨酸明显减少,症状得到缓解。现在已有商品化的低(无)苯丙氨酸奶粉出售,如果在出生后立即给苯丙酮尿症患儿服用这种奶粉,患儿就不会出现智力障碍等症状。随着患儿年龄的增大,饮食治疗的效果会越来越差。患儿到 5 岁左右各种症状即已出现,就难以逆转,所以一定要早诊断、早治疗。目前,针对不同的代谢病已设计出 100 多种奶粉和食谱供氨基酸代谢病患儿治疗用。

尽管遗传病能进行上述治疗,从临床角度来看,可以说只是"缓解",但从遗传学以及对家庭、社会、群体的影响等方面来看,却不能说是根治。

四、基因治疗

基因治疗(gene therapy)是治疗遗传病的理想方法,即运用重组 DNA 技术,将正常基因导入有缺陷基因的患者细胞中,设法使细胞恢复正常功能,以纠正或补偿基因缺陷和异常引起的疾病,从而达到治疗遗传病的目的。广义的基因治疗还包括通过一些药物或反义 RNA,在 DNA 或 RNA 水平上采取的治疗措施和技术。

(一)基因治疗的策略

1. 基因置换 基因置换是用正常基因通过体内基因同源重组,原位替换病变细胞内的致病基因,使细胞内的 DNA 完全恢复正常状态。

2. 基因增补 基因增补是将目的基因导入病变细胞或其他细胞,不去除异常基因,而是通过目的基因的非定点整合,使其表达产物补偿缺陷基因的功能或使原有的功能得到加强。

3. 基因失活 基因失活是指利用反义核酸技术,将特定的反义核酸,包括反义 RNA、反义 DNA 和核酶导入细胞,使非正常基因或有害基因不表达或降低表达活性,以达到治疗某些特定疾病的目的。

(二)基因治疗的基本步骤

1. 目的基因转移 目的基因转移是基因治疗的关键和基础。转移方法可分为病毒方法和非病毒方法两类。基因转移的病毒方法中,RNA 和 DNA 病毒都可用作基因转移的载体,常用的有逆转录病毒载体和腺病毒载体。首先将目的基因重组到病毒基因组中,然后让重组病毒感染宿主细胞,以使目的基因能整合到宿主基因组内。非病毒方法有磷酸钙沉淀法、脂质体转染法、显微注射法等。

2. 目的基因表达 目的基因表达是基因治疗的关键之一。为此,可运用连锁基因扩增等方法适当提高外源基因在细胞中的拷贝数。在重组病毒上连接启动子或增强子等基因表达的控制信号,使整合在宿主基因组中的新基因高效表达,产生所需的某种蛋白质。

3. 安全措施 为避免基因治疗的风险,在应用于临床之前,必须保证"转移-表达"系统绝对安全,使新基因在宿主细胞表达后不危害细胞和人体自身,不引起癌基因的激活和抗癌基因的失活等,以确保治疗的安全性。

（三）基因治疗存在的问题及解决办法

1. 导入基因的持续表达问题 因为靶细胞有一定的寿命限制，需要反复治疗且费用高。

2. 导入基因的高效表达问题 迄今所有导入基因表达率都不十分高，逆转录病毒须带有高效的启动子。

3. 安全性问题 逆转录病毒载体有诱导肿瘤或并发症的可能，载体病毒自发重组产生有包装能力的辅助病毒或辅助病毒污染导致机体病变。因此在基因治疗中必须严格控制每一步骤，特别是不能有辅助病毒污染和载体病毒之间重组事件发生。

4. 伦理学问题 生殖细胞基因治疗可将遗传改变直接传递给后代，对后代有危险性；载体与外源基因的随机插入，也会影响靶细胞基因组的稳定性，不稳定的基因组同样有不可知的危险性。

基因治疗是遗传病治疗的一种崭新手段，为遗传病和肿瘤的治疗开辟了广阔的前景，尽管在研究中还存在一些问题，如许多遗传病还缺乏动物模型，基因的定位导入技术有待改善，导入基因表达水平的控制需要进一步掌握等，但从长远看，基因治疗会产生巨大的社会效益，尤其是在继续完善体细胞基因治疗的同时，加快对生殖细胞基因治疗的研究与临床试验，将使人类遗传病的根治技术得到更快发展。

第三节　遗传病的预防

遗传病的种类繁多，而且还具有先天性、终身性和家族遗传性等特点。大多数遗传病往往发病早，且难以治疗或缺乏有效的治疗措施。因此采取各种有效措施，预防遗传病的发生就显得至关重要。遗传病的预防主要从三个方面进行：出生前诊断（产前诊断）、遗传筛查和遗传咨询。此外，遗传病的预防还包括遗传病的登记和随访、遗传保健等工作。

一、产前诊断

产前诊断的相关内容详见本章第一节。

二、遗传筛查

遗传筛查（genetic screening）是从一个群体中鉴别和选择出某种基因或基因型的过程，在人类主要为针对遗传缺陷的产前检测，以及新生儿常染色体隐性遗传异常、异常杂合子检测和出生后各阶段遗传病易感性筛查。能及早发现患者和致病基因携带者，是防止患儿出生和降低群体发病率的有力手段。

1. 出生前筛查 出生前筛查即产前筛查，是对妊娠期妇女，通过询问病史、检测血清生化指标、对胎儿进行超声影像学的检查等，筛查出子代具有某种遗传病或出生缺陷的高风险人群以进行产前诊断。筛查结果通常分为高危和低危两种，以百分率表示患病风险。高危结果说明有可能患病，低危结果说明患病概率低，但不能彻底排除患病可能性。对筛查结果为高危的孕妇应进一步进行产前诊断。目前我国产前筛查主要针对唐氏综合征和神经管缺陷等出生缺陷，在孕早期和孕中期进行筛查。

2. 新生儿筛查 新生儿筛查（newborn screening）是对新生儿群体进行的初筛、复查，可尽早发现那些能够及早进行替代治疗、早期干预的疾病，从而提高下一代的身体状况和生活质量。目前我国开展了惠及全国新生儿及其家庭的新生儿筛查，重点筛查先天性心脏病等结构畸形、先天性听力障碍等功能性出生缺陷、唐氏综合征等染色体病和地中海贫血等单基因遗传病。此前我国列入筛查的疾病已有苯丙酮尿症、葡萄糖-6-磷酸脱氢酶缺乏症、半乳糖血症、先天性甲状腺功能减退症、肌营养不良等。

3. 携带者筛查　携带者筛查（carrier screening）是当某种遗传病在某一群体中有高发病率时，为了预防该病在群体中的发生，采用经济实用、准确可靠的方法在群体中进行的筛查。筛出携带者后则进行婚育指导，即可达到预期目标。携带者一般包括隐性遗传病的杂合体、显性遗传病未表现者、表型正常的延迟显性者、染色体平衡易位和染色体倒位携带者等。

（1）**遗传携带者的检出对遗传病预防的意义**：在人群中，虽然许多隐性遗传病的发病率不高，但杂合体的比例却相当高。例如，苯丙酮尿症的群体发病率约为 1/11 800，而携带者（杂合体）的频率为 1/55，为隐性纯合体频率的 215 倍。对发病率很低的遗传病，一般不做杂合体的群体筛查，仅对患者亲属及其对象进行筛查，也可以收到良好的效果。对发病率高的遗传病，普查携带者效果显著。染色体平衡易位及倒位携带者生育死胎及染色体病患儿的机会很大，因此染色体平衡易位及倒位携带者的检出就显得十分重要。

（2）**遗传携带者检出的理论依据及方法**：隐性致病基因杂合体检出方法的理论依据是基因的剂量效应，即基因产物的剂量，杂合体介于隐性纯合体与正常个体之间，基因产物的剂量约为正常个体的半量（图 18-6）。检测方法大致可分为临床水平、细胞水平、酶和蛋白质水平及分子水平。临床水平，一般只能提供线索，不能准确检出，故已基本弃用。细胞水平主要是染色体检查，多用于平衡易位携带者的检出。酶和蛋白质水平的测定（包括代谢中间产物的测定），目前对于一些分子代谢病杂合体检测尚有一定的意义，但正逐渐被基因诊断的方法所取代。

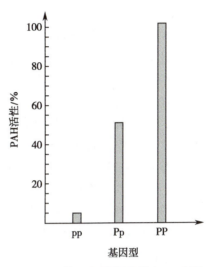

图 18-6　苯丙氨酸羟化酶（PAH）活性变异示意图

三、遗传咨询

遗传咨询（genetic counseling）又叫遗传商谈，是指咨询医师和专家与咨询者就某种遗传病的发病原因、传递方式、诊断、治疗、预防及再发风险等问题进行一系列讨论和商谈，寻求最佳对策，给予科学的答复，帮助咨询者做出恰当的选择和决定，并付诸实施，以取得对该病最佳防治效果的过程。遗传咨询是预防一个家系中遗传病患儿出生的有效程序，也是预防遗传病发生的最有效手段。

1. 遗传咨询的种类及内容

（1）**婚前咨询**：婚前咨询（premarital counseling）是通过询问病史，进行详细的体格检查，必要时进行家系调查和系谱分析，提出对结婚、生育的具体指导意见。婚前咨询是预防出生缺陷发生的第一站，主要涉及的问题是：①本人或对方家属中的某种遗传病对婚姻的影响及后代健康估测。②男、女双方有一定的亲属关系，能否结婚，如果结婚对后代的影响有多大？③双方中有一方患某种疾病，能否结婚，若结婚是否传给后代？

（2）**产前咨询**：产前咨询是已婚男女在孕期或孕后前来进行咨询，一般提出的问题如下。①双方中一方或家属为遗传病患者，生育的子女是否会得病，得病机会大小。②曾生育过遗传病患儿，再妊娠是否会生育同样患儿。③双方之一有致畸因素接触史，会不会影响胎儿的健康。

（3）**一般咨询**：一般咨询常遇到的问题如下。①本人有遗传病家族史，这种病是否会累及本人或子女。②习惯性流产是否有遗传方面的原因，多年不孕的原因及生育指导。③有致畸因素接触史，是否会影响后代。④某些畸形是否与遗传有关。⑤已诊断的遗传病能否治疗等。

2. 遗传咨询的步骤　一般的遗传咨询要经过以下基本步骤：

（1）**采集信息**：详细了解咨询者有关情况和信息，做好各种病历文书的书写，填写详细的遗传咨询病历并绘制系谱，还应将病历材料妥善保存以备后续咨询使用。信息包括现症分析、主诉、体格检查、医疗史、生育史(流产史、死胎史、早产史)、婚姻史(婚龄、配偶健康状况)、环境因素和特殊化学物质接触及特殊反应情况、年龄、居住地区、民族等。

(2)**检查诊断**:正确的诊断结果对遗传病的分析至关重要。根据患者的症状和体征,建议患者做必要的辅助性检查和有针对性的实验室检查,如染色体检查、生化检查及基因分析等。必要时这类检查还需扩展到患者的一级亲属,特别是患者父母。一般来说,初次遗传咨询不能做出诊断,需要在第二次或第三次咨询时才能根据病史、家族史、临床表现及实验室检查结果做出初步诊断。

(3)**估计再发风险**:针对确诊的遗传病种类和遗传方式,对具有孕育计划的咨询者做出再发风险的估计。

(4)**提出对策和建议**:向咨询者解读检查诊断结果和再发风险的可能性,由咨询医师提出对策与咨询者共同商讨。应特别注意的是,咨询医生应始终坚持遗传咨询的"非指令性"原则,只提出可供咨询者选择的若干方案,并阐明各种方案的优缺点,让咨询者自己做出抉择,咨询医生不应代替咨询者做出决定。

(5)**随访和扩大咨询**:为确定咨询者提供信息的可靠性,观察遗传咨询的效果和总结经验教训,需要对咨询者进行随访,以便改进工作。咨询医生还应主动追溯患者家属中其他成员的患病情况,特别是查明家属中的携带者,这样可以扩大预防效果。

此外,遗传咨询还要始终坚持自愿自主原则、知情同意和自主选择原则、无倾向性原则、诚信原则、守密原则和尊重原则以及公平原则等,注重咨询者的感受,及时提供心理援助。

3. 遗传病再发风险评估　再发风险又称为复发风险,是指在已出现某种遗传病患者的家系中,再出现该病患儿的概率。遗传病再发风险评估(recurrence risk evaluation of genetic disorder)是遗传咨询师或临床遗传学家独立地根据咨询者家系情况与疾病诊断,利用遗传学基本原理对咨询者及其家系成员的疾病再发风险进行分析与计算的过程。遗传病再发风险评估是遗传咨询的核心内容,也是遗传咨询门诊区别于一般门诊的主要特点。再发风险一般用百分率(%)或比例(1/2、1/4等)表示。一般认为,再发风险在 10% 以上属高风险,5%~10% 为中度风险,5% 以下属低风险。

(1)**单基因病再发风险的估计**:单基因病再发风险可根据家系调查获得的信息,按孟德尔遗传规律予以估算。若所获信息能确定亲代的基因型,则子代的再发风险可按单基因遗传的传递规律估计出来。若亲代的基因型不能确定,那么子代的再发风险可按贝叶斯定理(Bayes theorem)进行估计。

1)亲代基因型已推定时后代再发风险的估计:在亲代基因型已推定时,根据此遗传病的遗传方式就能得出子代的再发风险。

A. 常染色体显性遗传病:此类疾病能结婚并生育的主要是杂合体患者。当夫妇一方患病时,每胎的再发风险是 1/2;夫妇双方均正常时,再发风险是 0。

B. 常染色体隐性遗传病:此类疾病只有隐性纯合体发病,若表型正常的夫妇已生育一胎患儿,可推定这对夫妇均为杂合体,那么子代再发风险是 1/4,表型正常的子代是杂合体的可能性为 2/3。

C. X 连锁显性遗传病:此类疾病的发病存在性别差异。如果丈夫患病妻子正常,则他们的儿子全部正常,而女儿全部是杂合体患者;当妻子患病丈夫正常时,他们的儿子和女儿均有 1/2 的发病机会;若夫妇双方均患病,则女儿全部患病,而儿子的发病机会为 1/2。

D. X 连锁隐性遗传病:此类疾病发病也有性别差异。当丈夫患病妻子正常时,儿子全部正常,女儿全部是杂合体;当妻子为携带者丈夫正常时,儿子的发病机会是 1/2,女儿的患病机会为 0,但女儿有 1/2 可能性为杂合体。

2)亲代基因型未推定时再发风险的估计:在夫妇双方或一方的基因型不能确定的情况下,要利用家系资料或其他有关数据,用贝叶斯定理来推算再发风险。贝叶斯定理是一种确认两种相互排斥事件(互斥事件)相对概率的理论。在医学遗传学中,有两种情况较多使用贝叶斯定理:一是常染色体显性遗传不完全外显或延迟显性遗传的情形;二是某人可能为常染色体隐性遗传病或X连锁隐性遗传病致病基因的携带者。

利用贝叶斯定理,遗传咨询中概率的计算包括:①前概率(prior probability),是指根据孟德尔定律推算出来的理论概率。对同一种遗传病而言,每一家系、每一组合的前概率都是固定不变的。②条件概率(conditional probability),是根据已知家庭成员的健康状况、正常孩子数、子代发病情况、实验室检查结果等资料,推算出产生这种特定情况的概率。③联合概率(joint probability),是前概率和条件概率所描述的两事件同时发生的概率,即两概率的乘积。④后概率(posterior probability),又称为总概率,指每一联合概率在所有联合概率中所占的比例。与前概率相比,后概率还包括该家系的其他信息,所以数据更为准确。下面举例说明贝叶斯定理在估计再发风险中的应用。

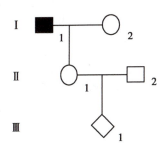

图 18-7　一个有视网膜母细胞瘤患者的系谱

例1:一女性Ⅱ₁表型正常,其父亲为视网膜母细胞瘤患者(图18-7)。已知该病呈常染色体显性遗传,属于不完全外显,外显率为90%,试问该女子将来生育子女患该病的风险有多大?

本病中,该女子表型正常,但因视网膜母细胞瘤为不完全外显,所以她也有可能是致病基因的携带者。应用贝叶斯定理可计算出该女子携带致病基因的概率(表18-2)。

表 18-2　图 18-7 系谱中Ⅱ₁的后概率计算

	Ⅱ₁是杂合体	Ⅱ₁不是杂合体
前概率	1/2	1/2
条件概率	0.1(10% 不外显)	1
联合概率	(1/2)×0.1=0.05	1/2×1=0.5
后概率	0.05/(0.05+0.5)=0.09	0.5/(0.05+0.5)=0.91

由计算可知,该女子为携带者的概率为9%。当该女子为携带者时,其后代基因型为 Aa 的概率为1/2,而基因型为 Aa 的个体外显率为90%,所以她生育第一个孩子患视网膜母细胞瘤的风险为0.09×(1/2)×90%=0.041=4.1%。如果她已生育有一患儿,表明该女子为携带者,再生育时发病风险为(1/2)×90%=0.45=45%。

例2:一家系中妇女Ⅲ₂的两个舅舅为进行性假肥大性肌营养不良(DMD)患者,该病为X连锁隐性遗传病。该妇女有四个弟弟表型均正常(图18-8)。她担心自己也生下患病的孩子,故前来咨

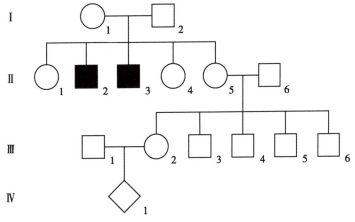

图 18-8　一个有进行性假肥大型肌营养不良症患者的系谱

询她将来生育子女患病的风险有多大?

本例中,关键是要知道Ⅲ₂为杂合体的风险有多大。此概率的大小应由Ⅲ₂的母亲Ⅱ₅来决定。Ⅱ₅是可疑的携带者,所以应先计算出Ⅱ₅是携带者的概率。因舅舅为进行性假肥大性肌营养不良患者,则Ⅰ₁为致病基因携带者,根据家系分析,Ⅱ₅是携带者和正常基因型的机会各是1/2,可见Ⅱ₅的基因型尚不能肯定,但她曾连续生下4个正常的男孩,则其为携带者的机会便降低了。如果女性杂合体完全不能检测或测出机会很少时,可用贝叶斯定理来推测(表18-3)。

表18-3　图18-8中Ⅱ₅的后概率计算

	Ⅱ₅是杂合体	Ⅱ₅不是杂合体
前概率	1/2	1/2
条件概率	$(1/2)^4=1/16$(连续生下4个正常的男孩)	1
联合概率	$1/2×1/16=1/32$	$1/2×1=1/2$
后概率	$(1/32)/(1/32+1/2)=0.0589$	$1/2/(1/32+1/2)=0.9411$

通过计算,Ⅱ₅是杂合体致病基因携带者(X^AX^a)的概率为5.89%。据以上运算,由于Ⅱ₅生了4个正常的儿子,她是杂合体的概率从50%降到了5.89%。其生育正常的儿子越多,她是杂合体的可能性就越小。Ⅱ₅的女儿Ⅲ₂是杂合体致病基因携带者(X^AX^a)的概率为$0.0589×1/2=0.0295$,Ⅲ₂生下患儿的风险为$0.0295×1/2=0.0148$。因此前来咨询的妇女将来生育子女患该病的风险为1.48%。

(2)多基因遗传病再发风险的估计:多基因遗传病是多对基因和环境因素共同作用所致,不能像单基因遗传病那样直接通过孟德尔定律来计算再发风险,只能通过群体发病率和家系中发病情况来估计。这种经验概率可用爱德华兹公式和图表法来估算。

(3)染色体病再发风险的估计:染色体病一般均为散发,临床上很少见到一个家庭中同时出现两个或两个以上染色体病患者。畸变主要发生在亲代生殖细胞的形成过程中,因此再发风险实际上就是群体发病率。

但是若双亲之一为染色体的平衡易位、倒位携带者或嵌合体,子代就有较高的发病风险。此外,大多数三体综合征的发生与母亲的生育年龄成正相关,即随着母亲年龄增大,三体综合征的发病风险也随之增大。这可能是因35岁以上妇女的卵巢开始退化,从而导致卵细胞形成过程中高发染色体不分离之故。

四、遗传登记和随访

遗传登记是指遗传保健服务机构对本地区某些严重的遗传病家系进行登记。

1. 遗传登记的类型　根据不同的目的,遗传登记可分为以下几种:①临床遗传登记,目的是观察某些遗传病的发病过程和不同治疗手段的治疗效果等。②遗传流行病学登记,是为确定某群体中遗传病的发病率和流行规律,以便正确估计遗传因素、环境因素在发病中所起作用的大小。③跟踪遗传登记,主要是估计遗传咨询或产前诊断的实际效果,同时也可对一个地区的遗传保健工作做出评估。④预防性遗传登记,主要是通过对高风险产妇进行遗传咨询和产前咨询,减少遗传病的发病率和遗传负荷。

2. 遗传登记的适应证　一般是群体发病率相对较高,症状较严重,且大多数发病较晚又无很好治疗手段的遗传病。

3. 登记的内容　遗传登记的内容应包括个人病史、发育史、婚育史、系谱绘制、亲属病情、风险个体、是否为近亲婚配和资料的统计整理等。必须注意的是遗传登记储存的数据均为有关家系的隐私,属于保密范围。

4. 遗传随访 是指对已确诊的遗传病患者及家属做定期的门诊检查或家访,以便动态地观察患者及家庭各成员的变化情况,同时给予必要的医疗服务。随访又分短期随访和长期随访两种。

五、环境保护

环境污染不仅会直接引起一些严重的疾病(如砷、铅和汞中毒及其他职业病),而且会造成人类遗传物质的损害而影响后代,造成严重后果。环境污染对人类遗传的危害主要表现在:

1. 诱发基因突变 能诱发基因突变的因素称为诱变因素或诱变剂。除了电离辐射有强烈的诱变作用以外,食品工业中的着色剂、亚硝酸盐,用于生产洗衣粉的乙烯亚胺类物质,农药中的除草剂,杀虫的砷制剂等都能诱发基因突变。

2. 诱发染色体畸变 可诱发染色体畸变的物质称为染色体断裂剂,如乙烯亚胺;药物中的烷化剂如氮芥、环磷酰胺等,核酸类化合物如阿糖胞苷、氟尿嘧啶等;抗叶酸剂如氨甲蝶呤;抗生素如丝裂霉素 C、放线菌素 D、柔红霉素;中枢神经系统药物如氯丙嗪、甲丙氨酯等;食品中的添加剂如咖啡因、可可碱等都是染色体断裂剂。一些生物因素如病毒感染可引起染色体畸变。电离辐射也是强烈的诱发染色体畸变的因素。

3. 诱发先天畸形 作用于发育中的个体体细胞能产生畸形的物质称为致畸因子或致畸剂。一般胚胎发育的第 20~60 天是对致畸因子的高度敏感期,此期应特别注意避免与上述因子接触。

(尚喜雨)

思考题

1. 采取哪些方法和手段可以确诊遗传病患者?

2. 遗传病药物治疗的原则是什么? 举例说明遗传病药物治疗的方法。

3. 什么是遗传咨询? 遗传咨询的对象和程序有哪些?

4. 一对夫妇生育了一个苯丙酮尿症患儿,再次生育苯丙酮尿症患儿的风险有多大? 进行遗传咨询时,应提出怎样的意见和建议?

ER 18-3

练习题

实验一　光学显微镜的基本构造及使用

【实验目的】

1. 掌握低倍镜和高倍镜的使用方法。
2. 熟悉油镜的使用方法。
3. 了解光学显微镜的基本构造及其成像原理。

【实验用品】

A 字片、红绿羊毛交叉片、人血涂片、光学显微镜、培养皿、擦镜纸、香柏油、二甲苯。

【实验原理】

光学显微镜是利用光学的成像原理来观察生物体的结构。光学显微镜的主要部件是物镜和目镜，物镜和目镜均为凸透镜。物镜的焦距短，它的作用是得到物体放大的实像；目镜的焦距较长，它的作用是将物镜放大的实像作为物体，进一步放大成虚像，通过调焦可以使虚像落在眼睛的明视距离处，在视网膜上形成一个直立的实像。

显微镜的分辨率是由物镜的分辨率所决定的，所谓分辨率就是指显微镜或人眼在 25cm 的明视距离处，能分辨出标本上相互接近的两点间的最小距离的能力。这个可分辨的最小间隔距离越近，则分辨率越高。据测定，人眼的分辨率可达 0.1mm，显微镜的分辨率能达到 0.2μm。目镜与显微镜的分辨率无关，它只是将物镜已分辨出的影像进行第二次放大，达到人眼能容易分辨清楚的程度。显微镜的总放大倍数等于物镜的放大倍数与目镜的放大倍数的乘积，常用显微镜的最大放大倍数一般为 $100 \times 16 = 1\,600$ 倍。

【实验方法】

（一）光学显微镜的主要构造

光学显微镜由机械系统和光学系统两部分组成（实验图 1）。

1. 机械系统　显微镜的机械系统包括镜座、镜柱、镜臂、镜筒、物镜转换器、载物台、调焦装置等部件。

（1）镜座：即显微镜的底座，可以稳定

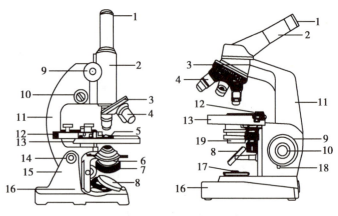

实验图 1　普通光学显微镜结构示意图
（左图为直立式镜筒，右图为倾斜式镜筒）

1. 目镜；2. 镜筒；3. 物镜转换器；4. 物镜；5. 通光孔；6. 聚光器；7. 光圈；8. 反光镜；9. 粗准焦螺旋；10. 细准焦螺旋；11. 镜臂；12. 移片器；13. 载物台；14. 倾斜关节；15. 镜柱；16. 镜座；17. 照明装置；18. 粗调限位环凸柄；19. 滤光片。

和支持整个镜体。

(2)**镜柱**：即镜座上面直立的短柱，用于连接镜座和镜臂。

(3)**镜臂**：镜柱上方的弯曲部分，支持镜筒与载物台，取放显微镜时应手握此臂。

(4)**镜筒**：安装在镜臂前上方的圆筒，上端安装目镜，下端安装物镜转换器，并且保护成像的光路与亮度。

(5)**物镜转换器**：镜筒下方的一个能转动的圆盘状部件，盘上有 3~4 个圆孔，可安装不同放大倍数的物镜。观察时转动物镜转换器可调换不同倍数的物镜。

(6)**载物台**：放置观察用的标本片的平台，中央有通光孔，来自下方光源的光线通过此孔照射在标本上，载物台上安装有移片器，为固定标本片之用，并使标本片能够前后、左右移动。

(7)**调焦装置**：显微镜的镜臂上装有两种可以转动的螺旋——粗准焦螺旋和细准焦螺旋，能升降载物台，调节成像焦点，得到清晰物像。大旋钮为粗准焦螺旋，转动 1 圈可使载物台上升或下降 10mm，可迅速调节物镜和标本之间的距离，使物像出现在视野中。在使用低倍镜时，可先用粗准焦螺旋找到物像；小旋钮为细准焦螺旋，转动 1 圈可使载物台上升或下降 0.1mm，在低倍镜下为了得到更清晰的物像的时候使用，或转换使用高倍镜、油镜时使用。

2. **光学系统**　显微镜的光学系统主要包括反光镜、聚光器、物镜、目镜四部分。

(1)**反光镜**：反光镜安装在镜座上，是一个可以自由转动的双面镜，一面是平面镜，一面是凹面镜。用于将不同方向来源的光线反射到聚光镜的中央以照明标本。凹面镜有聚光作用，在光线较弱的时候使用；平面镜无聚光作用，在光线较强时使用。电光源光学显微镜没有反光镜，一般在镜座内安装有照明装置，光线的强弱由底座上的光亮调节旋钮控制。

(2)**聚光器**：聚光器位于载物台的下面，一般由聚光镜和可变光阑组成。其作用相当于凸透镜，起到汇聚光线，使光线焦点汇聚到标本上，增强标本照明的作用。聚光镜可分为明场聚光镜和暗场聚光镜。聚光镜主要参数为数值孔径，不同的数值孔径适应不同的物镜需要。可变光阑位于聚光镜的下方，由十几张金属薄片组成，中心部分形成圆孔。其作用是调节光强度和使聚光镜的数值孔径与物镜的数值孔径相适应。可变光阑开得越大，数值孔径越大。有的显微镜在光源和聚光镜之间还安装有滤光器，以选择某一波段的光通过或削弱光的强度。

(3)**物镜**：物镜是决定显微镜性能最重要的部件，安装在物镜转换器上，接近被观察的物体，故称为接物镜或物镜。物镜的放大倍数与其长度成正比。物镜转换器上一般有 3~4 个不同放大倍数的物镜。衡量物镜性能的主要参数包括放大倍数、数值孔径和工作距离。放大倍数是指眼睛看到的物像大小与对应标本实际大小的比值。常用物镜的放大倍数有 4×、10×、40×、100× 等几种，它指的是长度的比值而非面积的比值。根据使用条件不同，物镜分为干燥物镜和浸液物镜（水浸物镜和油浸物镜）；根据放大倍数不同，物镜可分为低倍物镜（10× 以下）、高倍物镜（40× 以上）等。数值孔径又称为径口率（用 NA 或 A 表示），与物镜的分辨率成正比。干燥物镜的数值孔径为 0.05~0.95，油浸物镜（香柏油）的数值孔径为 1.25。工作距离是指物像调节清楚时物镜下表面与盖玻片上表面之间的距离。物镜的放大倍数与工作距离成反比。

(4)**目镜**：目镜安装在镜筒上端，通常备有 2~3 个，上面刻有 5×、10× 或 16× 符号以表示放大倍数，一般用 10× 目镜。目镜的长度与放大的倍数成反比。

(二) 光学显微镜的使用方法

1. 观察前的准备

(1)**取镜和放置**：从显微镜柜或镜箱内取出显微镜时，右手握住镜臂，左手托住镜座，将其轻放在操作者前方略偏左侧，显微镜离实验台边缘应有至少一拳的距离。

(2)**对光**：不带光源的显微镜，可利用灯光或自然光通过反光镜来调节光线。转动粗准焦螺旋，使载物台下降（镜筒直立式显微镜需升高镜筒），使物镜与载物台距离拉开，转动物镜转换器，使低倍镜对准通光孔,调节聚光器打开光圈,将反光镜转向光源,一边在目镜上观察,一边用手调节反光镜方向,直到视野内的光线明亮且均匀为止。

若使用电光源显微镜,首先要打开显微镜电源开关,然后使低倍镜对准通光孔,开大光圈,上升聚光器并且调节光亮调节旋钮至视野内光线明亮适中。

2. 低倍镜的使用方法　镜检任何标本都要先用低倍镜观察,低倍镜视野较广,易于发现目标和确定检查的位置。

(1)**放置标本片**:取标本片,盖玻片面朝上放在载物台上,用标本夹夹住,移动移片器将待观察部位移到通光孔的正中。

(2)**调节焦距**:从显微镜侧面注视着物镜镜头,同时转动粗准焦螺旋,使载物台上升(镜筒直立式显微镜下降镜筒)至物镜距标本片约5mm处,然后一边在目镜上观察,一边缓慢转动粗准焦螺旋,使载物台缓慢下降(镜筒直立式显微镜上升镜筒)至物像出现,再用细准焦螺旋至物像清晰为止。用移片器移动标本片,找到合适的标本物像并将它移到视野中进行观察。

3. 高倍镜的使用方法

(1)**选好目标**:一定要先在低倍镜下把待观察的部位移动到视野中心,将物像调节清晰。

(2)**转换高倍物镜**:在低倍物镜观察的基础上转换高倍物镜。现在常用的显微镜是低倍、高倍物镜同焦的,在正常情况下,高倍物镜的转换不应碰到载玻片或其上的盖玻片。为防止镜头碰撞玻片,应从显微镜侧面注视着,慢慢地转动转换器使高倍镜头对准通光孔。

(3)**调节焦距**:向目镜内观察,一般能见到一个模糊的物像,缓慢调节细准焦螺旋至物像清晰为止,找到需观察的部位,并移至视野中央进行观察。若视野亮度不够,可调节聚光器和开大光圈,使亮度适中。

4. 油镜的使用方法　油镜的工作距离一般在 0.2mm 以内,再加上一些光学显微镜的油浸物镜没有"弹簧装置",因此使用油浸物镜时要特别细心,避免由于"调焦"不慎而压碎标本片并使物镜受损。

(1)**选好目标**:先用低倍镜找到要观察的物体,再换至高倍镜,将待观察部位移到视野中心。

(2)**调节光亮**:将聚光镜上升到最高位置,光圈开到最大。

(3)**转换油镜**:转动物镜转换器,使高倍镜头离开通光孔,在标本片观察部位滴 1 滴香柏油,然后从侧面注视着镜头与标本片,慢慢转换油镜使镜头浸入油中。

(4)**调节焦距**:一边观察目镜,一边慢慢调节细准焦螺旋至物像最清晰为止。若目标不理想或不出现物像就需要重找。在加油区之外重找,应按:"低倍镜→高倍镜→油镜"的程序。在加油区内重找,应按"低倍镜→油镜"的程序,以免油沾污高倍镜头。

(5)**擦净油镜头**:观察完毕,下降载物台,将油镜头转出,先用滴有少许二甲苯的擦镜纸将镜头上和标本上的香柏油擦去,再用干净的擦镜纸擦拭 2~3 下即可(注意应朝一个方向擦拭)。

5. 将各部分还原　显微镜使用完毕后,应取下标本片,并放回标本盒。转动物镜转换器,使物镜头不与载物台通光孔相对,成"八"形位置,再将载物台下降至最低,降下聚光镜,反光镜与聚光镜垂直,用一个干净的罩子将接目镜罩好,以免目镜头上沾污灰尘。最后用柔软纱布清洁载物台等机械部分,然后将显微镜放回柜内或镜箱中。

(三) 操作练习

1. 低倍镜使用练习　取 A 字片一张,先用眼直接观察 A 字的方位和大小,然后按照低倍镜的使用方法练习对光、调焦。注意观察物像是反还是正,标本移动的方向与视野中物像移动方向是否相同。

2. 高倍镜使用练习　取红绿羊毛交叉片,先在低倍镜下找到红绿羊毛的交叉点,并将其移到视野的中心,然后换高倍镜观察,利用细准焦螺旋升降载物台,分辨红绿羊毛的上下位置关系。

3. 油镜使用练习　取人血涂片,先用低倍镜、高倍镜观察,再换油镜观察。比较三种放大倍数的物镜的分辨率并练习擦拭油镜头和标本片。

【注意事项】

1. 取放显微镜时要轻拿轻放,持镜时必须一只手握住镜臂、另一只手托住镜座,不可单手提取显微镜,以免零件脱落或碰撞到其他地方。

2. 标本片有盖玻片面朝上放在载物台上,待观察的标本要对准通光孔中央。标本片不能放反,否则使用高倍镜和油镜时,会压碎标本片、损伤镜头。

3. 转换物镜时应转动物镜转换器,切忌手持物镜头移动。

4. 特别是在使用高倍镜或油镜时,在上升载物台(或下降镜筒)、转换物镜时,一定要从显微镜的侧面注视着,切勿边操作边在目镜上观察,以免物镜与标本片相碰,造成镜头或标本片的损坏。

5. 需要更换标本片时,应下降载物台(或升高镜筒),再取下标本片,直接取下标本片会造成镜头或标本片的损坏。

6. 在利用显微镜观察标本时,要养成两眼同睁、双手并用的习惯,必要时应一边观察一边绘图或记录。

7. 显微镜使用完毕后应及时复原,复原步骤是:移片器回位,转动物镜转换器使镜头离开通光孔,垂直反光镜,下降聚光镜(但不要接触反光镜)、关小光圈,盖上绸布或外罩,放回显微镜柜内。

8. 保持显微镜清洁,光学部分只能用擦镜纸擦拭,切忌用口吹、手抹或用布擦,擦时要先将擦镜纸折叠为几折(至少 4 折),沿着一个方向轻轻擦拭镜头,每擦 1 次,擦镜纸就要折叠 1 次。机械部分可以用清洁棉布轻轻擦拭。

【实验报告】

1. A 字片在低倍镜下是呈正立的物像吗? 标本片的移动方向与视野内物像移动的方向一致吗?

2. 红绿羊毛交叉片中,红、绿羊毛分别位于交叉点的上方还是下方? 为什么?

3. 使用显微镜观察标本时,为什么必须按照从低倍镜到高倍镜再到油镜的顺序进行?

4. 如果标本片放反了,使用高倍镜或油镜会造成什么后果? 为什么?

(朱友双)

实验二　细胞基本形态结构与显微测量

【实验目的】

1. 掌握临时切片的制作及实验绘图方法。
2. 熟悉显微测微尺的使用方法。
3. 了解光学显微镜下细胞的形态结构。

【实验用品】

显微镜、人口腔上皮细胞、载玻片、盖玻片、吸水纸、纱布、消毒牙签、蛔虫肠横切片(或蛔虫肠上皮切片)、蟾蜍血涂片、物镜测微尺、目镜测微尺、2% 亚甲蓝染液。

【实验方法】

(一) 人口腔上皮细胞

1. **清洁玻片**　取一片载玻片,用左手拇指与食指夹持玻片两端,右手用清洁纱布将玻片擦净;

再用同样的方法轻轻地将一片盖玻片擦净(盖玻片薄而脆,应特别注意用力小而且均匀);将擦净的盖玻片和载玻片放在干净的纸上备用。

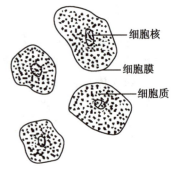

实验图 2　人口腔上皮细胞示意图

2. 临时制片　将清洁的载玻片中央滴加 1~2 滴 2% 亚甲蓝染液,然后用消毒牙签的钝端,在漱净的口腔内任意一侧的颊部黏膜上轻轻刮几下,放在载玻片中央的染液内单向均匀地涂上(切忌来回涂),盖上盖玻片,3~5 分钟后用吸水纸吸去多余的染液。

3. 镜下观察　将做好的临时切片放在载物台上,移到显微镜载物台中央孔处,先用低倍镜找到细胞,将细胞移到视野正中央,然后换高倍镜,转动细准焦螺旋,直至细胞清晰为止。可见到在细胞中央有一被染成深蓝色的细胞核,外有一层极薄的细胞膜,细胞膜与核膜之间为均匀一致的细胞质(实验图 2)。

(二)蛔虫肠上皮细胞

取蛔虫肠上皮切片或蛔虫肠横切片,先用低倍镜找到物像,再换高倍镜进行观察,可见蛔虫肠管由一层排列整齐的柱状上皮细胞构成,每个细胞均由细胞膜、细胞质、细胞核三个部分构成,细胞核位于细胞基底部。

(三)蟾蜍血细胞

取蟾蜍血细胞涂片,在低倍镜下(注意将玻片有染料的面朝上)可见视野内有许多椭圆形细胞,找到典型的物像后将其移到视野正中央,再换高倍镜进行观察,可见细胞外有一层界膜是细胞膜,位于细胞中央被染成蓝紫色的是细胞核,细胞核与细胞膜之间被染成淡黄色的部分是细胞质。

(四)绘图方法及要求

绘图是生物实验的一种重要形式和基本功,其基本方法及要求如下:

1. 准备好铅笔(2~3H)、橡皮、直尺(或三角板)、削笔刀以及实验报告纸。

2. 绘图时,要特别注意观察物体的形状,以及各部分的位置、比例和毗邻关系。

3. 每一幅图的大小、位置必须分配适宜,布局合理,图占报告纸左上方 2/3 的面积,并且要考虑注字的位置。

4. 观察清楚后,选择典型的细胞或组织,左眼注视显微镜,右眼配合右手绘图,先用铅笔在纸上轻轻绘出轮廓,使细胞形状正确,然后用清晰的线条绘出,线条粗细要均匀且不要重复。

5. 生物学实验绘图不着色,不投影,只能用粗线条或细线条表示其轮廓或范围,用密点或疏点表示其明暗或浓淡,线条要均匀,点要圆。

6. 每个图的下方注明该图名称,图的右侧引线注明各部分名称,引线必须平直,长度适度,不得交叉,各线右端上下对齐,注字要自左向右用正楷书写工整。

7. 实验报告纸上所有注字(包括姓名、实验日期、题目等)均应用铅笔书写,不应用其他笔写。

(五)显微测微尺的使用

1. 原理　测微尺分为目镜测微尺和镜台测微尺,两尺配合使用。目镜测微尺是一个放在目镜平面上的玻璃圆片。圆片中央刻有一条直线,此线被分为若干格,每格代表的长度随不同物镜的放大倍数而异,因此用前必须测定。镜台测微尺是在一个载片中央封固的尺,长 1mm(1 000μm),被分为 100 格,每格长度是 10μm。

2. 方法　将镜台测微尺放在显微镜的载物台上夹好,小心转动目镜测微尺和移动镜台测微尺使两尺平行,记录镜台测微尺若干格所对应的目镜测微尺的格数(实验图 3)。按公

实验图 3　显微镜测微尺示意图

式:目镜测微尺每格代表的长度(μm)=(镜台测微尺的若干格/对应的目镜测微尺的格数)×10,求出目镜测微尺每格代表的长度。

3. 测量蟾蜍血红细胞 从显微镜载物台上取下镜台测微尺,换上蟾蜍红细胞标本,测量细胞、细胞核的长短径。

(1)分别求出使用低倍镜(10×),高倍镜(40×)时目镜测微尺每格代表的长度:

低倍镜:目镜测微尺每格代表的长度=_____×10(μm)=_____ μm。

高倍镜:目镜测微尺每格代表的长度=_____×10(μm)=_____ μm。

(2)分别绘制所观察的三种细胞并注明基本结构。

(3)**计算蟾蜍红细胞的核质比**:核质比 N/D=Vn/(Vc–Vn)。其中 Vn 为核的体积,Vc 是细胞的体积;球体体积 $V=4\pi r^3/3$,r 为半径;椭球形体积 $V=4\pi ab^2/3$,a、b 为长、短半径。

【注意事项】

1. 实验取材前,口腔一定要用盐水漱净。

2. 选择适宜的取材部位,以口腔两侧颊部为宜,因为在这一部位能取到较多的口腔上皮细胞,而在口腔顶壁取到的上皮细胞数较少,很容易导致实验失败。

3. 滴加染液时一般以 1~2 滴为宜,过多的染液可能会污染显微镜。

4. 加盖玻片时,用镊子夹取盖玻片右侧,使其左侧边缘与载玻片上的液体成 45°角相接触,然后慢慢盖下,以免产生气泡,影响实验效果。

5. 制备的培养细胞悬液中的细胞应尽量分散,以避免细胞彼此之间重叠,影响细胞长度的测量。

6. 在对齐物镜测微尺及目镜测微尺左边零线前,应尽量将显微镜焦距调准,以将误差减少到最小。

7. 转换物镜后,必须用台尺对目尺每格的实际长度加以重新计算。

8. 所测定的细胞应不少于 5 个,最后取其平均值,以减小误差。

【实验报告】

1. 绘人口腔黏膜上皮细胞图一幅。

2. 计算人口腔黏膜上皮细胞的体积。

(朱友双)

实验三　细胞的显微及亚微结构的观察

【实验目的】

1. 掌握几种细胞器的形态结构。

2. 了解各种细胞亚微结构的特点。

【实验用品】

马蛔虫子宫横切片、青蛙肾切片、兔脊神经节横切片、洋葱表皮细胞骨架制片、各种细胞器的电子显微照片、幻灯片;显微镜、拭镜纸、纱布、生物电视图像显示系统。

【实验方法】

(一)线粒体

观察青蛙肾切片,视野中可见许多圆形或椭圆形的中空的肾小管横切面,中央为管腔,管壁细胞之间界限不甚清楚,但可根据核的位置大致确定细胞质的范围。核为圆形、浅灰色,内有一深染的核仁。核周围的细胞质中有许多蓝黑色颗粒或线状的结构,即线粒体(实验图4)。

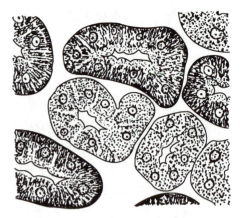

实验图4　蛙肾小管横切面(示线粒体)

(二) 高尔基复合体

将兔神经节横切片置于低倍镜下观察,可以看到脊神经节内有许多椭圆形或圆形的感觉神经细胞,在细胞中央有一圆形空泡状的细胞核,核的周围有弯曲的断断续续网状结构,呈深棕色,即高尔基复合体。高尔基复合体的位置一般都在细胞核外围的某一方向,但神经细胞的高尔基复合体却是围在细胞核的周围,视野中也可能看到一些没有切到细胞核的细胞,其高尔基复合体分散在整个细胞质中。然后换高倍镜仔细观察(实验图5)。

(三) 细胞骨架

观察洋葱表皮细胞,可见到有些表皮细胞质着色极淡,其中被染成深蓝色的丝网状结构即为细胞骨架的组分——微丝。有的细胞中和核的周围还可见到有一些放射状分布的细丝。

(四) 中心体

将马蛔虫子宫横切片置于低倍镜下观察,可见子宫腔内有许多圆形的处于不同分裂时期的受精卵,每个受精卵外均包有一层较厚的膜,这是卵壳与受精膜,这个膜与卵细胞之间的空隙为围卵腔,在分裂中期卵细胞赤道部可见染成蓝紫色条状或棒状的染色体,位于细胞两极各有一蓝色小颗粒即中心体(实验图6)。

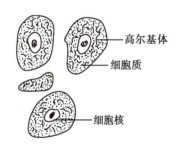

实验图5　神经节细胞(示高尔基复合体)

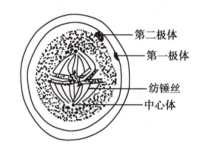

实验图6　马蛔虫子宫横切片(示中心体)

(五) 各种细胞器的电镜照片

1. 高尔基复合体　人体胃黏膜细胞高尔基复合体电镜照片:细胞质中的高尔基复合体,其结构主要由扁平囊、大囊泡和小囊泡三部分组成,它们共同构成紧密重叠的囊泡结构。扁平囊为3~8层,它们平行排列,略弯曲成弓形,凸出的一侧为形成面,可见许多小囊泡,凹入的一侧为成熟面,可见扁平囊末端呈球形膨大,在分泌细胞中膨大部分不断脱离扁平囊,形成分泌泡。

2. 内质网

(1)**人胃壁细胞、恒河猴脊髓前角运动神经细胞粗面内质网电镜照片**:粗面内质网在分泌细胞中较发达,在细胞核周围可见有较密集的膜层结构,即粗面内质网,它们大都呈片状排列,粗面内质网可与细胞核膜相通连。在粗面内质网的膜外表面附着许多小颗粒,即核糖体。

(2)**人胃黏膜壁细胞、小鼠睾丸间质细胞滑面内质网电镜照片**:壁细胞分泌盐酸,细胞中密集的圆泡无核糖体附着即滑面内质网,参加盐酸的合成。小鼠睾丸间质细胞中含有丰富的分支管状滑面内质网,合成固醇类的雄激素。

3. 中心粒　白血病细胞的中心粒电镜照片:中心粒是相互垂直的两个短筒状小体,从横切面看,每个短筒由9组三联体微管组成,9组三联体微管相互之间斜向排列,类似风车的旋翼。筒的一端开放,另一端闭合,筒内充满低密度的均匀基质。

4. 溶酶体 小鼠肝细胞、人胃癌细胞溶酶体电镜照片:溶酶体为一层单位膜包围的囊状结构,溶酶体呈球形,质地均匀,次级溶酶体依结合物不同而呈不同形态,溶酶体主要含酸性水解酶。

5. 核糖体 小鼠肾细胞核糖体电镜照片:核糖体是由核糖核酸和蛋白质组成的大、小亚基构成的椭圆形颗粒。附着于内质网上的核糖体称为附着核糖体,此外还有散在于细胞质中的游离核糖体,而多个核糖体由 mRNA 串连在一起叫多聚核糖体。

6. 细胞核 豚鼠肝细胞核、人胃癌细胞核电镜照片:可见核膜由双层单位膜构成,内外核膜相距一定的距离结合形成核孔;核膜外层也附着核糖体并与粗面内质网相通,核中的海绵状球形结构就是核仁,它由纤维和颗粒构成;在核膜内面和核仁四周,着色较深的为异染色质,其余着色较浅的是常染色质。

【实验报告】

1. 绘制青蛙肾小管上皮细胞线粒体图一幅。
2. 绘制兔脊神经节细胞高尔基复合体图一幅。
3. 列表说明各种细胞器的结构和功能。

(朱友双)

实验四　细胞的有丝分裂

【实验目的】

1. 掌握动物细胞和植物细胞有丝分裂的过程及各期特点。
2. 了解动物细胞和植物细胞在有丝分裂过程中的异同点。
3. 培养学生认真观察事物的学习态度。

【实验用品】

显微镜、洋葱根尖纵切片、马蛔虫子宫横切片、擦镜纸。

【实验方法】

洋葱细胞内的染色体有 16 条,马蛔虫细胞内的染色体有 6 条,它们的有丝分裂过程基本上是相同的,但略有区别。

(一)观察植物细胞有丝分裂各时期的形态变化

1. 取洋葱根尖纵切片,先用低倍镜进行观察,找到根尖的分生区。生长区的细胞略呈方形、排列紧密、分裂旺盛,此处可观察到处于不同分裂时期的细胞。

2. 转换高倍镜继续观察,根据有丝分裂各期的特点,在分生区内寻找间期、前期、中期、后期、末期的细胞,特点如下:

(1)**间期**:细胞核呈圆形,核内染色质分布均匀,呈丝网状,核内可见 1~3 个呈球状的核仁。

(2)**前期**:细胞核较间期膨大,染色质凝缩成为染色体,每条染色体由两条姐妹染色单体组成,核仁、核膜消失,染色体分散在细胞内。

(3)**中期**:在纺锤丝的牵拉下,染色体集中排列在细胞的赤道面上,此时染色体高度螺旋化,呈粗线状或棒状,纺锤体形成完成。

（4）**后期**：各染色体的着丝粒纵裂一分为二，姐妹染色单体分离，形成两组数目相同的染色体，分别向细胞的两极移动。

（5）**末期**：到达两极的染色体解旋为细丝状的染色质，核仁、核膜重新出现，形成两个子代细胞核。此后，在赤道板处形成细胞板，并逐渐在细胞板的两侧形成细胞壁，最后分隔成两个子细胞。

（二）观察动物细胞有丝分裂各时期的形态变化

1. 取马蛔虫子宫横切片，先用低倍镜观察，可见许多受精卵，每个受精卵的外周有一层较厚的卵壳，壳内有宽大的围卵腔，受精卵细胞悬浮在围卵腔中。

2. 转换高倍镜继续观察，找到不同分裂时期的分裂象，并注意与洋葱根尖细胞有丝分裂各时期的特点进行比较（实验图7）。不同点有：

（1）前期马蛔虫子宫细胞有中心体、星体，而洋葱根尖细胞没有。

（2）末期马蛔虫子宫细胞中央部分膜以凹陷的方式形成两个子细胞，而洋葱根尖细胞则是在赤道板处形成细胞壁分隔成两个子细胞。

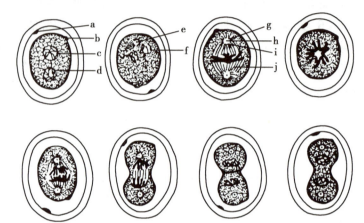

实验图7 马蛔虫受精卵的有丝分裂

a. 第一极体；b. 第二极体；c. 雌原核；d. 雄原核；e. 中心体；f. 染色体；g. 中心球；h. 中心粒；i. 星射线；j. 纺锤丝。

【实验报告】

1. 绘制动植物细胞有丝分裂各期的形态图。
2. 比较动植物细胞有丝分裂各期的异同点。

（李震魁）

实验五　减数分裂

【实验目的】

1. 熟悉减数分裂的过程及各时相的特征。
2. 了解细胞减数分裂临时装片的制作方法。

【实验用品】

显微镜、载玻片、盖玻片、眼科镊、眼科剪、解剖针、小烧杯、解剖盘、玻璃皿、吸水纸、酒精灯、滴瓶、带橡皮头的铅笔、固定液（1份冰醋酸与3份95%乙醇配制）、70%乙醇、50%乙醇、30%乙醇、醋酸洋红液、雄性蝗虫成虫。

【实验方法】

（一）蝗虫精巢减数分裂装片的制作

1. **采集蝗虫**　夏秋季节，在草丛或田园间易捕获成熟的雄性蝗虫。雌雄蝗虫的区别：雄性比雌性个头小，且腹尾部朝上呈整体的船尾状，而雌性的腹尾部是分叉的。

2. 取材 将采集到的雄性蝗虫放置在解剖盘中,用眼科剪剪去蝗虫的头、翅和附肢,沿腹部背中线剪开,然后用眼科镊轻取腹部背侧的两个黄色圆块精巢。

3. 固定 小心除去精巢外附着的脂肪,然后将精巢放入盛有适量固定液的小烧杯中,使精巢中细胞内的蛋白质成分变性固定,固定时间为 12~24 小时。若需长期保存备用,可将固定后的精巢依次放入 50% 乙醇、30% 乙醇和清水中洗涤 2~3 次除去醋酸,浸泡于 70% 乙醇中,放于 4℃ 低温冰箱内长期保存。

4. 染色 从固定液或保存液中取出精巢置于解剖盘中,用解剖针和眼科镊取生精小管 1~2 根,除去脂肪,放入玻璃皿中,依次用 50% 乙醇、30% 乙醇、清水洗 2~3 次去除醋酸或乙醇便于染色。用吸水纸小心吸去生精小管的水分,再放入盛有醋酸洋红液的玻璃皿中染色 4~5 分钟。

5. 压片 将染色后的生精小管置于干净载玻片中央,剪去近输精管端生精小管细胞已变成精子的一部分,以免压片困难。用眼科镊轻轻捣碎生精小管后,加 1 滴染液,盖上盖玻片,取一张吸水纸,吸去多余的染液。在盖玻片上覆盖一张吸水纸使染液恰好充满盖玻片,以左手示指和中指按住盖玻片边缘防止活动,右手用铅笔的橡皮头端轻压盖玻片,反复几次,使材料均匀分散成薄雾状,使细胞和染色体铺展开。在酒精灯火焰上迅速通过 2~3 次,使染色体着色更深。

(二) 蝗虫精母细胞减数分裂装片的观察

1. 寻找分裂象 将装片置于低倍镜下观察,可见许多分散排列的细胞。将细胞移到视野中央,换高倍镜由生精小管游离端向近输精管端依次观察,确认细胞所属时期及染色体的形态、位置及行为。

2. 明确染色体数目 雄性蝗虫成虫细胞染色体由 22 条常染色体和 1 条性染色体组成,性染色体为 XO 型,即性染色体只有 1 条 X 染色体;雌性细胞染色体数为 2n=24 条,性染色体为 XX 型,即性染色体有 2 条 X 染色体。经减数分裂后,精子染色体数为 n=11 条或 n=12 条。

3. 仔细观察 熟悉减数分裂各期染色体的主要行为特征。

(1) **前期 I**:染色体变化复杂,主要是同源染色体联会、四分体的形成及同源染色体交叉现象,联会后二价体因非姐妹染色单体交换而排斥,但尚未分开,故染色体整体形状似 "V" "8" "X" "O" 等形(实验图 8)。

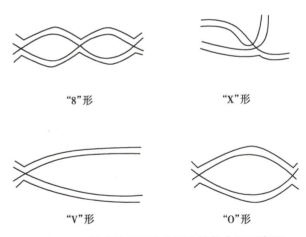

"8"形   "X"形

"V"形   "O"形

实验图 8 蝗虫精母细胞内四分体的交叉示意图

(2) **中期 I**:配对的同源染色体排列在赤道面上,染色体形态最稳定和清晰,便于计数。

(3) **后期 I**:同源染色体分离,分成数目为 11 条和 12 条的两组染色体,分别向两极移动。

(4) **末期 I**:染色体聚集在两极,染色体数减半(11、12),核膜开始出现。

注意,蝗虫精母细胞减数分裂由减数分裂 I 进入减数分裂 II 的间期特别短,不易观察,显微镜下见到的是从末期 I 直接进入中期 II 的细胞。减数分裂 II 与有丝分裂相似,最后形成染色体数目减半的精细胞和许多精子形成的集体(精莢)。

【实验报告】

绘制细胞减数分裂各期形态图。

(李震魁)

实验六　人类外周血淋巴细胞培养及染色体标本制备

【实验目的】

1. 掌握微量全血培养及正常细胞和肿瘤细胞常规核型的标本制备技术。
2. 了解正常细胞及肿瘤细胞核型的一般特性。

【实验用品】

1. 材料和标本　健康人的外周血、培养的海拉细胞（HeLa cell）。

2. 器材和仪器　超净台、酒精灯、乳胶管、火柴、镊子、废液缸、离心机、水浴箱、定时钟、天平、离心管（10ml）、注射针头（7号）、刻度离心管（5ml、2ml、1ml）、吸管等。

3. 试剂　RPMI-1640培养液、500单位/ml的肝素溶液、0.4μg/ml秋水仙素溶液、0.25%胰蛋白酶、0.02%乙二胺四乙酸（EDTA）混合消化液、0.5mg/ml的植物血凝素（PHA）溶液、0.075mol/L的氯化钾溶液、甲醇、冰醋酸、吉姆萨原液、磷酸缓冲液（pH6.8）、生理盐水等。

【实验方法】

（一）微量全血培养

1. 原理　人体外周血中的淋巴细胞是成熟的免疫细胞，正常情况下处于 G_0 期不再增殖。植物血凝素是人和其他动物淋巴细胞的有丝分裂刺激剂，它能使处于 G_0 期的淋巴细胞转化为淋巴母细胞，进入细胞周期开始旺盛的有丝分裂。

人体微量全血培养是一种简单的淋巴细胞培养方法。此法采血量少、操作方便，在PHA溶液作用下进行短期培养即可获得丰富的、有丝分裂活跃的淋巴母细胞，适于制备核型标本。

2. 操作

（1）打开超净台紫外灯20~30分钟，操作人员洗手、换洁净服后进入操作室，启动超净台，点燃酒精灯，用75%酒精棉球擦洗手、各种试剂瓶及操作台面，然后将培养液及肝素、秋水仙素、PHA等所需溶液移入超净台。

（2）在超净台内将每个培养瓶装入5ml培养液及0.2ml PHA溶液，封好备用。

（3）用5ml注射器、7号针头，先吸取0.4%的肝素约0.2ml湿润针筒，然后从肘静脉抽血1~2ml。每个培养瓶接种全血0.2ml（4滴左右）左右轻轻摇动使血和培养液混匀。

（4）在培养瓶上标记好供血者姓名、性别、采血日期等，放入培养箱中37℃培养。每天轻轻震荡培养瓶2~3次，防止血细胞沉淀并保证血细胞与培养液充分接触，促使细胞生长繁殖。

（二）人淋巴细胞染色体标本制备

1. 原理　在淋巴母细胞分裂高峰时加入秋水仙素，破坏细胞纺锤体的形成，使细胞停止在分裂中期。然后收集细胞，进行低渗处理，使细胞膨胀、染色体伸展。接着进行固定并除去中期分裂象中残存的蛋白质，使染色体清晰且分散良好。再使用离心技术去掉红细胞碎片，然后采用空气干燥法制片获得中期染色体标本。

2. 操作

（1）微量全血细胞培养至68小时左右，用1ml注射器（7号针头）向每个5ml培养瓶内加2滴秋水仙素溶液（0.4μg/ml），摇匀后继续培养3小时，此项操作不需要严格无菌。

（2）按时终止培养，用吸管温和吹成细胞悬液后，移至10ml离心管中，用天平平衡后以1 000转/min离心8分钟，弃大部分上清液，剩0.5ml。再吹打成细胞悬液，加入预热37℃的0.075mol/L的氯化钾溶液9ml，置37℃水浴中低渗处理30分钟（这期间配制比例为3∶1的甲醇-冰醋酸固定液）。

（3）向离心管中加入 1ml 固定液预固定，平衡后以 1 000 转/min 离心 8 分钟，同样剩 0.5ml 上清液。

（4）轻轻将细胞吹成悬液，加 5~6ml 固定液，室温下固定 30 分钟，以 1 000 转/min 离心 8 分钟，弃上清液，重复上述步骤 3 次。注意：最后一次离心，弃上清液，保留 0.1~0.2ml 液体，吹打成细胞悬液。

（5）吸取 1~2 滴悬液，在距载片约 15cm 高度滴于预冷的干净载玻片上，迅速对准细胞吹气促进染色体分散。斜放载玻片，在空气中晾干（在此期间配制吉姆萨染液：吉姆萨原液和磷酸缓冲液按 1：10 配置）。

（6）将标本面朝下放在染色槽中，加入染液染色 10 分钟，用自来水冲洗，晾干后观察。

3. 观察实验结果　取制备较好的染色体玻片标本，先在低倍镜下观察。在标本中选择一个染色体之间分散较好、互不重叠的中期分裂象，置于视野中央，然后换油镜仔细观察。计数时要把分散的染色体划分为几个区域以免计数重复或遗漏。低倍镜下，制片质量较好的标本上可看到有较多的分裂象，染色体之间分散良好，互不重叠。油镜下观察可见每一条染色体都含有两条染色单体，两条单体由着丝粒相连结。分区记数染色体数目并判定性别，或拍照后进行核型分析。

【实验报告】

绘出显微镜下观察到的染色体图像，完成核型分析报告。

（张春斌）

实验七　人类非显带染色体核型分析

【实验目的】

1. 掌握非显带染色体的核型分析方法。
2. 熟悉正常人类染色体的数目及形态特征。

【实验用品】

光学显微镜、小剪刀、小镊子、胶水、香柏油、二甲苯、擦镜纸、核型分析报告单、常规制备的正常人体染色体标本片、正常人中期染色体照片。

【实验原理】

人类非显带染色体核型分析是染色体研究的一项基本内容。它的一般程序是先利用显微照相装置拍摄人类非显带染色体的图像，并且将其放大成染色体照片；然后根据国际统一标准，按染色体的长短、着丝粒的位置、随体的有无等指标，将人类的 46 条染色体分成 7 个组并编上号；最后再将染色体剪贴到专门的实验报告单上，从而制成染色体核型图，并检查正常与否和进行性别判定等，这个过程就称为核型分析。

【实验方法】

（一）观察人外周血淋巴细胞染色体标本片

1. 染色体计数　取正常人染色体玻片标本放到光学显微镜下，先用低倍镜寻找染色体分散良好的中期分裂象，转换油镜仔细观察。每个同学观察 2~3 个分裂象，并进行染色体计数。

2. 观察染色体形态 在计数的同时,注意观察染色体的形态。镜下可见,中期细胞染色体都已纵裂成 2 条染色体,称为姐妹染色单体,由一个着丝粒相连。每条染色体以着丝粒为界可分为长臂(q)和短臂(p)。根据着丝粒位置的不同,可将人类的染色体分为中央着丝粒染色体、亚中着丝粒染色体和近端着丝粒染色体三类。

(二)人类非显带染色体核型分析

在染色体照片观察、计数后将照片上的染色体按其轮廓逐个全部剪下,按照非显带染色体的分组与形态特征(见表 14-1)配对、分组、排列,将剪下的染色体摆放在已经划线的报告纸(实验表 1)上。摆放时短臂朝上,长臂朝下,着丝粒位于横线上。分组排列摆放,经分析无误后,方可涂上胶水贴在报告纸上,并按照 ISCN 描述分析核型。

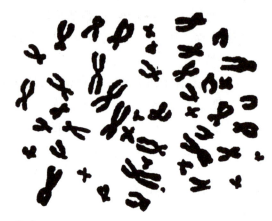

实验图 9 人体细胞非显带染色体(显微镜照片)

【 **实验报告** 】

1. 剪贴一张正常人体细胞非显带中期分裂象染色体照片(实验图 9)。

2. 做出性别判定并写出核型。

实验表 1 非显带染色体核型分析报告单

班级:_____   姓名:_____   学号:_____

1	2	3			4	5
	A				B	
6	7	8	9	10	11	12
			C			
13	14	15		16	17	18
	D				E	
19	20		21	22		性染色体
	F			G		

实验结果	染色体总数	常染色体数	性染色体数	核型描述

(唐鹏程)

实验八　人类皮肤纹理分析

【实验目的】

1. 掌握人类皮肤纹理分析的基本知识。
2. 熟悉皮肤纹理分析的方法及其在遗传学中的应用。

【实验用品】

白纸、印台、印油、放大镜、直尺、量角器、擦布等。

【实验方法】

皮肤纹理简称皮纹,是指人体皮肤上某些特定部位出现的纹理图形。这些图形在胚胎发育的第 14 周时,便在手指(脚趾)和手(脚)掌处形成且终身不变。皮纹分析对诊断某些先天性疾病,特别是染色体病有一定的参考价值。

(一)皮纹的印取

成人的皮纹检查可借助放大镜用肉眼检查,有特殊变化的要印取皮纹留作资料并进一步分析,具体操作如下:

1. 指纹的印取　将手洗净,晾干;用滚转法印取指纹,把要取印的手指均匀地涂上印油,将白纸放在桌子边缘处,把取印指伸直,其余 4 指弯曲,由外向内滚动印取,逐个进行;在取印的同时把每个手指在白纸上进行标号,左、右手分别从拇指开始标为 1、2、3、4、5。

2. 掌纹的印取　将手洗净,晾干,手掌全掌面均匀地涂抹印油;先将掌腕线放在白纸上,手指自然分开,从后向前依掌、指顺序按下,以适当的压力将全掌的各部分均匀地印在纸中央;提起时按手指、手掌、腕线的顺序缓慢离开白纸;将手洗净,擦干。

(二)观察与分析

1. 指纹的观察与分析　用肉眼或放大镜观察指纹并分类。指纹是指手指末节腹面皮肤纹型,通常分为弓形纹(A)、箕形纹(L)和斗形纹(W)三种类型(实验图 10)。弓形纹是一种最简单的纹理图形,其纹线由一侧起始向上弯曲到对侧,无三叉点或只有中央三叉点,可分为简单弓形(即简弓)和篷帐式弓形(即帐弓)。箕形纹,其纹线自一侧起始斜向上弯曲后再回归起始侧,有一个三叉点,分为尺箕(U)和桡箕(R)。斗形纹是一种复杂、多形态的指纹,其纹线多呈同心圆状或螺状,也

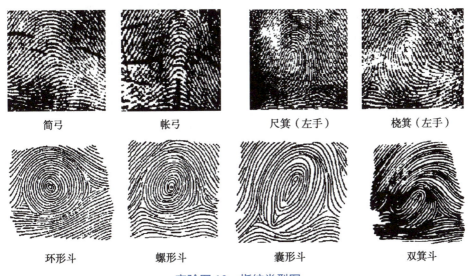

| 简弓 | 帐弓 | 尺箕(左手) | 桡箕(左手) |

| 环形斗 | 螺形斗 | 囊形斗 | 双箕斗 |

实验图 10　指纹类型图

有两箕在一起者,有两个以上三叉点,主要分为环形斗、囊形斗、螺形斗和双箕斗。

2. 指嵴纹计数 指嵴纹数又称为嵴纹线数,简称纹线。每指纹线的计算方法是:从纹理的中心到三叉点用线相连,计算线段穿过纹线的数目(连线两点不计)。弓形纹没有或只有中央三叉点,故指纹数为0,所以不予计数;斗形纹一般有两个三叉点,分别计算纹线,但计算纹线总数时只把纹线数较多侧计入,较少侧不计入(实验图11)。10个手指纹线之和称为纹线总数。相关调查显示,我国汉族男性总指嵴纹数的参考值为144条,女性为138条。

实验图 11 指纹线计数方法示意图

(三) 掌纹的观察与分析

1. 观察掌褶纹 手掌中一般有三条大屈褶纹,即远侧横褶纹、近侧横褶纹和大鱼际纵褶纹。根据三条屈褶纹的走向一般把手掌分为普通型(正常型)、通贯掌、悉尼掌、变异Ⅰ型(过渡Ⅰ型)和变异Ⅱ型(过渡Ⅱ型)五种类型(图18-3)。我国正常人群通贯手的发生率为3.50%~4.87%,而染色体病患者中通贯手的发生率为正常人群的10~30倍,这说明通贯手体征是染色体病辅助诊断的指标。

2. 轴三叉点(t)的确定与atd角的测量 手掌分三个区域,即大鱼际区、小鱼际区和指间区。第二指至第五指基部手掌上各有一个掌纹三叉点,分别称为a、b、c、d指三叉点。近腕横纹的掌面上有一掌纹三叉点,称为轴三叉点,以t表示。连接a、d与t点连线所形成的夹角即atd角(图18-4)。轴三叉(t叉)在手掌中的位置很重要,对某些综合征的诊断具有重要意义,唐氏综合征的t三叉点向掌心移位称为三叉点t'。我国汉族正常人的atd角平均值约为41°,而唐氏综合征患者的at'd角一般大于55°。

【注意事项】

1. 取印时必须洗净手上的污垢,以免印取的指纹不清晰。
2. 涂抹印油时,印油要适量、均匀。
3. 取印时要一次成型,不可加压过重,不可移动或来回滚动,以免皮纹重叠。

【实验报告】

捺印自己的双手皮肤纹理进行分析,将自己的指纹类型、纹线、纹线总数、掌褶纹类型、atd角填入皮肤纹理分析表内(实验表2)。

实验表 2 皮肤纹理分析表

编号: 　　　　　　　　　　　　　　　　　　　　　　　　　　　　　　年 　月 　日

姓名		性别		年龄		民族		弓形:左 右 总 箕形:左 右 总 斗形:左 右 总	嵴纹线数 左 右 总
籍贯			省(市)		县(区)				

检查指标	左 手					右 手				
	5	4	3	2	1	1	2	3	4	5
指纹类型										
指嵴纹数										
指嵴纹总数										
手掌屈褶纹型										
atd 角										
atd 角平均值										

(尚喜雨)

实验九　遗传病分析

【实验目的】

1. 观看人类遗传病的相关视频资料,进一步理解遗传病的概念、分类等知识。

2. 掌握单基因遗传病的系谱分析方法,学会推测系谱中家族成员的基因型及估算遗传病的再发风险。

3. 了解人类常见遗传病的临床表现及遗传特点。

【实验用品】

多媒体设备、人类遗传病视频资料、单基因遗传病系谱。

【实验原理】

单基因遗传病是指由一对等位基因控制的遗传病。根据决定该疾病基因所在染色体种类及致病基因显隐性性质的不同,可分为常染色体显性遗传病、常染色体隐性遗传病、X连锁显性遗传病、X连锁隐性遗传病和Y连锁遗传病。不同类型的遗传病在家族系谱中会表现出不同的遗传特点,通过系谱分析可确定该遗传病的遗传方式,推测患者的家族成员的基因型,估算该遗传病在家族成员中的再发风险。

【实验方法】

（一）观看人类遗传病视频资料

1. 教师简要介绍人类遗传病的有关内容,提示观看注意事项。

2. 组织学生观看视频资料,与学生一同归纳不同类型单基因遗传病的系谱特点,分析并讨论单基因遗传病、多基因遗传病和染色体病的联系与区别。

（二）系谱分析

观察以下实验案例的系谱,并按照系谱分析步骤进行分析与讨论。系谱分析步骤:①判断系谱的遗传方式,阐明判断依据。②假设基因型代码,推测先证者及其家族成员的基因型。③遗传学图解分析。④估算该遗传病在家族成员中的再发风险。

案例1:观察短指(趾)症的系谱(实验图12),分析、讨论并回答问题。

(1)该系谱的遗传方式是什么? 请写出判断依据。

(2)该家系的先证者是哪位? 请写出其基因型。

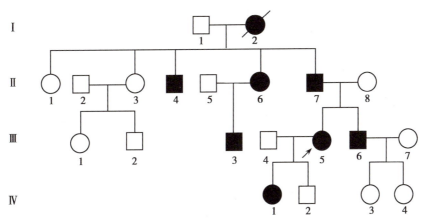

实验图12　短指(趾)症系谱

（3）为什么Ⅱ₂与Ⅱ₃的家庭中没有患者？

（4）如Ⅲ₆与Ⅲ₇若再生育，其子女的再发风险如何？

案例2：观察尿黑酸尿症的系谱（实验图13），分析、讨论并回答问题。

（1）该系谱的遗传方式是什么？请写出判断依据。

（2）该家系的先证者是哪位？请写出其基因型。

（3）Ⅱ₂的致病基因来由谁传递而来？

（4）如Ⅱ₅与Ⅱ₆婚配，其子女的再发风险如何？

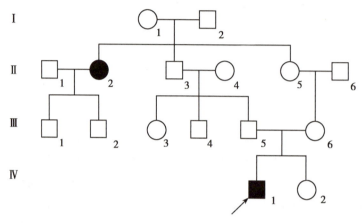

实验图 13　尿黑酸尿症系谱

案例3：观察色素失调症的系谱（实验图14），分析、讨论并回答问题。

（1）该系谱的遗传方式是什么？请写出判断依据。

（2）该家系的先证者是哪位？请写出其基因型。

（3）Ⅲ₇的致病基因由谁传递而来？

（4）Ⅲ₁和Ⅲ₂若再生育，其子女的再发风险如何？

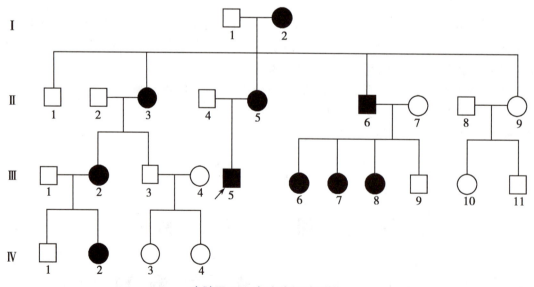

实验图 14　色素失调症系谱

案例4：观察血友病 A 的系谱（实验图15），分析、讨论并回答问题。

（1）该系谱的遗传方式是什么？请写出判断依据。

（2）该家系的先证者是哪位？请写出其父母的基因型。

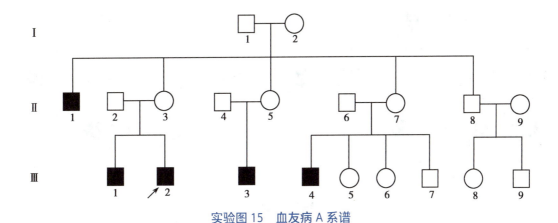

实验图 15　血友病 A 系谱

（3）先证者的致病基因由谁传递而来？

（4）III$_5$若正常婚配，其子女的再发风险如何？

【实验报告】

选择上述系谱中的一个系谱，按系谱分析步骤对其进行系谱分析，估算其家族后代的发病风险。

（钟　焱）

实验十　遗传咨询

【实验目的】

1. 熟悉遗传咨询的一般过程及步骤。

2. 初步学会运用遗传学知识，对咨询者进行婚姻指导和生育指导。

【实验方法】

1. 判断下列各系谱的遗传方式，并写出先证者及其父母的基因型（实验图 16~实验图 20）。

2. 一对健康的夫妇生了一个白化病的患儿，夫妇二人均无此病家族史。他们听说此病是遗传病，前来进行遗传咨询，请帮助解答以下问题：

（1）他们夫妇二人健康，并且没有此病家族史，这是遗传病吗？

（2）他们再生一个孩子患白化病的可能性有多大？

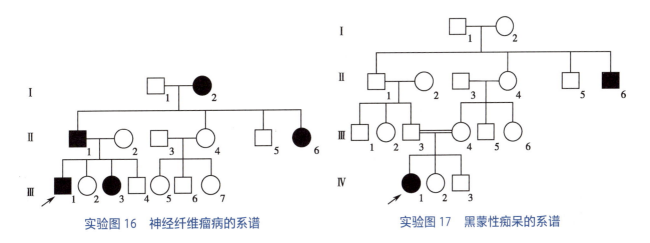

实验图 16　神经纤维瘤病的系谱　　　　　实验图 17　黑蒙性痴呆的系谱

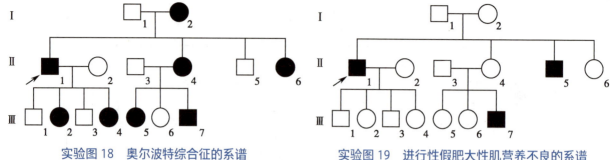

实验图 18　奥尔波特综合征的系谱　　　　　　　　实验图 19　进行性假肥大性肌营养不良的系谱

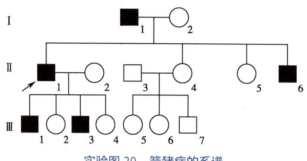

实验图 20　箭猪病的系谱

3. 一个患家族性抗维生素 D 性佝偻病的女性患者,其父亲正常。她和一位正常男性结婚,婚后已生育一个患家族性抗维生素 D 性佝偻病的儿子,欲生第二胎,前来进行遗传咨询,请帮助解答以下问题:

(1)第二胎生出患病子女的可能性有多大?

(2)你对他们有何建议?

4. 一个家庭中,父亲是红绿色盲患者,女儿视觉正常,女儿和一位患红绿色盲的男性结婚。女儿婚后所生孩子患红绿色盲的可能性有多大?

5. 1 型糖尿病的群体发病率是 0.2%,遗传度是 75%。一对健康的夫妇生育了一个 1 型糖尿病的患儿,如果他们再生育,其子女发病风险是多少?

【实验报告】

根据题意,写出各题的答案。

（尚喜雨）

实验十一　医学遗传学社会实践活动
——家乡遗传病调查

【实验目的】

1. 初步学会调查和统计人类遗传病的方法。
2. 调查家乡几种人类遗传病,了解这几种遗传病的发病情况。
3. 通过实际调查,培养学生接触社会并从社会中直接获取资料或数据的能力。

【实验内容】

1. 就某种遗传病做深入的家系调查。至少调查五代人,包括直系亲属和旁系亲属。

2. 填写遗传病调查表,初步估计遗传病的遗传方式。

3. 在老师指导下对单基因遗传病画出系谱,初步判断遗传方式。对典型单基因病、染色体病可回访,采集血样进行细胞遗传学分析。

4. 调查患病家系中世代数、人数越多越好,家系中已故亲属也属调查之列。

【实验方法】

1. 到市、区(县)残疾人联合会、特殊教育学校、社会福利院等调查某个区域整体遗传病发病情况。

2. 对某些特殊病例上门做详细家系调查。

3. 走访乡村医生、长辈或患者亲属。

4. 在取得相关人员知情同意的情况下,对特殊病例尽量拍摄照片,对患者特殊行为最好摄像,并写出临床症状。

【注意事项】

1. 调查时要注意态度和方式方法。

2. 调查数据、症状要真实,不能编造。

3. 对调查的数据要认真汇总。

4. 调查时要注意尊重和保护患者的隐私,包括个人基本信息,机体生理、病理特征以及相关图文资料信息等。

【实验报告】

请填写调查表(实验表3)并写出调查报告。

实验表3　家乡遗传病调查表

调查人姓名:＿＿＿＿＿　学号:＿＿＿＿＿　　　　　　　　＿＿＿＿系＿＿＿＿级＿＿＿＿班

调查地区:＿＿＿＿省＿＿＿＿市＿＿＿＿区(县)＿＿＿＿街道(乡、镇)

(总人口＿＿＿＿人;其中男性＿＿＿＿人,女性＿＿＿＿人;患者共＿＿＿＿人;男＿＿＿＿人;女＿＿＿＿人)

家族1

	姓名	性别	年龄	与先证者的关系	病名(已知、未知或当地俗名)	主要症状	是否智力低下	是否近亲所生	不良嗜好	周边环境	初步判定结果
先证者											
患者1											
患者2											
患者3											

家族其他成员(患者的亲属)状况:

散发病例

姓名	性别	年龄	病名(已知、未知或当地俗名)	主要症状	是否智力低下	是否近亲所生	家庭住址	不良嗜好	周边环境

(张云仙)

［1］关晶.细胞生物学和医学遗传学［M］.6 版.北京:人民卫生出版社,2019.

［2］关晶.细胞生物学和医学遗传学实验及学习指导［M］.北京:人民卫生出版社,2019.

［3］丰慧根.医学细胞生物学［M］.2 版.北京:中国医药科技出版社,2023.

［4］王培林,李冰,孙文靖.医学遗传学［M］.5 版.北京:科学出版社,2023.

［5］赵斌.医学遗传学［M］.5 版.北京:科学出版社,2022.

［6］尚喜雨,田廷科.医学遗传学［M］.郑州:郑州大学出版社,2021.

［7］杨康鹃,李冰,张春斌.医学细胞生物学［M］.3 版.北京:人民卫生出版社,2020.

［8］丁明孝,王喜忠,张传茂,等.细胞生物学［M］.5 版.北京:高等教育出版社,2020.

［9］周春燕,药立波.生物化学与分子生物学［M］.9 版.北京:人民卫生出版社,2018.

［10］安威.医学细胞生物学［M］.4 版.北京:北京大学医学出版社,2019.

［11］周长文,尚喜雨.医学遗传学［M］.4 版.北京:北京大学医学出版社,2019.

［12］王敬红.细胞生物学与医学遗传学［M］.北京:科学出版社,2019.

中英文名词对照索引

限制性片段长度多态性 restriction fragment length polymorphism, RFLP 208
线粒体 mitochondrion 61
线粒体 DNA mitochondrial DNA, mtDNA 65
线粒体基因组 mitochondrial genome 65
线粒体嵴 mitochondrial cristae 63
线粒体脑肌病伴高乳酸血症和卒中样发作 mitochondrial encephalomyopathy with lactic acidosis and stroke-like episode, MELAS 67
相互易位 reciprocal translocation 163
镶嵌蛋白 mosaic protein 24
小泡 vesicle 48
协同运输 cotransport 31
携带者 carrier 138
携带者筛查 carrier screening 213
新生儿筛查 newborn screening 212
信号识别颗粒 signal recognition particle, SRP 44
信号肽 signal peptide, signal sequence 43
星体 aster 92
性别决定 sex determination 99
性连锁遗传 sex-linked inheritance 139
性染色体 sex chromosome 155
性染色体病 sex chromosome disease 167
性染色体综合征 sex chromosome syndrome 167
性状 character 131
选择 selection 175
选择系数 selection coefficient, s 175
选择压力 selection pressure 175
血红蛋白 hemoglobin, Hb 194
血红蛋白 M 病 hemoglobin M disease 197
血红蛋白病 hemoglobinopathy 194

Y

延迟显性 delayed dominance 137
羊膜镜检查 amnioscopy 205
羊膜腔穿刺术 amniocentesis 206
医学细胞生物学 medical cell biology 2
医学遗传学 medical genetics 5
移码突变 frame shift mutation 126
移植抗原 transplantation antigen 34
遗传病 genetic disease 8
遗传病再发风险评估 recurrence risk evaluation of genetic disorder 214
遗传程序论 genetic program theory 113
遗传多态性 genetic polymorphism 127
遗传负荷 genetic load 180
遗传流行病学 genetic epidemiology 171
遗传密码 genetic code 121
遗传平衡定律 law of genetic equilibrium 172

遗传筛查 genetic screening 212
遗传信息 genetic information 18
遗传异质性 genetic heterogeneity 141
遗传印记 genetic imprinting 142
遗传早现 genetic anticipation 142
遗传咨询 genetic counseling 213
异常血红蛋白 abnormal hemoglobin 196
异染色质 heterochromatin 84
异噬溶酶体 heterolysosome 51
易感性 susceptibility 148
易化扩散 facilitated diffusion 29
易患性 liability 148
隐性基因 recessive gene 131
隐性性状 recessive character 131
有被小泡 coated vesicle 32
有被小窝 coated pit 32
有丝分裂 mitosis 91
有丝分裂期 mitotic period, M period 89
有丝分裂器 mitotic apparatus 92
诱变剂 mutagen 125
诱发突变 induced mutation 125
阈值效应 threshold effect 66
原癌基因 proto-oncogene 188
原发性主动转运 primary active transport 30
原核细胞 prokaryotic cell 20
原生质 protoplasm 12

Z

杂合体 heterozygote 131
造血干细胞 hematopoietic stem cell, HSC 108
增强子 enhancer 119
闸门通道 gated channel 29
真核细胞 eukaryotic cell 20
真两性畸形 true hermaphroditism 169
整倍体畸变 euploid change 159
整合蛋白 integral protein 24
整码突变 codon mutation 126
正向突变 forward mutation 124
脂锚定蛋白 lipid anchored protein 24
脂双分子层 lipid bilayer 24
植入前遗传学诊断 preimplantation genetic diagnosis, PGD 206
质量性状 qualitative character 146
质膜 plasma membrane 22
致密纤维组分 dense fibrillar component, DFC 85
置换负荷 substitution load 180
中间连接 intermediate junction 37
中间纤维 intermediate filament, IF 73
中期 metaphase 92

55